陕南柑橘

◎ 丁德宽　周社成　衡文华　主编

U0350698

中国农业科学技术出版社

图书在版编目（CIP）数据

陕南柑橘/丁德宽，周社成，衡文华主编 . —北京：
中国农业科学技术出版社，2019.3
ISBN 978-7-5116-4034-5

Ⅰ.①陕… Ⅱ.①丁… ②周… ③衡… Ⅲ.①柑桔类
—果树园艺—陕南地区 Ⅳ.① S666

中国版本图书馆 CIP 数据核字（2019）第 019541 号

责任编辑	崔改泵
责任校对	马广洋

出 版 者	中国农业科学技术出版社
	北京市中关村南大街 12 号　邮编：100081
电　　话	（010）82109194（编辑室）（010）82109702（发行部）
	（010）82106629（读者服务部）
传　　真	（010）82106650
网　　址	http://www.castp.cn
经 销 者	各地新华书店
印 刷 者	北京富泰印刷有限责任公司
开　　本	787 mm×1 092 mm　1 /16
印　　张	18.5
字　　数	439 千字
版　　次	2019 年 3 月第 1 版　2019 年 3 月第 1 次印刷
定　　价	80.00 元

《陕南柑橘》

编 委 会

序

　　柑橘是世界第一大水果。我国是世界柑橘第一大生产国，目前的柑橘种植面积已超过苹果，位居果树之首，其产量仅次于苹果，排第二。我国柑橘分布较广，南到海南岛，北到陕西汉中。柑橘果实外观鲜艳，富含维生素C和维生素A等成分。柑橘产业发展为我国南方广大山区、库区等地的农民脱贫致富发挥了重要作用。

　　陕西南部汉中等地属于我国柑橘栽培的北缘地区。特殊的地理位置和气候条件，形成了这个地区的柑橘主要以比较耐寒的宽皮橘为主。这一带的山林中还分布着一些野生或半野生以及农家柑橘资源。近年，随着气候变暖，这一带的柑橘种植面积发展较快，品质提升也较快。柑橘成为了陕南的特色水果。

　　考虑到陕南的特殊气候条件，国家现代农业（柑橘）产业技术体系在此设立了"陕南柑橘综合试验站"。建站以来，该站为此区域柑橘产业的发展发挥了重要支撑作用。该站站长丁德宽同志组织编写了《陕南柑橘》一书。该书对陕南柑橘资源品种、生产的经验教训和柑橘人文历史进行了整理和提炼，是试验站多年工作的成果。丁德宽同志1982年毕业于林果专业，之后长期工作于陕西省汉中市的基层技术单位，先后在陕西省城固县的林场、农场、农业局、果业站、果业局等多个技术部门从事柑橘技术推广研究，曾获得陕西省先进果业工作者和全国农业先进工作者等称号。2008 年担任陕南柑橘综合试验站站长以来，他走遍了秦巴地区 20 多个市县，收集了大量地方资源，引进了一批新的品种，示范推广了多项新的栽培措施，对冻害的发生作了深入调查。书中内容融汇了他以及试验站其他同志的工作成果，照片绝大多数为自己拍摄。我相信该书的出版对促进我国柑橘产业发展具有积极意义，书中内容对广大柑橘同行具有重要的参考价值。为此，我乐于作序。

邓秀新

华中农业大学教授，中国工程院院士

2018 年 11 月 18 日于武汉

前　言

　　陕南地处陕西省南部，北靠秦岭，南依巴山，汉江横贯东西，气候温润，土壤肥沃，物种丰富，柑橘种植历史悠久，是我国最北缘的柑橘种植基地。陕南柑橘基本代表着陕西柑橘，主要分布于汉中、安康、商洛三市18县，截至2016年种植面积56万亩，产量51万吨，栽培品种以宽皮柑橘为主，是地域特色十分明显的产区。顺应产区的生态、气候、地质和人文特点，经过几十年的发展演变，陕南柑橘形成了别具一格的栽培模式，产业规模得到快速扩张，也出现了一系列不适应当前形势的问题，亟待对生产技术进行疏理总结和规范。

　　国内大多数柑橘图书资料都以南方柑橘生产技术为主，用于北缘产区多有不宜。为此，我们根据北缘柑橘产区的生产实际，以陕南柑橘优质高效生产为目标，组织相关科技人员，历时两年，调查、走访、收集了近年陕南柑橘的相关资料，总结研究了陕南柑橘生产多年的成功与失败的经验教训，吸收最新试验示范和研究成果，编写了这本《陕南柑橘》，目的是便于规范指导陕南柑橘生产，也为全国其他柑橘产区提供经验借鉴，促进我国柑橘产业的共同发展。

　　本书分为十五章，第一章由丁德宽编写，第二章、第三章、第九章、第十五章由周社成编写，第四章、第十章由王博编写，第五章由邓家锐编写，第十二章、第十三章由衡文华编写，第六章、第七章由敖义俊编写，第八章由罗磊编写，第十一章由张波编写，第十四章由饶文轩编写。初稿完成后，邱成嘉对全书的文字语言进行了编审，何剑对病虫害及防治药剂进行了审核把关，丁德宽、周社成对全部内容分别进行了编审与修订，最后由丁德宽审定全部书稿内容。苏志玲、王侠、马红侠承担全书的打印编排和校稿。其他编写人员均参与了书稿资料的收集整理或部分章节的编撰与修改。书中图片由丁德宽拍摄、收集、编排。

书稿编写中得到国家现代农业柑橘产业技术体系邓秀新、彭抒昂、程运江、周常勇、陈善春、伊华林、郭文武、彭良志、陈国庆、徐建国、刘永忠、张宏宇、李红叶等岗位科学家的指导帮助，还得到陕西省果业局、汉中市农业局、安康市林特局、城固县委县政府等方面领导的关心和支持，也得到各地同行的无私帮助，在此一并表示感谢！

由于陕南地域的独特性，导致柑橘生长发育、品种物候期、病虫发生发展规律和果农作务习惯等均不同于南方，因此，本书许多内容尚属研究探索，一些观点和方法措施还须在实践中完善和提高。同时，限于作者写作水平，遗漏和错误在所难免，敬请读者不吝指正！

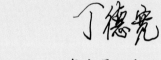

二〇一八年十月二十日

目 录
CONTENTS

第一章
国内外柑橘产业概况

柑橘，是橘、柑、橙、柚、金柑、枳等果树的总称，在植物分类中属芸香科植物，主要涉及柑橘属、金柑属和枳属，目前生产上大部分品种都属于柑橘属。柑橘果实营养丰富，居世界四大水果之首（柑橘、苹果、香蕉、葡萄）。柑橘果肉中富含维生素 C、蛋白质、脂肪、糖、粗纤维以及钙、铁、钾、硫、钠等元素，果实可溶性固形物含量一般为 10%~13%，酸为 0.4%~0.9%，可食率一般为 50%~70%。果实除鲜食，还可从果皮中提取精油、果胶、黄酮等，果肉还可榨汁或加工成罐头、橘饼、蜜饯等。

柑橘树形美观，四季常绿，果实靓丽，花色纯白，香气宜人，是十分重要的城市绿化、环境美化的树种，有些品种还可用于庭院绿化和制作盆景。总之，柑橘具有很高的营养、经济、药用、观赏和文化价值，是人类十分重要的水果之一。

第一节　世界柑橘产业现状

柑橘是全球第一大水果，全世界 145 个国家和地区生产柑橘。截至 2016 年，世界柑橘种植面积达 14 180.1 万亩（15 亩 =1 公顷。全书同），年产量 1.46 亿吨。全球柑橘主要分布在南纬 35° 至北纬 35° 之间，亚洲、南美洲和非洲产量较大，面积分别占全球总面积的 50.22%、24.49% 和 18.64%（表 1–1）。

世界柑橘面积和产量较大的国家主要有中国、巴西、美国、西班牙、墨西哥、伊朗、意大利、印度、阿根廷、埃及、尼日利亚、巴基斯坦、土耳其、摩洛哥、南非、日本、希腊、泰国、古巴、叙利亚、以色列、韩国等（表 1–2）。

表 1-1　2016 年全世界柑橘洲际分布概况

序号	洲别	面积（万亩）	产量（万吨）	面积占全球柑橘比例（%）	产量占全球柑橘比例（%）
1	非洲	2 642.85	1 916.38	18.64	13.09
2	南美洲	3 472.35	4 522.15	24.49	30.88

（续表）

序号	洲别	面积 （万亩）	产量 （万吨）	面积占全球柑橘 比例（%）	产量占全球柑橘 比例（%）
3	亚洲	7 121.7	7 021.44	50.22	47.95
4	欧洲	893.55	1 121.4	6.3	7.66
5	大洋洲	49.65	61.52	0.35	0.42
6	合计	14 180.1	14 642.89	—	—
备注：	1. 本表各项数据信息摘录自"2007—2016 年全球柑橘生产变动分析（一）"（详见《中国果业信息》2018 年第 35 卷第 3 期）。 2. 据原始信息显示，本表中柑橘面积指种植面积。				

表 1-2 2016 年全球各国柑橘栽培概况

序号	国家	面积 （万亩）	总产量 （万吨）	平均单产 （千克/亩）
1	中国	3 901.5	3 792.38	972.03
2	巴西	1 140	1 959.16	1 718.56
3	印度	1 416.6	1 204.3	850.13
4	墨西哥	846.6	811.04	958.00
5	美国	448.8	751.43	1 674.31
6	西班牙	545.55	702.23	1 287.20
7	埃及	294.6	480.85	1 632.21
8	土耳其	203.4	429.3	2 110.62
9	尼日利亚	1 256.55	406.3	323.35
10	伊朗	322.05	374.47	1 162.77
11	阿根廷	218.55	328.13	1 501.40
12	意大利	220.5	256.64	1163.9
13	巴基斯坦	296.85	227.01	764.73
14	南非	100.5	224.12	2 230.05
15	印度尼西亚	84.75	213.85	2 523.30
16	摩洛哥	184.8	204.28	1105.41
17	哥伦比亚	127.2	126.03	990.80
18	叙利亚	69.9	125.4	1 793.99
19	秘鲁	113.7	125.07	1 100.00
20	阿尔及利亚	88.05	120.38	1 367.18

（续表）

序号	国家	面积（万亩）	总产量（万吨）	平均单产（千克/亩）
21	越南	139.5	113.42	813.05
22	希腊	82.05	110.38	1 345.28
23	泰国	114	98.47	863.77
24	日本	68.85	87.14	1 265.65
备注	1. 本表据"2007—2016年全球柑橘生产变动分析（一）"（详见《中国果业信息》2018年第35卷第3期）。 2. 本表中序号按柑橘年产量从高到低进行排列。 3. 本表只列出2016年柑橘产量在80万吨以上的国家。			

世界柑橘生产品种以甜橙为主，约占世界柑橘总产量的50%，其次是宽皮柑橘（占22%）、柠檬（占12%）、葡萄柚（占3%）等（表1-3）。甜橙生产以巴西、美国面积产量最大，主要为榨汁品种。宽皮柑橘以中国面积产量最大，占世界总产的65%左右，其次为西班牙、巴西、土耳其、韩国、日本、沙特和印度等（表1-3）。

表1-3　2016年全球各类柑橘栽培概况

序号	类别	面积（万亩）	产量（万吨）	面积占全球柑橘比例（%）	产量占全球柑橘比例（%）
第一类	甜橙	396.53	7 318.76	41.95	49.98
第二类	宽皮柑橘	260.91	3 279.25	27.6	22.39
第三类	柠檬来檬	107.88	1 734.72	11.41	11.85
第四类	柚与葡萄柚	35.87	907.43	3.79	6.2
第五类	其他柑橘	144.15	1 402.76	15.25	9.58
	合计	945.34	14 642.91	—	—
备注	1. 本表据"2007—2016年全球柑橘生产变动分析（一）"（详见《中国果业信息》2018年第35卷第3期）。 2. 本表中"序号"按国内外柑橘类别常见排序进行排列。				

世界柑橘消费以鲜果为主，约占55%，加工品消费占45%左右。美国、巴西年均橙汁加工量占其总产量的70%左右，而中国仅为3%左右。柑橘鲜果出口以西班牙居首，其次是摩洛哥、以色列、美国、南非、古巴、埃及等。橙汁出口以巴西为首，其次为美国、墨西哥、以色列等。

近20年来世界柑橘生产平稳增长，这种趋势短期内不会改变，将继续保持第一大水果的地位，但发达国家种植面积将小幅下降或保持稳定，而发展中国家将保持不断增长的趋势。美国、巴西等生产大国因黄龙病危害导致面积、产量逐年下降，但因其基础设施较强、机械化程度高而生产效益不断提升。

随着世界经济生活水平的提高，世界柑橘将对品质提出更高要求。高品质成为生产发展方向。日本、韩国等经济强国因科技投入较高，柑橘的精品化生产快速发展，国际竞争能力不断提高。

全球柑橘加工将会持续增长，加工品种将会继续集中在甜橙上，柠檬和柚子的比率将会适当增加。世界柑橘贸易将会更加活跃，但竞争将会更加剧烈，柑橘进口标准将会更加严格。

第二节　我国柑橘产业现状

我国具有悠久的柑橘种植历史，是世界重要的柑橘起源中心。据史料记载，我国柑橘栽培可以追溯到四千年前，世界柑橘许多资源和品种都发源于我国，柑、橘、橙、柚、柠檬、金柑、枸橼等各类柑橘在我国均有分布和规模栽培（图1-1），无论是面积、产量，还是品种，我国都已成为世界第一柑橘大国。2016年全国柑橘

图1-1　品种繁多的柑橘

种植面积为3 901.5万亩，年产量达3 792.38万吨，全国19个省栽培柑橘，95%的产量出自湖南、江西、广西、广东、四川、湖北、浙江、福建和重庆等9个省（区、市）。

从全国水果面积产量占比看，柑橘是我国第一大水果。1980年之后30多年的快速发展，不仅丰富了广大人民群众的物质生活，也促进了产区果农的脱贫致富，为我国农业产业结构调整发挥了巨大作用。20世纪的后20年，是我国柑橘迅速增长期。2000年之后是我国柑橘平稳发展期，特别是近10年，全国柑橘呈现出更加科学合理的发展趋势（表1-4、表1-5）。

一是产业布局向优势区域集中，产业发展向西部、北部产区转移。由于全国经济形势的发展变化，导致柑橘产业布局的新变化。全国柑橘生产进一步向长江中游、赣南—湘南—桂北、浙—闽—粤、鄂西—湘西以及特色生产基地等优势区集中，湖南、广东、广西、湖北、四川、福建、江西、浙江和重庆等9省市仍主导全国柑橘发展形势，但产业发展明显向西部、北部产区转移。具体说，京广线以东产区稳中有减，以西稳中有增；北纬27°以南稳中有减，以北稳中有升。这种变化与东南沿海生产成本上升和柑橘黄龙病危害有直接关系。

表1-4　2016年全国各省（区、市）柑橘栽培概况

序号	地区	面积（万亩）	总产量（万吨）	平均单产（千克/亩）
1	广西	555.60	578.22	1 040.7
2	湖南	570.30	496.95	871.4
3	广东	437.55	494.33	1 129.8
4	湖北	363.45	457.39	1 258.5
5	四川	423.45	401.69	948.6
6	福建	287.10	378.90	1 319.7
7	江西	496.05	360.10	725.9
8	重庆	303.90	242.58	798.2
9	浙江	140.25	178.69	1 274.1
10	云南	70.65	61.27	867.2
11	陕西	56.10	51.06	910.2
12	贵州	93.90	34.89	371.6
13	上海	6.30	12.44	1 974.6
14	海南	9.30	5.87	631.2
15	河南	17.40	4.79	275.3
16	江苏	3.75	3.27	872.0
17	安徽	5.85	2.19	374.4
18	甘肃	0.30	0.16	533.3
19	西藏	0.30	0.07	233.3
	合计	3 901.50	3 792.38	972.0
备注	本表据"2016年全国水果生产统计分析（一）"中显示的柑橘信息（详见《中国果业信息》2018年第35卷第1期）进行摘录和整理而成。			

　　二是品种布局更注重适地适栽，优质特色品种得到快速发展。经过30多年以来的发展实践，我国各地对品种特性的认识更加清晰，品种分布更加科学合理。当前全国柑橘种植面积中，宽皮柑橘占69%，橙类占18%，柚类及杂柑等占11%，其他品种占2%（表1-5）。

表1-5　2016年全国各省（区、市）柑橘分类生产概况　　　　（单位：万吨）

序号	地区	柑	橘	橙	柚	合计
1	广东	102.3	260.43	33.51	98.08	494.32
2	湖南	178.84	230.1	71.39	16.62	496.95
3	江西	35.7	201.28	114.01	9.11	360.1
4	湖北	186.45	200.47	53.97	16.51	457.4
5	福建	67.55	106.69	31.06	168.54	373.84
6	浙江	72.84	83.38	2.44	20.02	178.68
7	四川	138.45	61.25	119.1	39.97	358.77

（续表）

序号	地区	柑	橘	橙	柚	合计
8	广西	344.32	47.32	124.02	61.91	577.57
9	云南	13.19	35.44	6.89	1.6	57.12
10	重庆	27.28	28.44	136.52	21.81	213.85
11	陕西	32.49	18.44	0.03	0.09	51.05
12	上海	—	12.44			12.44
13	贵州	12.92	9.58	5.68	5.34	33.52
14	河南	—	4.79	—		4.79
15	安徽	0.09	1.92			2.01
16	江苏	0.81	1.83	—		2.64
17	海南	0.13	0.42	4.04	1.28	5.87
18	甘肃	—	0.16			0.16
19	西藏	—	0.07			0.07
20	全国	1 213.36	1 304.25	702.66	460.88	3 681.15
备注	1. 本表据"2016年全国水果生产统计分析（一）"中显示的柑橘信息（详见《中国果业信息》2018年第35卷第1期）进行摘录和整理而成。 2. 本表中所列"柑"包括温州蜜柑。					

这种结构中，鲜食品种所占比例过大的问题而经常造成卖难。为此，品种布局开始出现积极的变化。宽皮柑橘比例稳中有降，分布区域向北部产区集中。适于加工和贮运的甜橙快速发展，向优势产区赣南、湘南和三峡库区集中。杂柑类在四川、重庆、广西快速发展，柚类在福建、广东平稳发展。从熟期上看，特早熟品种在广西、云南、湖北、陕南快速发展，晚熟品种在四川、重庆、湖南快速发展。早熟晚熟柑橘的快速发展造就了我国鲜食柑橘的周年供应。

三是生产经营模式不断革新。2000年之前的20年是我国柑橘飞速发展的20年，但生产经营模式主要是单家独户的小农经济模式，经营单元小，组织化程度低，各产区之间盲目跟风发展，品种单一，产销不衔接，采后不处理，果品商品性差，经济效益极不稳定。2000年之后的10多年来，由于全国柑橘产量的大幅增加，市场竞争日趋激烈，生产形势日新月异。首先是社会化组织程度不断提高，合作社、公司化、园区化经营生产发展壮大。同时，采后商品化处理程度不断提升，柑橘的分级、打蜡、包装得到普及，品牌化销售、互联网销售、专卖店销售格局逐步形成，适应市场化的生产经营新模式不断涌现，柑橘产业呈现繁荣发展局面。

四是科技创新步伐明显加快，推动产业不断升级换代。随着全国柑橘产业的快速发展，柑橘生产技术进步明显加快。①品种选育步伐加快，新品种层出不穷，品种换代明显加速。②容器育苗得到普及，大苗栽植、高标准建园、起垄栽植、水肥一体化等技术广泛应用。③配方施肥、覆膜增糖、完熟采收、隔年交替结果等提质增效技术措施不断成熟，促进了果品质量的提升。④绿色防控技术不断完善。生物农药应用、以虫治虫、灯光诱虫、农艺措施防治等受到重视，果品安全形成共识。⑤老果园改造步伐加快，果园机械广泛应用，低成本省力化栽培技术成为现代果园发展潮流。

　　总之，目前我国柑橘规模扩张期已过，结构调整和提质增效步伐加快，追求品质的提升和果品的安全环保将是今后产业发展方向，新品种新技术的快速应用将推动全国柑橘产业更好更快的发展。

第三节　陕南柑橘栽培历史与现状

　　陕西柑橘主要分布在陕南的汉中、安康、商洛3个地市，基本代表了陕西全省柑橘的栽培发展状况。陕南柑橘从秦汉、明清到现在，可谓栽培历史悠久。从古代到近代，由于战乱、灾荒、气候变迁等原因，陕南柑橘经历了多次引进、几经更替、周而复始、艰难发展的延续过程（图1-2）。

图1-2　陕南柑橘果园

一、栽培历史与考证

　　陕南柑橘以汉中、安康为主，商洛部分地区只有少量分布。柑橘在陕南栽培最早可追溯到秦汉，距今已有2 000多年历史。《史记·货殖列传》中记载（公元1世纪）："安邑千树枣，……，蜀、汉、江陵千树橘……此其人皆与千户侯等。"汉即汉中郡。此为陕南柑橘最早文字记载。可见汉时，陕南汉江流域的汉中、安康一带已有柑橘栽培，而且已被古人重视并发展到一定规模。

　　唐代，据欧阳修所撰《新唐书·地理志》："兴元府汉中郡土贡……柑、枇杷、茶。"兴元府即以今汉中褒河镇为中心，包括城固及其以西的地方，系当时全国十三处朝贡柑橘的地方之一，可见当时城固柑橘质量之优。唐僖宗时的郑谷，其《送曹邺知洋州》诗句："开怀江稻熟，寄信路橙香。"唐初长安通成都的主要道路是经歧州（今宝鸡凤翔），沿嘉陵江至成都。中唐改由眉县走褒斜道，沿途都有"店肆待客，酒食丰足"（范文澜《中国通史简编》修订本第三编第一册）。郑谷送曹邺知洋州，按理是走褒斜道抵汉中到洋州。"江稻熟""路橙香"是记述汉中盆地的九月沿途景色。由此证明唐代梁州（即今汉中地区中、西部）有柑、有橙。

　　宋洋州（今洋县）城北建有"郡圃"，圃内栽有橙。苏轼、苏辙、鲜于侁，均以《金橙径》为题作诗咏橙。苏辙诗："叶如石楠坚，实比霜柑大；穿径得新果，令人忆鲈脍。"

鲜于侁诗："远分穰①下美，移植使君园；何人为修贡，佳味上雕盘。"苏轼诗句："金橙纵复里人知，不见鲈鱼价自低；须是松江烟雨裹，小船烧薤捣香虀。"三首诗描述橙的叶、实形状，引进地址和果实品质。同期蔡交《洋州》诗句："采茶惊雉鷃，护橘趁狙狙。"并自注："橙橘熟时，多为狙猿所耗，居人日夜驱之。"进一步记述橘橙黄熟时的防猴（类）保护措施（《重刻汉中府志》），说明城固、洋县在宋代已经有了柑橘专业栽培，并已有橘、橙之分。南宋陈景沂撰著的《全芳备祖》中，所载张云叟诗："商州楚地户，宛在汉江偏。……木瓜大如拳，橙橘家家悬。"可见当时商洛地区柑橘栽培也很普遍。

明代，嘉靖二十二年（1543），汉中盆地橘柚种植普遍。何大复讲："余观汉中，形势险固。……其北至褒，西至沔，东至城固，方三百余里，崖谷开朗，有肥田、活水、修竹、鱼稻、棕榈、橘柚，美哉其地乎！"（嘉靖《汉中府志》）。

清代前、中期，汉中柑、橘、柚种植仍很普遍。康熙年间汉中知府滕天绶提倡广栽桑、橘及其他果树（《重刻汉中府志》）。同时代的王士禛（字阮亭，1634—1711），称汉中"平原蹀躞无钱马，近郭参差橘柚村"。到嘉庆年间，严如煜仍称此评论"非虚语也"（严如煜《三省边防备览》）。

由于陕南柑橘处在全国柑橘分布的北缘，柑橘生长的最大制约因素是气温。竺可桢（民国时期浙江大学校长）根据对史志的研究，把我国近五千年来的气候变迁划分为四个温暖期和四个寒冷期。温暖期为仰韶文化和殷墟时代（前3000至前1000年），东周、秦、汉时期（前770至公元纪年），隋唐时期（600—1000）和南宋后期至元初（1200—1300）。寒冷期为周代初期（前1000年左右至前850年），东汉、六朝时期（公元初至600年），宋中期到南宋初年（1000—1200），明代中期至清朝（1400—1900）②（《气象知识》1986年第二期《气候会影响社会发展吗？》）。明代建文年间至清代末，时处寒冷期，柑橘逐渐向适宜生长的区域收缩，汉中柑橘渐次向城固集中，而城固逐渐集中到今升仙村一带。故康熙五十六年（1717），城固柑橘即"较它邑颇胜"（康熙《城固县志》《重刻汉中府志》）。到光绪三十一年（1905），城固"丹橘黄柑产于县北之升仙谷口近村，每年获数十万枚③，销行汉中府全境及陆运行销本省，为土人之专利"，"橘皮年产1万斤④，行销本省"（《城固乡土志》）。

民国时期，城固升仙村一带为柑橘集中产地，洋县倪家乡以及汉台区褒河镇，南郑县新集、黄官等地，柑橘在房前屋后有少量分布。民国30年（1941）西北大学调查到"升仙村共有橘树41 750株，产橘柑218.75万千克，栽培面积1 550亩"（《陕南五县农村调查·城固》）。同年中国地理研究所调查，城固"柑橘栽培2 000多亩，橘占十之七八，柑占十之二三"（《汉中盆地地理考察报告》）。当时柑橘分布以升仙村为中心，东至三官庙、苗家山、常家沟、西至张家山、寇家山、鲁家庄、郭家山，北至土垣、石堰坪，南至马家堡。升仙村、杨家滩柑橘成林，农民房屋亦掩映于橘林中。民国35年（1946）后，柑橘

---

① 穰，古县名。战国时为楚邑，南北朝时为荆州治所。这里的"穰下"是指古荆州。

② 以上划分各期系原文，其中个别期的朝代与公元纪年不完全吻合。

③ 此处年获"数十万枚"的枚，应该是指果的数量，是估计数。

④ 清朝1斤≈596.8克。按"橘皮年产一万斤"，估计全县年产柑橘在100万千克以上。

生产遭到破坏，到1949年城固全境仅有橘园1 500多亩，总产柑橘75万千克。此时安康仅保留柑橘1 000亩左右，汉中约2 000亩，整个陕南大约在3 000亩或以上（表1-6）。

表1-6　陕西柑橘生产发展情况统计表

序号	年度	柑橘园面积（万亩）	柑橘总产量（万吨）	信息资料来源
1	1949	0.40	0.1	《秦岭巴山柑橘》，陕西科学技术出版社1989年8月第一版第317页
2	1973	1.37	0.23	《陕西柑橘生态区划及生产区划》，陕西省科技厅等部门2005年12月印
3	1985	10.90	0.52	《陕西柑橘生态区划及生产区划》，陕西省科技厅等部门2005年12月印
4	2005	29.55	13.26	《农业统计年鉴》，中华人民共和国农业部编；中国农业出版社2017年2月出版
5	2006	32.25	16.32	农业部市场与经济司统计并发布；"中国柑橘科技创新与产业发展战略论坛暨中国柑橘学会2017年年会论文集"刊载
6	2008	38.55	23.73	《2008年陕西果业发展统计公报》，《陕西日报》2009年4月1日第5版刊载
7	2010	50.92	28.68	《2010年陕西果业发展统计公报》，《陕西日报》2011年3月22日第3版刊载
8	2011	53.25	34.28	《2011年陕西果业发展统计公报》，《陕西日报》2012年3月30日第3版刊载
9	2012	55.04	36.8	《2012年陕西果业发展统计公报》，《陕西日报》2013年4月2日第4版刊载
10	2016	56.10	51.06	《中国果业信息》2018年第35卷第一期第27页刊载
备注				1. 据调查显示，陕西柑橘目前主要分布于陕西省秦岭以南的汉中市、安康市海拔700米以下的浅山、丘陵及平坝地区；商洛市仅有少量栽培。秦岭以北地区仅有枳属柑橘植物分布，主要是周至、长安等地。 2. 由于笔者搜集资料和信息的范围有限，本表仅摘要性列举新中国成立60多年来，部分年代的柑橘面积及产量概况。

二、发展历程与现状

当代陕南柑橘栽培，以新中国成立为标志，开始较快发展。1950—2016年，陕南柑橘生产大致经历五个阶段。

（一）1950—1953 年

1949 年以后农民负担减轻，经过土地改革，废除封建生产关系，供销社收购柑橘，解决橘农运销困难，柑橘生产很快得到恢复和发展。以汉中市城固县为例，1953 年全县橘园面积、总产分别比 1949 年增长 31.6% 和 1.56 倍。

（二）1954—1981 年

这个期间柑橘生产经历曲折过程。主要原因：一是所有制变革的影响。1954—1956 年由初级社到高级社，1958 年再到人民公社。集体所有制的建立，土地收归集体，集中管理使用，统一规划发展橘园；统一调配财力物力，修建灌溉设施；统一安排劳力施肥、修剪、防治病虫，有利于橘园的集中连片营造和管理。但由于土地折股、橘树折价入初级社，后又取消土地分红转高级社，"大锅饭"挫伤橘农务橘积极性。橘园集中的大队、生产队橘多粮少，有的队毁橘种粮。二是价格的影响。1981 年前，一直把柑橘列为三类物资，实行派购，国家规定价格，由供销部门独家经营，统一收、运、销。解放初期价格合理，卖橘难的问题不大，有利于生产发展。后因价格偏低，流通渠道不畅和不等价交换，也阻碍柑橘生产的发展。三是低温冻害（详见第九章第一节：陕南柑橘冻害）。四是病虫危害（详见第八章第二节：陕南柑橘主要病虫害及防治）。因橘园长期管理粗放，导致虫病蔓延。造成严重危害的有大实蝇、吹绵蚧壳虫、瘤壁虱、锈壁虱、红蜘蛛、矢尖蚧、吉丁虫、炭疽病等。

（三）1982—1990 年

1982 年实行土地承包责任制，全部橘园由个户或联户承包经营。同年取消柑橘派购，实行多渠道经营。各主产县（区）强化技术服务体系建设，并从资金、种苗等方面大力扶持，建设柑橘商品化生产基地。城固县于 1983 年分别从陕西周至、长安、河南确山等地调回上万斤（1 斤 =500 克，下同）枸橘（枳）果实，无偿发放给橘农或国有、集体苗圃育苗，嫁接繁育出大批柑橘种苗，还提出了"橘乡、酒城、工业县"的口号，掀起了发展柑橘新高潮。

（四）1991—1995 年

1991 年 12 月 28—29 日的大冻害（详见第九章第一节：陕南柑橘冻害）对陕南柑橘生产造成毁灭性打击。面对严重灾害，橘农不放弃，政府有信心，上下齐动员，采取有效措施，使受冻柑橘在 1995 年基本恢复到冻前水平。1993 年汉中地区在城固试行柑橘集团承包，将行政、技术、农资、流通等部门力量进行整合，强力推进柑橘产业发展。这期间，安康适生区也加快了柑橘发展步伐，曾在汉中各地大批调运良种苗木，并从政策、物资、资金、技术等方面扶持柑橘生产。

（五）1996—2016 年

1996 年以后，多地把柑橘列为农村多种经营的骨干项目或农业主导产业，强力推动，重点发展。2001 年 8 月，城固县被国家林业局命名为"中国柑橘之乡"。2004 年开始，国家先后取消农林特产税、农业税，极大地刺激和促进了柑橘产业大发展。截至 2016 年年底，仅汉中、安康的 13 个县（区）栽植柑橘 52.662 万亩，总产达到 48.79 万吨（表 1-7）。

表1-7　陕南（汉中、安康）柑橘主产县（区）2016年年底面积、产量统计表

县区名称	橘		柑		橙		柚		柑、橘、橙、柚总面积（万亩）	柑、橘、橙、柚总产量（万吨）
	面积（万亩）	产量（万吨）	面积（万亩）	产量（万吨）	面积（万亩）	产量（万吨）	面积（万亩）	产量（万吨）		
汉中市									39.682	40.13
城固县	0.58	0.4	22.6	25	0.02	0.05			23.2	25.45
汉台区			5.3	5.50					5.3	5.50
洋县	0.06	0.025	8.2	7.70					8.26	7.73
南郑县			1.4	0.85	0.08	0.04	0.012	0.06	1.492	0.95
勉县	0.33	0.095	1.1	0.41					1.43	0.5
安康市									12.98	8.66
汉滨区	0.94	0.85	2.8	3.30			0.1		3.84	4.15
紫阳县	2.1	1.95	2.1	0.95					4.2	2.90
旬阳县	0.6	0.21	1.7	1.4					2.3	1.61
汉阴县	0.1		0.8						0.9	
白河县			0.74						0.74	
平利县			0.5						0.5	
石泉县			0.3						0.3	
岚皋县			0.2						0.2	
合计									52.662	48.79

注：① 表中橘主要指本地传统的朱红橘、紫阳金钱橘等。② 表中柑主要指温州蜜柑、皱皮柑等。③ 个别产区未统计产量，主要是多数橘园为近年新建园，产量可忽略。④ 本表数据主要来源近年业务测产统计数据。

这一时期规模经营步伐加快，种植大户不断涌现，10亩、20亩甚至百亩种植比比皆是，集约经营成为可能。2003年开始，首批柑橘产业化龙头企业出现，介入柑橘果品经营，从采后收贮到机械化分级、清洗、打蜡、包装、运输，初步实现了产后商品化处理。由于农业（果业）部门的努力，柑

图1-3　陕南柑橘旅游景区

橘标准化生产也被提上议事日程，用标准化生产破解柑橘"丰产不丰收"难题（图1-3）。

近年来，先后有宫川、兴津、城蜜02、"升仙牌"城固蜜橘等柑橘果品被国家农业部柑橘及苗木质量检测中心检测认定为"优质果品"。城固县5万亩柑橘荣获中国绿色食品发展中心"绿色食品（A级）"质量认证。泛亚牌柑橘、升仙牌柑橘获得陕西省海关（商

检）颁发的"出口柑橘"许可标志。"城固柑桔""城固蜜桔"被国家农业部及工商行政管理总局核准注册为"中国地理标志产品"及"地理标志证明商标"，并获得"中国驰名商标"称号（图1-4）。在全国第八届区域公共品牌价值评审会上被认定具有 8.48 亿元的"区域公共品牌价值"。2015 年"城固柑桔"品牌被评为"中国果品区域公用品牌50 强"，品牌评估价值 13.63 亿元，2016 年 1 月，"城固柑桔"品牌被评为"全国互联网地标产品（果品类）50 强"，

图 1-4 "城固柑桔"地理标志

品牌评估价值达到 17.31 亿元，2017 年"城固柑桔"品牌评估价值跃升至 18.97 亿元。目前，陕南柑橘已远销西北、华北、东北各地，出口俄罗斯、阿联酋等国家和地区。截至 2016 年年底，全省产区栽植面积达到 56 万亩、总产量达到 51 万吨，分别是解放初期的 100 多倍和 400 多倍。

三、科技进步与保障

陕南柑橘之所以有今天的成就，离不开各级政府的推动与支持，更离不开科技的力量。一代一代科技人员热爱柑橘、服务橘农，辛勤工作，不断创新，解决了一个又一个技术难题，促进了陕南柑橘的持续发展。

（一）技术探索与创新

（1）1961—1963 年，吹绵蚧壳虫在陕南多地发生大面积危害，部分橘园受到毁灭性损失。在政府支持下，科技人员成功饲养澳洲瓢虫，通过以虫治虫、生物防治，1964 年基本控制吹绵蚧危害。此后由于采取了综合防治措施，先后使大实蝇、瘤壁虱、锈壁虱（油橘）、吉丁虫、柑橘炭疽病等危险性虫害、病害的大面积危害得到有效控制。2004 年，城固县植保植检站引进"胡瓜钝绥螨"在城固县柑橘育苗场开展对柑橘红蜘蛛的生物防控试验和示范，取得了积极的成果。

（2）1953—1965 年，发现并通过对朱红橘天然杂交变异种的观察研究和遗传性鉴定，选育出了城固红皮冰糖橘、黄皮冰糖橘新品种（以下称城固冰糖橘）。

（3）1957 年引进尾张、大长、山田等温州蜜柑品系，1976 年引进宫川、兴津等 12 个温州蜜柑品种，1989 年又引进宫本、乔本等 10 个特早熟温州蜜柑新品种。此后数十年，持续而广泛开展了数十个柑橘新品种的引进、试验、示范和推广工作，社会、经济效益显现。

（4）1986—1989 年，完成了陕南野生柑橘资源调查，基本摸清了野生、半野生柑橘品种的数量及分布情况，开展了品种保护、改良和选育工作。

（5）1990 年以后，经过多年对比试验研究，总结提出一整套较为成熟的技术规范，基本解决了柑橘大小年结果的问题，实现了连年丰产稳产。

（6）创新育苗方式，把原来从砧木播种到柑橘成品苗出圃三年一个周期缩短为二年，实现了快速育苗、快速建园。

（7）根据陕南气候特点，初步探索出一条北缘地区预防柑橘周期性大冻害的新路子。

（8）20 世纪 80 年代中期，通过土壤调查和"测土配方施肥"试验，研究提出了浅山

区、丘陵区、平坝区柑橘施肥配方标准，并在主产区全面推广。

（9）从1981年开始，由于温州蜜柑的大面积推广，相关科研推广单位提出"汉中柑橘短周期加密栽培"技术方案，栽植密度由3米×4米（亩栽56株）加密到3米×2米（亩栽110株），1993年又提出1.5米×2米（亩栽222株）的株行距，被橘农普遍接受，对提高新建园前期产量和单位面积产量发挥了重要作用。

（10）在柑橘栽培上涌现出一大批丰产典型。1985年10月，经陕西省科委组织专家现场测定，城固县橘园镇杨西营村6~8年生800亩丰产橘园，平均亩产870千克，总产696 000千克，最后实际应市总产达到73万千克。该村4亩尾张温州蜜柑高产园，每亩均产5 128.5千克，总产20 514千克。汉台区褒河红旗橘园、勉县殷永成橘园，亩产也在800~900千克以上。汉滨区大同乡高楼村王贤俊6年生5亩早熟温州蜜柑园平均亩产达到2 500千克以上。汉滨区民强乡爱国村石世来1986年建的10亩橘园，1991年总产达到15 000千克以上。类似的丰产高效橘园很多，充分说明了陕南柑橘生产潜力和技术的不断探索进步。

（11）在柑橘老果园改造（密改稀）、高品质栽培、省力化栽培、隔年交替结果、标准化生产等方面做了深入研究和较大范围的试验示范。总结提出了"选良种、密改稀、四季剪、巧施肥、定负载、无公害"18字柑橘高品质栽培技术方针。

（12）在柑橘贮藏库建设及柑橘贮藏保鲜方面进行了有益的探索和研究，积累了丰富的经验，取得了较好的社会经济效益。引进和建设数十条柑橘采后商品化处理生产线，大大提升了陕南柑橘的质量和档次，受到广大客商和消费者欢迎，推动了柑橘产业化发展。

（13）2008年前后，由城固科技人员在柑橘大实蝇防控方面研究取得了突破性进展，全面系统地掌握了陕南柑橘大实蝇的生活规律，在国内首次获取大实蝇交配产卵原始影像资料，研究总结出"冬耕灭蛹、诱杀成虫、捡拾落果（拾果灭幼虫）"等综合防控技术，其中在诱杀成虫方面在国内首次发现"稳粘"粘杀成虫的方法，在处理虫果方面发明了用密封塑料袋加碳铵闷杀幼虫的方法，这些创新型技术成果不仅为陕南有效防控柑橘大实蝇工作提供了有力的技术保障，同时为我国柑橘主产区在大实蝇防控方面做出了独特贡献。

（14）2008年，丁德宽、敖义俊、刘治才、罗磊等科技人员与浙江大学李红叶教授合作研究，在柑橘轮斑病的发现及研究方面取得重大成果。首次发现、鉴定并命名了柑橘轮斑病，为柑橘病理学新添病害成员，相关科研论文发表于美国的《植物病理》上。

（15）据不完全统计从20世纪70年代以来，鲁人龙、钱学聪、张国芳、何钦智、胡国伟、张鹤鸣、吴京、姜德治、张顺玉、刘显书、向庆德、周社成、衡文华、孙敏、陈恒、曹席轶、席彦军、熊晓军、张永平、丁德宽、敖义俊、郭念文等人撰写科技论文、科普文章300多篇，多人多次参加全国性学术交流，发表在中省农业或果树专业期刊杂志上的文章，多次被评为优秀论文或优秀科普文章。与此同时，原汉中农校（现汉中职业技术学院）、汉中地区园艺站、陕西省林业研究所、西北林学院、陕西理工学院，现汉中市农技中心、汉中市农科所、汉中市农干校、汉中市植物研究所、城固县柑橘研究所（县柑橘育苗场）、城固县果业站（原城固县蚕茶果技术指导站）、城固县林果试验场等单位主持或合作完成的"温州蜜柑（2个）品种（品系）试验、示范与推广""城固冰糖橘选育""柑橘主要害虫防治技术研究""杨家营八百亩柑橘高产示范"、《汉中柑橘密植园改良技术集成研究与应用》等近百个科研成果先后获得省市人民政府科技进步奖。

（16）2013年10月24—25日，由国家柑橘产业技术体系机械功能研究室、华南农业大学工程学院洪添胜教授团队研发设计免费提供的山地果园双轨机械运输线安装于陕南柑橘综合试验站示范基地城固县郭家山柑橘示范园艺场，这是陕南首条果园机械运输线（图1-5）。

图1-5　机械运输

（二）技术服务与保障

1956年在城固县橘园镇升仙村以北原秦岭伐木场（省属）基础上成立城固县柑橘育苗场，无偿或优惠为群众提供柑橘优质种苗。明确行政主管部门，建立柑橘技术研究推广机构，指导群众科学务橘。

1949年后，汉中、商洛柑橘生产明确由市县（区）农业行政部门主管。2006年6月，柑橘生产大县城固县成立果业局，把柑橘生产管理从县农业局分离出来。安康柑橘生产由市县（区）林特局主管。

1957年开始，陕南各柑橘产区陆续配备果树专职干部。汉中的城固、汉台、南郑、洋县、勉县、西乡、宁强等县（区）均设有园艺站或蚕茶果技术指导站；城固于1980年成立县柑橘研究所（设县柑橘育苗场内），2006年将县蚕茶果技术指导站改建为县果业技术指导站。安康、商洛也均有类似的果树或柑橘技术推广机构。现有果树专业技术干部近200人，其中中级以上技术职称的约二分之一。此外，国有柑橘或果树专业生产场圃达10个以上，主要承担果品生产试验、示范或苗木繁育工作，有的场圃还建有柑橘品种资源圃、良种采穗圃等。

2007年春，汉中市政府做出发展60万亩柑橘现代农业工程的决定，整合涉农资金每年投入500万元，推进汉中柑橘产业发展。

2007年11月1日，陕西省果业局在城固县举办陕南柑橘发展工作会，省果业局局长王振兴、副局长周致孝及汉中市副市长郑宗林参会并安排工作。

2008年10月24日，汉中市政府举办全市柑橘大实蝇防控工作会议。

2008年10月，国家柑橘产业技术体系陕南柑橘综合试验站落户城固，以城固果业技术指导站为依托单位，首任站长由丁德宽推广研究员担任，骨干成员有敖义俊（高级农艺师）、郭念文（高级农艺师）、苏志玲（高级农艺师）、王博（高级农艺师）、邓家锐（硕士、农艺师）等。试验站下设城固县、洋县、汉台区、南郑县、紫阳县、汉滨区等示范县，主要开展柑橘抗冻品种选育、耕作栽培、病虫害防控、采后加工等试验研究及新技术示范推广。先后与华中农业大学、中国农业科学院柑桔研究所（简称中柑所）等国内柑橘权威研究机构长期开展"产学研"联合研究。

（三）科技指导与交流

2006 年 3 月，陕西省果业局在城固举办陕南柑橘发展研讨会，汉中市政府领导及陕南各柑橘产区农业行政主管部门负责人、科技人员代表近百人参加了会议。时任中国柑橘学会理事长邓秀新教授、中柑所刘晓东研究员、钟广炎研究员、华中农业大学程运江博士应邀出席并发表专题学术演讲。汉中市、安康市及城固县、洋县、紫阳县、汉滨区交流了柑橘发展情况。

2007 年 5 月 29 日，中柑所张格成研究员到城固县调研柑橘病虫害发生情况，举办城固县柑橘枯枝干叶现象调查报告会。

2008 年 2 月 23—24 日，中柑所副所长焦必宁研究员一行到城固、洋县调研陕南柑橘冻害情况。

2008 年 3 月 4 日，华中农业大学教授彭抒昂到城固县举办陕南柑橘技术培训会。

2009 年 2 月 19—20 日，国家柑橘产业技术体系岗位科学家、湖南农业大学邓子牛及华中农业大学彭抒昂、祁春节、伊华林、程运江等五位教授赴汉中调研柑橘产业发展情况。

2009 年 10 月 15—16 日，由农业部主持的全国柑橘生产技术培训会在陕西西安举办，来自浙江、湖北、湖南、四川、贵州、陕西等柑橘主产省的 100 多名果业科技人员参加了培训会，华中农业大学彭抒昂、张宏宇教授和浙江大学李红叶教授授课。

2010 年 5 月 9—11 日，国家柑橘产业技术体系岗位科学家彭抒昂、张宏宇、李红叶到陕南考察柑橘产业，对陕南柑橘技术人员进行技术培训。

2010 年 10 月 3—6 日，全国人大常委、中国工程院院士、中国科协副主席、华中农业大学校长、国家柑橘产业技术体系首席科学家邓秀新在陕西省果业局副局长周智孝的陪同下，到陕南视察柑橘产业，检查指导陕南柑橘综合试验站工作（图 1-6）。

2010 年 11 月 21—22 日，国家柑橘产业技术体系岗位科学家钟广炎到陕南考察柑橘产业，同时开展了陕南近年选育和引进的 6 个柑橘品种的审定工作。

2011 年 2 月 16—17 日，浙江大学李红叶教授带领其学生朱莉到陕南柑橘综合试验站专题就陕南出现的不明病因的柑橘叶片轮斑病进行调查研究。

2011 年 4 月 7—11 日，国家柑橘产业技术体系岗位科学家彭抒昂、胡承孝、洪添胜到陕西考察柑橘苹果产业发展情况，检查指导陕南柑橘综合试验站工作，对陕南柑橘技术人员和果农进行技术培训。

图 1-6　邓秀新院士（左）调研陕南柑橘产业

2011年7月4—5日，国家柑橘产业技术体系岗位科学家徐建国、李红叶、张俊到陕南考察指导柑橘产业，对陕南柑橘的栽培模式进行了深入调研。

2011年8月3—5日，国家柑橘产业技术体系岗位科学家伊华林教授、宜昌宽皮柑橘综合试验站站长刘进、丹江口柑橘综合试验站站长郭元成等一行十一人受陕南柑橘综合试验站邀请，到城固考察指导柑橘产业，开展技术培训。

2011年8月20—25日，国家柑橘产业技术体系岗位科学家程运江和永春芦柑、赣南脐橙、中晚熟柑橘综合试验站站长一行到陕南调研柑橘产业。

2011年10月8—9日，国家柑橘产业技术体系岗位科学家中柑所所长周常勇、华中农业大学祁春节教授应邀参加了2011年陕西汉中柑橘旅游文化节。

2012年2月1—5日，国家柑橘产业技术体系岗位科学家彭抒昂教授到陕南考察柑橘综合试验站工作。

2012年5月6—9日，国家柑橘产业技术体系岗位科学家彭抒昂、李红叶、徐建国一行到安康旬阳县举办陕南柑橘技术培训会，并调研陕南柑橘产业。

2012年10月22—24日，国家柑橘产业技术体系岗位科学家、中柑所副所长彭良志研究员和该所党委书记龙力等到陕南考察柑橘产业。

2013年2月27—28日，国家柑橘产业技术体系岗位科学家、华中农业大学教授彭抒昂、张衍林、程运江、徐娟教授等一行到陕南调研柑橘产业。

2013年4月17—19日，国家柑橘产业技术体系首席科学家邓秀新院士、华中农业大学彭抒昂教授、华中农业大学园艺林学院院长程运江教授、华中农业大学张衍林教授和浙江大学李红叶教授到汉中、安康柑橘产区调研，结合陕南柑橘发展实际，分别就陕南柑橘发展策略、柑橘冻害预防与冻后管理、柑橘采后处理、山地果园省力化生产机械示范、陕南柑橘新病害防控进行了技术培训。陕西省果业局与华中农业大学签订了陕南柑橘产业发展技术指导备忘录。

2013年5月22—23日，全国柑橘大实蝇绿色防控暨轮斑病防治技术培训会在汉中举办。会议邀请华中农业大学牛长缨教授、浙江大学李红叶教授和湖北谷瑞特公司技术代表蒋志平经理分别做了《柑橘大实蝇生物学和绿色防控技术》《柑橘轮斑病发生、识别与防治》《柑橘大实蝇绿色防控模式探讨与规范用药》的专题培训。

2013年7月9—10日，国家柑橘产业技术体系岗位科学家王华、中柑所副所长吴厚玖等一行到陕南考察枳雀产业，并对枳雀内含物进行检测。

2014年6月27—30日，国家柑橘产业技术体系岗位科学家、华中农业大学彭抒昂、程运江教授到陕南调研柑橘产业。

2014年8月22—23日，中柑所所长、国家柑橘产业技术体系岗位科学家陈善春研究员，国家品种改良中心副主任何永睿副研究员到陕南考察柑橘产业。

2014年12月11—12日，国家柑橘产业技术体系岗位科学家彭抒昂教授、华中农业大学郭文武教授到陕南考察柑橘产业。

2015年9月17—18日，国家柑橘产业技术体系岗位科学家彭抒昂教授到陕南调研指导。

2015 年 9 月 19—21 日，中柑所研究员、国家柑橘产业技术体系岗位科学家彭良志、朱世平到陕南柑橘产区调研指导。

2015 年 10 月 29—31 日，国家柑橘产业技术体系岗位科学家、湖南农业大学谢深喜教授到陕南柑橘产区调研指导。

2016 年 1 月 25—26 日，国家柑橘产业技术体系岗位科学家焦必宁一行深入城固县上元观镇新元村、董家营镇唐家营村、橘园镇李家堡村、洋县关帝镇马坪村、戚氏镇陶岭村等地，对陕南产区"十三五"柑橘产业主要技术需求和贫困县扶贫计划项目进行前期调研。

2016 年 3 月 16—18 日，国家柑橘产业技术体系岗位科学家彭抒昂、刘永忠深入汉中、安康柑橘主产镇村调研柑橘冻害情况，并举办橘农技术培训会。

2016 年 6 月 6—7 日，国家柑橘产业技术体系岗位科学家刘永忠及其团队成员潘志勇到陕南柑橘产区调研指导。

2016 年 8 月 11—13 日，华中农业大学园艺林学院院长、国家柑橘产业技术体系岗位科学家程运江到陕南柑橘产区调研枳雀产业，检查指导试验站工作。

2016 年 10 月 14—15 日，国家柑橘产业技术体系岗位科学家刘永忠、李善军到陕南调研柑橘产业。

2017 年 5 月 11—12 日，国家柑橘产业技术体系岗位科学家、华中农业大学教授刘永忠到陕南实地调研 2017 年柑橘生产情况。

2017 年 5 月 19—20 日，国家柑橘产业技术体系岗位科学家谢深喜到陕南柑橘综合试验站安装调试 ECH2O 土壤温湿度监测系统。

2017 年 6 月 25—26 日，国家柑橘产业技术体系岗位科学家、浙江省柑橘研究所副所长徐建国到陕南实地调研 2017 年柑橘生产情况。

2018 年 6 月 26—27 日，国家柑橘产业技术体系岗位科学家华中农业大学刘永忠教授、福建农林大学李延教授到陕南实地调研柑橘生产情况。

2018 年 7 月 25—27 日，国家柑橘产业技术体系岗位科学家朱世平到陕南调查枳雀产业并采样。

2018 年 9 月 3—5 日，国家柑橘产业技术体系岗位科学家伊华林、付艳苹及宜昌晓曦红柑橘专业合作社聂红丽总经理到陕南实地调研指导。

2018 年 9 月 12 日，江西省抚州市果业局局长黄国锐、副局长曾知富，南丰县南丰蜜橘产业局局长吴德志，广昌县果业局局长夏向东，南城县果业局局长季海成到到陕南考察柑橘产业。

2018 年 9 月 13 日，国家柑橘产业技术体系岗位科学家、华中农大教授彭抒昂、刘永忠到陕南调研并指导柑橘产业转型升级。

20 世纪 80 年代以来，先后有周社成、衡文华、何剑等人赴日本、意大利等国进行果树及油橄榄栽培方面的考察学习，并引进了国外果树良种和先进种植技术。还有数十名果树专业技术人员参加全国及区域性柑橘学术研讨会、柑橘生产经验交流会等，或赴我国柑橘主产区进行技术培训、考察学习。

第二章
陕南柑橘生长发育习性

柑橘是芸香科柑橘属植物，属亚热带常绿果树（枳及落叶香园等除外），其生长发育和对环境条件的要求既有常绿树的一般特性，又具有不同的独特性。柑橘是以果实为生产目的的多年生植物，这就要求树体的根、茎、枝、叶等营养生长与结果之间保持均衡。柑橘随树龄的变化，枝、叶、干、根等各器官的构成比例也随之变化。柑橘在不同自然环境中的生存与发育性状也有差异，即植物学特性、生物学特性亦有些许变化。这也就是为什么某些柑橘品种在南方产区可以生长得很好，而在陕南就难以种植的原因所在。

第一节　柑橘对环境条件的要求

一、温度

柑橘生长发育受气温影响很大。温度是柑橘生存、地理分布的一个限制因素。一般情况下，柑橘的正常生长发育，要求年平均温度在15℃以上，1月平均温度在5℃以上，极端低温在−5℃以上，要求≥10℃以上的年有效积温在4 000~8 000℃·d。柑橘对于温度的感应，因种类、品种而有很大差异。在陕南，枳（枸橘）、枳雀（香圆）、红橘、酸橙、宜昌橙、青皮、资阳香橙等最耐寒，是主要的砧木品种；朱红橘、城固冰糖橘、紫阳金钱橘、温州蜜柑、本地早、皱皮柑、黄岩早橘等耐寒性也较强，成为北缘地区主要的经济栽培品种。

柑橘性喜温暖湿润气候，畏寒冷。通常柑橘开始萌芽生长的温度为13℃，平均温度大于13℃的时期称为柑橘的生长季节。15.6℃以上新梢迅速生长，最适生长温度范围在25~30℃，而超过37℃生长将停止。一般情况下根系最适土壤温度在25℃左右，当低于13℃或超过37℃时，将停止生长；土温40℃时，根系出现死亡。

二、水分

俗话说，无水不长树，柑橘在温暖湿润环境下生长结果良好。由于柑橘树一年多次抽梢，果实生长期较长，对水分的要求也较高，适宜的降水和湿度有利于柑橘果树的生长、发育和产量、品质的提高。一般年降水量 1 000~2 000 毫米、空气相对湿度 75%~82%、土壤相对湿度在 60%~80%，都能满足柑橘生长的需要。但因时空分布不均，常需灌溉。

柑橘生长发育的不同时期需水量因气候、土壤和季节不同而存在差异。雨量不足或水分过多，都会影响柑橘的生长和结果，并且加速树体衰老，缩短结果年限。土壤干旱，根系得不到必要水分，会抑制根系、枝梢和果实的正常生长，造成卷叶、落叶和落花落果，削弱树势。如果阴雨连绵、空气湿度过大、地下水位过高、土壤透气不良，同样会抑制根系生长，甚至引起枝叶黄化、烂根死树。尤其是果实在膨大期如遇久旱就会导致水分不足，生长发育受阻，果实干瘪。但久旱后骤降大雨，往往会发生裂果，品质下降。果实迅速膨大期至成熟期降水过多，会造成果汁含水量增多，可溶性固形物含量降低，风味变淡，同时还影响果实的贮藏性。陕南常因秋季雨水过多，使晚秋梢大量抽发，引起冬季冻害。因此，调控柑橘各物候期对水分的需求，对丰产优质至关重要。

空气相对湿度对柑橘果实品质也有影响。空气相对湿度过大，柑橘的病虫害容易滋生，影响柑橘的产量和品质。若空气湿度低于 60%，就会影响开花、授粉，降低坐果率，影响果实膨大，但是在果实成熟期有利于提高含糖量和糖酸比值。若湿度过低，则会使果实的果皮粗糙、囊壁增厚、果汁变少、品质下降。

三、光照

宽皮橘类要求年日照时数 1 200~1 600 小时。柑橘虽然耐阴性较强，但光照是柑橘生长发育最基本的条件，所谓"无光不结果"是很有道理的。日照好、热量丰富的地区，果实含糖量高、酸含量低，糖酸比高。不同的柑橘种类、品种，果实不同的生育期，对光照的要求也有所不同。陕南柑橘栽培以温州蜜柑为主，对光照的要求较强，如果光照过弱或不足，会使柑橘萌芽率和成枝率降低，对根系生长有明显的抑制作用，还会导致病虫害多发。光照好，光合产物积累多，果实着色好，品质就好。但日照过强也会引起日灼，往往造成果实生长不良。

四、土壤

柑橘生长要求土壤有机质丰富，活土层深厚、疏松，保水保肥，湿润不渍。常说的"四宜四不宜"即宜深不宜浅、宜松不宜黏、宜酸不宜碱、宜肥不宜瘠，就是种植柑橘对土壤的要求。一般柑橘栽培要求土层深度 0.8 米以上，活土层 0.6 米以上，土壤酸碱度在 5.0~6.5 最为适宜（表 2-1），pH 值在 4.5 以下或 7.5 以上根系生长不良。虽然柑橘对土壤的适应性较强，在各种类型的土壤上都能生存生长，但最适宜柑橘生长的土壤是壤土和沙壤土。柑橘根系好气好水，要求地下水位在 1 米以下，土质疏松，通透性强。

表 2-1 土壤 pH 值分级表

pH 值分级	< 4.5	4.5~5.5	5.5~6.5	6.5~7.5	7.5~8.5	> 8.5
酸碱度	极强酸性土壤	强酸性土壤	酸性土壤	中性土壤	碱性土壤	强碱性土壤

五、其他

其他环境条件主要指风、地形、坡向、坡度等因素。

一般来说,风对柑橘果树有利有弊。微风、小风可改善果园和树体通风状况,增加蒸腾作用,增强光合效能,减轻和防止冬春霜冻和夏季高温的危害;对于郁闭而湿度大的柑橘园,微风可降低湿度,以减少病虫危害。在陕南,风害主要包括冬季寒风、夏季干热风和较强阵风等。夏季干热风会加重生理落果;冬季强寒风会加重柑橘的冻害。较强阵风可局部损坏枝叶,吹落果实,甚至将柑橘整株拔起而毁园。

地形包括地势(海拔)、坡向、沟向、坡度。柑橘对地形要求不严,不论山地、丘陵和平地,只要选好适宜品种和砧木,土壤符合要求,加强管理,均可栽培。通常柑橘栽培以丘陵、低山为主,一般以东南坡和西南坡最好,北坡不宜种植柑橘。坡度最好在25°以下,30°以上最好不种植。秦岭南坡海拔在700米以上时不宜种植柑橘。

第二节　陕南柑橘产区自然环境

陕南柑橘产区主要包括汉中市的城固、汉台、洋县、南郑、勉县、宁强、西乡等县(区);安康市的汉滨、紫阳、旬阳、汉阴、白河、平利、石泉、岚皋等县(区);商洛市的镇安、山阳、商南等县的部分地区。

一、立地条件

(一)地形地貌

陕南以山地居多,川道及浅山丘陵地区面积占比较小,北部以秦岭山脉横贯东西,南部是延绵的大巴山,中部是汉江川道。走向东西的挺拔的秦岭冬季可阻断北方冷空气的侵袭,夏季则汇集东南暖湿气流而兴云致雨。该地区冬无严寒,夏无酷暑,气候温和湿润。作为中国南北气候分界线的秦岭山脉横贯陕南北部,也是陕南与关中平原的自然分水岭。秦岭巴山山地的皱褶带,经历了反复的地壳构造运动,强烈的皱褶断裂和大幅度抬升,形成绵延的高山,局部断裂成山间盆地。境内的长江支流有嘉陵江、汉江和丹江。

(二)土壤类型

由于陕南地形地貌的复杂性,气候生态的特殊性,植被种类的多样性,成土母质、水文地质等条件的差异性,形成种类繁多的土壤类型。秦岭中山区主要分布着棕壤;秦巴山区针阔叶混交林带,分布着黄棕壤;陡坡地由于长期受侵蚀形成石渣土;低山与丘陵主要为黄褐土。汉江盆地冲击母质形成淤土、潮土。山区有灌溉条件的土壤,经过水浸熟化,逐步演变成水稻土。黏土、重壤土主要是丘陵区的黄泥巴,沙质土主要是潮土、淤土、黄沙土、石渣土。土壤酸碱度4.85~8.05,多为中性或微酸性土壤,适宜各种作物生长。汉中市城固县的土壤地带性分布就很有代表性(图2-1)。

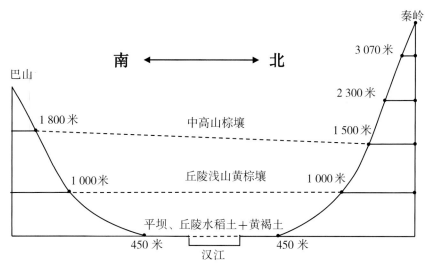

图 2-1　城固县土壤地带性分布规律示意图

（图示所标数据指海拔高度）

二、气候条件

陕南柑橘产区属盆地北亚热带边缘气候。据多年气象资料统计，境内大部分地区日照时数为 1 500~2 000 小时。夏秋季总日照时数占全年日照时数的 56% 以上，对柑橘生长有利。

区内气候既有平面分布差异又有垂直分布差异。年平均气温 14.2~15.8℃，昼夜温差 12℃ 以上，最热月（7 月）平均气温 25.3℃ 左右，最冷月（1 月）平均气温 2.1~3.4℃，≥ 10℃ 的有效积温 4 400~5 000℃·d。2016 年部分区域出现历史极端低温 -15.3~-11℃。气温周年变化规律是：夏季和冬季昼夜温差小，春秋温差大。按平均气温划分，冬季长达 126 天，夏季 92 天，春季 82 天，秋季最短，只有 66 天。盆地及低海拔山地的气温高，海拔相对较高的中山地带气温低。无霜期 210~270 天，平均 8 个月。

降水随地形地势和气候变化，不同年份和季节降水不均。一般年降水量 750~1 100 毫米，夏秋季降水量大且集中，冬春季降雨稀少。

农业气象灾害主要是低温冻害、霜冻、倒春寒、干旱（春旱、初夏旱、伏旱）、日灼、秋淋、暴雨及冰雹、大风等（详见第九章《陕南柑橘自然灾害及生理障碍》）。

三、植被状况

陕南生物资源极其丰富，动植物种类繁多，主产优质稻米。森林覆盖率 62.5%，居陕西省第一，是名副其实的"天然氧吧"，生态环境被公认是地球上同纬度生态最好的地区之一，素有"天然生物基因库"之称和"汉家发祥地、中华聚宝盆"之美誉。有野生种子植物 3 300 余种，约占全国的 10%，药用植物 800 余种。中华猕猴桃、沙棘、绞股蓝、富硒茶等资源极具开发价值。生漆产量和质量居全国之冠。核桃、桐油是传统的出口产品；

药用植物天麻、杜仲、苦杏仁、甘草、柴胡、乌药等在全国具有重要地位。娃娃鱼（大鲵）、黄姜、元胡、姜黄、桑蚕享誉全国。由于陕南是我国常绿果树的最北缘，落叶果树的最南端，因而南北果树在此都能生存生长、开花结果。枇杷、葡萄、桃、李、杏、梨、柿、枣、樱桃、石榴、杨梅、蓝莓、猕猴桃、无花果等都有种植，尤以柑橘栽培面积大、经济效益好。

四、交通状况

汉中、安康是陕、川、鄂、渝、豫五省市毗邻地区的中心城市，是连接我国西南、西北，通向华北、华中、华南的交通枢纽，阳安、襄渝、西康铁路在此交会，是包柳铁路和沪汉蓉大通道的十字中心。108国道、210国道、312国道、316国道、西汉高速、十天高速以及西成高铁，已经建成的两市空中交通等，纵横交错，四通八达，为陕南通向全国走向世界架起了腾飞的翅膀。区内的县、镇、村也实现了公路的全覆盖，可谓经济发展、交通便利。

五、独特优势

第一，栽培历史悠久。据考证，陕南柑橘栽培已有2 000多年历史（详见第一章第三节《陕南柑橘栽培历史与现状》）。尽管岁月流失，多次大冻，不仅未使柑橘绝迹，反而每次大冻之后都有一次较大的发展，且保存下来的许多柑橘品种，经过气候变迁的严峻考验，在长期自然选择过程中逐渐形成了对低温和具有较强的抵抗能力。

第二，次适宜区内存在着适宜区。陕南地域广阔，客观上存在着一些小气候比较良好的适宜柑橘栽培地方，如果笼统称之为次适宜区是不准确的。由于受秦岭屏障的保护，极端低温值出现的频率远不如长江中下游各省高，所以才发展成为相当规模的全国最北柑橘产区。以安康市汉滨区为例，其柑橘主要分布在汉江流域、瀛湖周边、月河两岸，其气候温和，昼夜温差较大，水、热、光、土壤条件好，特别是瀛湖库区的小气候，可以发展其他地方不能发展的品种，又属我国少见的富锌、硒岩层地带，果品内含物极其丰富。又如汉中市城固县的柑橘，主要分布在以橘园镇升仙村为中心其东西两侧约20千米的秦岭南麓丘陵地区。在此区域内具有一个独特的橘园小气候区——升仙谷口，大体可代表秦岭南麓丘陵地区的气候特点。该小气候区冬春季气温高于平坝区，11月至翌年4月，月均气温为8.05℃，较平坝的7.15℃高0.9℃，少霜，冬暖夏凉。年日照时数1 508小时，降水量850.8毫米，空气湿度72%。特别是终年有规律的吹"入山风"和"出山风"，气象上称之为"山谷风"，不仅增强了柑橘的光合作用，而且秋季风促进果实蒸腾水分，增加糖度，提高质量。大自然的造化，长期给升仙村柑橘生产蒙上"神风"①所助的神秘色彩，所谓"张骞②故里，神奇橘乡"就由此而来。

---

① 过去人们不理解这一自然现象，以为升仙村橘子产量高、品质好，因为有一股"神风"，远近流传。

② 张骞：汉代，建元三年（公元前138年），城固人张骞在朝为郎官，应募出使大月氏（今阿富汗），约大月氏夹攻匈奴。张骞于当年（公元前138年）和元狩四年（公元前119年）两次出使西域，开拓"丝绸之路"。位于城固县城北郊的张骞墓，已于2014年被联合国教科文组织公布为世界历史文化遗产。

第三，无检疫性病虫害的威胁。较之南方，陕南柑橘产区有一个明显的优越性，就是没有黄龙病、溃疡病、小实蝇等检疫性病虫害，其他病虫害也较少。因此，防治成本低，农药残留低，果品安全程度高。陕南柑橘一般防治次数为 3~5 次，较南方一年防治 15~20 次省了很多人力物力。

第四，柑橘成熟期上的时间差。湖北省果茶所原所长、研究员张力田于 1990 年 10 月到汉中实地考察后指出，北缘地区栽培柑橘的优势，一是有优越的地理位置（指地形和市场），二是着色快、着色早。事实正是如此，陕南秋季降温早，而且温差大，有利于果实提前着色成熟，起码比四川、湖北等邻近产区早上市半月左右，果实可溶性固形物含量高，具有风味浓郁、酸甜适口等特点。秋冬季相对较高的温差，能促进柑橘花芽分化，只要栽培措施跟上，连年稳产高产是不难实现的。

第五，区位优势。陕南地处陕川鄂渝豫五省市交界，是内陆关中、江汉、成渝三大经济区的辐射交叉地带，是西北、西南、华中、华北的结合部，特别是靠近西北诸省，市场广阔，储运成本低。

第六，环境优势。陕南森林覆盖率很高，是全国同一纬度生态环境最好的地区，也是汉江发源地、南水北调的水源地，山清水秀，人杰地灵，古来就有"鱼米之乡"和"小江南"的美称。境内没有大型工矿企业污染，水质清洁，空气清新，是发展绿色柑橘和生产有机柑橘最佳区域。

六、障碍因素

陕南柑橘产区位于北亚热带边缘，首先，周期性的低温冻害，是柑橘生产最大制约因素。其次，与南方柑橘主产区相比，1 月平均气温、年平均气温、年有效积温、年日照时数等光热条件略有不足，栽培品种可选择的范围较小，一些品质好的杂柑、甜橙、柚类及中晚熟品种经济栽培价值偏低，故不能大面积发展。第三，陕南宜橘区域以秦岭南坡低山丘陵为主，地形复杂，道路、灌溉等基础设施建设难度大、成本高，在一定程度上阻碍了柑橘产业发展。

第三节　陕南柑橘生长特性

柑橘树无论在陕南还是我国南方，其植物学特性和生物学特性都大同小异。柑橘从种子萌发，长成幼苗，逐步形成树冠，进入结果，达到高产以后，又逐步衰老、更新，最后死亡。它的各个生长发育阶段均具有不同的特性。

一、器官特征与生长特性

柑橘树体器官主要包括根系、根茎、芽、枝干、叶、花和果实，在栽培上只有充分熟悉各个器官的结构特点和生物学特性，确保正常发育，才能达到生产的目的。

（一）根系、根茎及生长特性

柑橘的根系有完整的主根、侧根和须根群，发育完全的根横断面自外而内由表皮、皮层、内皮、内鞘和中心柱等部分组成。也有人把柑橘根系分为垂直根与水平根、生长根与吸收根、输导根与骨干根、徒长根和竹节根（特殊根态）等类型。根系生长强弱和形态表现依品种、砧木、繁殖方法、树龄、环境条件和栽培技术不同而异。在陕南柑橘产区，朱红橘、酸橙和枳雀等主根发达，而枳砧侧根和须根发达。迄今为止，多数学者认为柑橘类果树只在水培或沙培等特殊环境下才发生根毛，也就是说，与其他植物不同的是，在田间栽培土壤条件下，柑橘根系的根毛稀少甚至缺乏。柑橘根系根毛不足可以被菌根部分弥补，在土壤条件好的地方柑橘有大量真菌菌根，主要依靠菌根吸收土壤中的水分和养分。菌根在幼苗期较少，其后随着树体长大而增加。

有人栽树时在坑内主根下面放一瓦片，目的是抑制主根下扎，促进侧根水平延伸，削弱主根生长势，以促进结果。还有人栽树时适当截去一段主根，保护侧根，促进其水平延伸，目的同理。一般认为，凡主根弱、侧根强、须根多的根系都能达到早结果早丰产，通常在栽树时对强旺主根剪去三分之一，就能减缓主根生长势。培养水平根的办法是于根系生长高峰前期在树冠外围开沟，施入有机肥，促其多生须根。

图2-2　温州蜜柑根系

柑橘根系对土壤有较强的适应性。一般根群集中分布在表土以下10~40厘米的范围内，若土层深厚、土质疏松，根系可深达1米以上。根群生长和水分、养分的吸收，均需要适当的土壤温度条件。研究认为，土温在12~13℃时根系开始生长，23~30℃为其生长最适温度，在12℃以下、37℃以上时会停止生长。在土温40~45℃时，根群容易死亡（图2-2）。

根系生长需要良好的通气条件，也需要足够的水分。当土壤含水量约为田间最大持水量的60%~80%，土壤空气含氧量在8%以上时，根系生长良好。

一般认为，柑橘为喜微酸性植物。实际上柑橘根系在pH值4.8~7.5的土壤中都可以生长良好，但以pH值5~6.5为最佳。

在一年中，柑橘根系与枝梢生长交替进行，两者的生长高峰呈互为消长关系。通常是每次新梢生长后，都会出现一次发根高峰，这是由于枝梢生长和根系生长所需营养物质互相依赖对方供给所致。柑橘的根系在一年中主要有三次生长高峰，抽发春梢前根系开始萌动，春梢转绿后根群生长开始活跃，至夏梢抽发前达到第一次生长高峰。随着夏梢大量萌发，在夏梢转绿、停止生长后，根系出现第二次生长高峰。第三次生长高峰则在秋梢转绿、老熟后发生，发根量较多。同时研究表明，树体贮藏的营养水平，对根系发育影响较大。如果地上部分生长良好，树体健壮，营养水平高，根系生长则良好。反之，若地上部分结果过多，或叶片受损害，树势弱，有机营养积累不足，则根系生长受抑制。此时即使加强施肥，也难以改变根系生长状况。因此，栽培上应注意对结果过多的树进行疏花疏果，控制徒长枝和无用枝，减少养分消耗，同时注意保护叶片，改善叶片机能，增强树势，以促进根系生长。

观察研究表明，在陕南，一般4月中旬至5月上旬地上部生长旺盛，5月中旬至6月中旬是根系生长高峰，6月中旬至7月上旬，地上部生长又达高峰，7月中旬至8月中下旬根系生长又达高峰，9月上中旬地上部生长出现又一高峰期，10月中旬根系生长又达高峰，至11月底放缓。当然，这只是一个相对的过程，会因品种、树龄、立地条件不同而有所差异。

根系的主要功能是固定植株，从土壤中吸收水分和矿质营养，贮藏养分，还能将无机养分合成10余种组成蛋白质的氨基酸等有机物，也能合成激素。养分和水分经根的表皮细胞、皮层、内皮而达到木质部的导管，运往地上部。营养元素的吸收不像吸水那么容易，根并不是被动地吸收溶于土壤溶液中的元素，而是有选择性地吸收所必需的元素。在这种情况下，根的细胞膜起了重要作用。换句话说，只要细胞膜保持有充分的活性，就能正常地吸收营养元素。但当细胞膜的机能丧失时，吸收就不正常，某种元素在地上部积累过剩时，就出现病症。一般土壤溶液的浓度长期保持较高时，是很容易使细胞膜的机能下降。这就是农业上提倡薄肥勤施的理论依据之一。

生产实践中，对一些多年生老树，结合深翻施肥，适当截断一些地下根（包括大根），以促发新根，增强树势，这对老树的更新复壮很有作用，称之为"地下修剪"。

根茎是树体运输养分和水分的交通枢纽。根茎埋入地下或离地面过高，均不利于树体生长。根茎易受冻害、病虫危害和机械伤害，应注意保护。

（二）芽及生长特性

芽是果树营养生长和生殖生长的重要器官，是枝、叶发生的起点。令人神奇的是，柑橘类植物所有的芽均为腋芽，没有顶芽。柑橘新梢伸长生长一段时间后，生长趋于停止时，嫩梢顶端嫩芽会自动脱落，俗称"自剪"，剪口下的腋芽取代顶芽的位置形成假顶芽（图2-3）。由于柑橘无顶芽，侧芽代替了顶芽的生长，上部侧芽抽发新枝形成一个假中心轴，因此柑橘的分枝是假轴状分枝。由于顶芽自剪，削弱了顶端优势，使枝梢上部几个芽常一起萌发生长，成为生长势接近的竞争枝条，构成了柑橘丛生性强的特性。

柑橘的芽实际上是由一个主芽和几个副芽构成，因此说柑橘的芽是复芽。通常只是主芽萌发，如果枝条的营养充足，也常见主芽和部分副芽同时萌发，在一个节位上同时抽发多条梢。柑橘的芽在新梢停止生长、叶片转绿时就已基本发育成熟，此时只要养分供应充足，气候适宜，新芽

图2-3　顶芽自剪

就能马上萌发抽梢。正是由于柑橘的芽具有早熟性，使得柑橘具有一年多次发芽、多次抽梢的特性，能很快形成密集的树冠，因而具有早结丰产的可能性。

柑橘的芽还有叶芽和混合芽之分，起初两者形态相同，不能明显区分，以后在芽的发育过程中，由于营养情况的不同，生长点附近的内部形态渐渐分化为花芽与叶芽的不同形态，这一过程称为花芽分化。花芽分化是柑橘一年中的重要生命活动之一。叶芽萌发枝叶，主要进行营养生长而不着生花器，柑橘在幼年未结果时期，其芽几乎全部是叶芽。混合芽既抽生枝叶，在其先端还着生花器。进入结果期以后，既萌生叶芽，也萌生混合芽。柑橘花芽分化，大体可分为形态分化、生理分化和性细胞形成3个阶段。花芽形态分化期，与当地气候（特别是气温）、植株的营养条件有关。秋季温度偏高和冬季低温低湿等条件，能促进花器的形成，陕南产区在冬季最有利于柑橘花芽分化。此外，大年结果时，花芽分化稍晚，小年结果时花芽分化早。花芽生理分化期是花芽形态形成所需的糖类、蛋白质、核酸、氨基酸（有17种氨基酸参与花芽分化）、拟脂、激素类、脂肪等在遗传基因控制下，综合作用产生的质变过程。树势健壮，营养物质含量丰富时，花芽分化数量多、质量优，从而促进开花结果，丰产稳产。

柑橘在生长季节凡没有萌发的芽称为潜伏芽或休眠芽，也叫隐芽。潜伏的时间，有数年至数十年不等，而潜伏芽经刺激可以萌发。因此修剪时往往利用潜伏芽的特性进行枝干和老树的更新，生产上常用的短截促梢、压顶更新等修剪方法也是利用这个特性。

芽的萌发力、成枝力及其异质性，也是柑橘芽的重要特性。一年生枝上芽的萌发能力称之为芽的萌发力，萌发的越多，说明萌发力越强。一年生枝上的芽抽生长枝的能力叫成枝力。芽的着生部位、形成条件、发育时期不同，质量上有明显差异，这种差异叫芽的异质性。由于芽的异质性和萌发力对芽萌发抽生的枝梢有很大影响，所以在柑橘整形修剪中，常常利用芽的异质性来调整平衡树势，协调生长与结果的矛盾。这也就是为什么在选留、培养骨干枝和更新复壮结果枝组时，选用壮枝、壮芽作剪口枝、剪口芽，以使骨干枝生长健壮，提高结果枝组结果能力的原因所在。又如短截过长春梢、春秋梢、夏秋梢，对新梢摘心等也是这个道理。一般情况下，萌芽力和成枝力是相互制约的统一体，萌芽力强，成枝力则低；成枝力强，萌芽力则弱。

（三）枝干及生长特性

柑橘的枝梢每年都形成几次周期性的生长，随着枝梢的生长和延伸，不断扩大树冠体积，增加结果部位和叶面积，柑橘枝梢不仅是树冠构成的基础，还是开花结果的基础。因此，正确了解枝梢的形态、结构，认识枝梢的不同类别和作用，在修剪中正确利用或控制各类枝梢是十分重要的。

柑橘枝梢由于顶芽自枯在顶端形成假顶芽，呈假合轴分枝，使苗木主干容易分枝和形成矮生状态。从根茎到第一个主枝分叉点间的树干部分，称主干（图2-4）。主干是

图2-4　柑橘树主干

整个树体的支柱，又是树体营养物质和水分上下交流的必经通道。由主干向上延伸直立生长的大枝，称中心主枝。直接斜生在中心主枝上的大枝为主枝，主枝上着生的大枝为副主枝。着生在主枝、副主枝上的各级小枝为侧枝。位于主枝、副主枝先端的枝梢，称延长枝。中心主枝、主枝和副主枝构成树冠骨架，为骨干枝（图2-5）。枝梢是由叶芽发育延伸而成。当气温在25~28℃时最适宜枝梢生长。陕南柑橘全年一般可抽3次梢，即春梢、夏梢和秋梢。

图2-5　骨干枝

　　春梢，在立春后至立夏前（3—4月）抽生，是一年中最重要的枝梢。此时温度较低，雨水不多，树体又经冬季休眠，贮藏养分较为充足，发梢多而整齐。春梢较短，基部圆，节间密，叶长而狭，先端尖，叶脉不明显，翼叶窄小，是形成翌年结果母枝的主要枝梢，也是当年二、三次梢的主要基础枝梢。

　　夏梢，立夏至立秋前（5—7月）抽生的梢。陕南在5月下旬开始抽发夏梢，6月初达到盛期。因其发生时期正处在高温多雨季节，生长势旺盛。一般表现为枝条粗壮、节间长、叶片大而厚，翼叶较大或明显，叶端钝。在自然生长时夏梢萌发不整齐，容易造成徒长枝大量萌发，消耗养分多，扰乱树形。对幼年树可充分利用夏梢培养骨干枝和增加枝数，加速形成树冠，提早结果。对结果树而言，夏梢抽生与幼果争夺养分，会加剧落果，应视实际情况加以利用和控制（图2-6）。

图2-6　柑橘夏梢

　　秋梢，立秋至立冬前（8—10月）抽生的梢。又可分为早秋梢和晚秋梢。其抽生数量多，较整齐，长势适中，枝梢多呈三棱形。抽生秋梢的多少，随树龄、营养和着果多少而异。秋梢的节间较春梢长，叶片和翼叶均较夏梢少。在陕南一般7月20日左右采取短截等措施逼发早秋梢，也称放梢。早秋梢是翌年优良的结果母枝。生长势比春梢强、比夏梢弱，叶片大小介于春、夏梢之间。栽培上常抹去夏梢，来促发多而健壮的秋梢结果母枝，以利于来年丰产。8月底以后抽发的晚秋梢生长期短，质量较差，不易成为结果母枝，并且枝叶不充实，不仅难以形成花芽，而且消耗大量的养分，甚至发生冻害，所以在生产上无利用价值，一般应予剪除。

　　一年只抽发一次春梢或一次夏梢或一次秋梢的，称一次梢。在一次梢上再抽梢的，称二次梢。在二次梢上再抽梢的，称为三次梢。二次梢包括春夏梢（春梢上抽生夏梢）、春秋梢、夏秋梢等；三次梢只有一种，即春夏秋梢。二次梢、三次梢抽生的数量和质量，与树龄、树势、当年着果量和栽培管理水平等因素密切相关。

按照枝梢是否开花结果，柑橘的枝梢又可分为徒长枝、结果枝、结果母枝。徒长枝节间长、叶大而薄。树势较弱或叶片较少、叶幕薄的植株多在主枝上抽生徒长枝。对着生部位适宜的徒长枝可改造为各类枝梢的更新枝，衰老树的更新复壮可利用这一特性。对突出树冠外围的徒长枝可进行弯枝或摘心，使它变成结果母枝或抽生分枝，不需要利用的徒长枝应及时除去。结果枝一般由结果母枝顶端一芽或附近数芽萌发而成，包括无叶结果枝和有叶结果枝两大类。幼龄结果树抽生营养枝和有叶结果枝较多，老年树则营养枝少而无叶结果枝多。有叶结果枝由于枝叶齐全，发育良好，具有营养生长和结果的双重作用。抽生结果枝的枝梢称为结果母枝。柑橘结果母枝的外部形态是生长良好、健壮、节间较短、叶片肥厚、中等大小、色泽浓绿、上下叶片大小相近。通常，春梢、夏梢、秋梢，只要生长良好，冬季均可进行花芽分化，成为第二年的结果母枝。生长不充实的营养枝，不能进行花芽分化。

（四）叶及生长特性

柑橘种类不同，叶的大小不等，形态各异。柚类叶片大，宽皮柑橘、甜橙等叶片小。柑橘的叶片初生时淡黄绿色，老熟后转为深绿色。柑橘的叶都是复叶。在正常情况下叶由叶片及叶柄两部分组成。叶片除枳为掌状三出复叶外，其余各种均为单身复叶，叶脉为羽状网脉。叶片中央有主叶脉，叶脉中有导管和筛管，是养分和水分的通道。大多数柑橘品种，叶柄有翼叶。叶片大部分会有蜡质和油胞。其中酸橙油胞多，气味浓而刺鼻，橘类油胞少而味清淡。叶的生长与各次枝梢的生长同时进行。一年中以春叶最多，一片叶从展叶到停止生长需 60 天左右，叶片的寿命一般为 24~36 个月，有的长达 3~5 年才脱落；植株上不同部位的叶片交替脱落。柑橘的叶片具有光合作用、吸收作用和蒸腾作用，是制造和贮藏有机养分的重要器官，叶片贮藏全树 40% 以上的氮素以及大量的碳水化合物，因此，从柑橘叶片的发育状况能反映树体生理状况和矿质营养状况。抽生 1~6 周的新叶，营养物质合成最高，两年后的老叶光合作用差，仍然是积累营养成分的主要器官。很好地保护老叶，延迟或减少脱落，这是维持树势，达到丰产优质、连年结果、延长经济树龄的基础管理和最重要环节。不同柑橘品种，供给一个果实发育所需的碳水化合物需要的叶片数或叶面积也不相同，一般一个果实生长发育需 25~30 片叶制造营养物质，也就是说温州蜜柑的叶果比是（25~30）：1。

（五）花及生长特性

柑橘花器的形成始于花芽分化，其基本变化是顶端分生组织由营养生长转化为生殖生长。柑橘类的花着生于当年生新梢的顶端，呈单生或总状花序。柑橘属中宽皮柑橘类的花一般单生，甜橙、柚则有多朵花成花序着生。花蕾以柚类及枸橼类最大，枳也有大花，橙类次之，四季橘、酸橘等最小，温州蜜柑介于中间。柑橘的花大体可分为二类，一类是既有完全花（两性花）也有不完全花，如枳、柠檬、枸橼等，它们中有部分花雌蕊发育不全或大部分没有雌蕊；另一类是只有完全花，如宽皮柑橘、甜橙、柚和葡萄柚。

典型的柑橘完全花具有花瓣、花萼、雌蕊和雄蕊。柑橘花的花瓣属离瓣花，与萼片互

生。一般花瓣4~8枚，而以5枚居多，多为白色；形状有长椭圆形或带状匙形，其上密生油胞。柑橘的萼片3~5裂，以4裂居多，杯状结构，其大小、形状、色泽、毛茸等因种类而异。雄蕊通常为16~40枚，偶有70枚者，枳一般20~28枚，金柑12~25枚，柑橘属11~52枚，以柚、柠檬雄蕊最多；温州蜜柑及其他无核种一般雄蕊退化，不具花粉。雌蕊由子房、花柱、柱头三部分组成（图2-7）。

图2-7 温州蜜柑花

柑橘开花的数量和花期的早晚，除受种类品种的特性决定外，也受环境条件的影响。开花前1~2个月的气象条件，以气温的影响最大、最直接，其他如雨量、日照时间等也有一定的影响。另外，肥培管理措施和树体营养条件也对花期的早晚有间接的影响。由于陕南柑橘栽培区域属北亚热带边缘，冬季温度较低，大多数柑橘每年春季开花一次，柚、金柑、柠檬、四季橘等会一年多次开花，但是春季仍为主要开花期；枸橘开花早于其他柑橘品种，金柑最迟。一般花蕾期在4月上中旬，四月底始花，盛花期5月上旬，花谢期5月中旬。花期的早晚除影响到坐果率和产量的高低外，对所结果实的品质也有明显的影响。一般早开花的还原糖含量较高，柠檬酸含量较低，因而糖酸比高，着色度也较好。这就是生产实践中进行"疏花"时主要疏去晚花的原因。

（六）果及生长特性（图2-8）

柑橘的果实属浆果类型，由花的子房生长发育而成，由外果皮、中果皮和果肉组成。外果皮由多角形细胞组成，细胞中含有色素，因此表现出不同的颜色。中果皮由白色和黄色素组成，其间有油胞。果肉由多个瓣囊组成，通常为8~12瓣，柚子瓣囊最大，金柑最小。果实的大小因种类而有很大差异，柚子果实最大，单果有500~1 000克，金柑最小，在

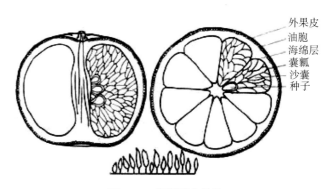

外果皮
油胞
海绵层
囊瓣
沙囊
种子

图2-8 柑橘果实构造

5~10克不等。柑橘果实按剥皮难易大体可分为宽皮柑橘和非宽皮柑橘两类，前者剥皮容易，后者剥皮困难。也就是说，橘、柑果皮容易剥离，柚和橙类皮紧，很难剥离。果实形状、果皮色泽和粗细光滑程度因种属而异，表现特有的形态，即使同一种类，也因品种而有显著的差异。外果皮的颜色有朱红、橙红、橙黄、淡黄等。果皮的厚度或外观，因树龄树势及外界的影响而有显著差异。幼树的果实，一般果皮厚、粗糙。另外，宽皮柑橘一般

较非宽皮柑橘的果皮薄，柚及其近缘种的果皮最厚。果实形状有扁圆、圆形、椭圆形、纺锤形、梨形、倒卵形等。有的为高茎类型，有的为低茎类型，差异比较大。

果实中的种子大小多少各异，每一果实的平均种子数、种子在室内的排列状态、种子外形等均因种类品种而有显著差异。柚类种子最多，每一果实多的有 100 多粒种子，而柑、橘等只有 10 多粒，温州蜜柑、脐橙、南丰蜜橘等基本无核或完全无核。种子大小以柚类最大，山金柑、酸橘等最小，酸橙、甜橙等中等。种子有内外两层种皮，胚的颜色及数量是种和品种的重要特征。

柑橘果实的生长大体可分 3 个阶段：第一阶段是花瓣脱落后一个月内，以细胞分裂为主，细胞数量增多，引起心皮增厚。第二阶段自 6 月中下旬开始，持续 3~5 个月，以细胞的增大、心皮细胞分化和心室增大为特征（即果实增大期）。第三阶段是果实的成熟期，色泽转变且生长速度减缓，同时发生成分的变化。通俗地说，果实最初生长以果皮和汁囊的细胞分裂为主，以后则以增长果肉为主，果实横径增大，果汁含量增加。当然，果实发育膨大还受叶果比、温度、水分、光照和氮、磷、钾、钙、镁以及其他微量元素等营养条件等诸多因素的影响，在生产上要认真加以应对。

二、柑橘树生长发育周期

实生柑橘树从播种、种子萌发、出苗到衰老死亡为止，经历生长、结果、衰老、更新等一系列的生命过程。这个过程有明显的阶段性。在开始的幼年阶段只有旺盛的营养生长，当达到一定大小，转变为有成花能力的成年阶段以后，才能开花结果。也就是说柑橘类植物实生繁殖树的童期，除金柑类童期较短外，其他童期均较长，需 6~9 年以上，在土壤条件不好的地方甚至要 11~13 年才能开花。结果的初期阶段，叫作生长结果期，继之进入盛果期，维持一定时期后，转入结果衰退期和衰老更新期。这就是柑橘一生的生命周期或生存周期，构成柑橘树的寿命。

图 2-9　300 年生枳雀树

无性繁殖苗（嫁接、高空压条等）自定植以后，也存在以营养生长为主的幼龄阶段，开花结实时的年龄称为结果年龄。其后也像上述实生树一样，经过各时期的过渡，构成柑橘树的寿命。与实生树不同的是，用无性繁殖苗木建园后开花早、挂果早、投产早、成园早，虽有 5~10 年的幼树期，但在定植后的第二年就可现蕾开花（一般应予摘除），第三年就有少量结果，第四年起即可逐步投产，5~15年产量迅速上升，即为盛果期。在合适的条件下，柑橘树的寿命一般有数十年，有的还能生存几百年。如城固县多地至今仍有百年以上的朱红橘古树，甚至还发现有尚能年产鲜果300千克的300年以上的枳雀树（图2-9）。其经济寿命（指盛果期）一般可达40~60年，不同品种、不同自然环境、栽培技术、管理水平有显著差异。通常情况下，实生树比无性繁殖树寿命长。

三、柑橘树的年生长周期

作为常绿果树的柑橘，一年中虽无明显的休眠期，但在春、夏、秋、冬四季分明的地方，一年中也存在生长和相对休眠期的交互现象，表现有明显节奏的生命运动。如春季的萌芽期，春、夏、秋等几次梢的抽梢期，花芽的分化及其现蕾、开花期，生理落果期，果实生长发育期和果实成熟期等。这种年年重复出现、与气候密切联系的周期性变化，称为"生物气候期"，简称"物候期"。不同的种类品种或同一品种在不同的气候条件下，其物候期是不同的。正确掌握柑橘品种在一个地区的物候期是制订全年管理计划的重要依据。

柑橘各物候期在陕南的特征表现如下。

（一）萌芽抽梢期

芽体膨大，芽苞开裂伸出苞片时即为萌芽期。柑橘萌芽的适宜温度是12.5℃。萌芽后新梢第一片幼叶张开，出现茎节时，即为抽梢。在汉中、安康地区一般3月中下旬至5月下旬（"春分"到"小满"）为春梢萌芽及生长期；5月下旬至7月中旬（"小满"至"大暑"前）是夏梢萌芽及生长期；7月下旬至9月下旬（"大暑"至"秋分"）为秋梢萌芽及生长期。新梢生长到一定程度停止，顶芽自行脱落，不再继续增长，称"自剪期"，新梢的这种"自剪"现象达75%左右时即为停梢期。

（二）花期

包括花蕾期和开花期。发芽后从能区分蕾芽时起，到花蕾开放以前即为花蕾期。花瓣展开能窥见雌雄蕊时称"开花"。全株25%花开称初花期；25%~75%花开称盛花期；75%~95%花开称末花期；95%以上花开称"终花期"；花瓣脱落时为谢花期。在陕南一般花蕾期是4月中上旬至5月初（"清明"至"立夏"），始花在5月初（"立夏"前后），盛花5月上旬，谢花期5月中旬。

（三）果实发育生长期

从谢花后果实子房开始膨大，到果实成熟的时期即为果实生长发育期。这期间有2次生理落果，自谢花开始，花和幼果不断脱落到定果前有2次脱落高峰：第一次高峰期脱落下的花果都带果梗，自蜜盘与子房连接处脱落；第二次不带果梗，从蜜盘处脱落。从稳果后到果实采收前，还会有果实脱落，称为采前落果。果实生长发育是否正常，直接影响果实的大小和品质，伏旱和秋旱常会使果实变小，品质变劣。在陕南，5月中旬至11月上旬（"小满"前至"立冬"前）为果实生长发育期。其中，5月中旬至5月下旬（"小满"前后）为第一次生理落果期，6月中旬至7月上旬（"夏至"前后至"小暑"）为第二次生理落果期，7月中旬即为定果期，其后再落果的，一般为非正常落果，生产上应予防范。

（四）果实成熟采收期

果皮转为该品种固有色泽，固酸比达一定标准并具有该品种固有风味和质地时为成熟期。陕南柑橘集中成熟采收应该在 10—11 月，特早熟品种或晚熟品种适当提前或推迟。

（五）花芽分化期

从营养芽转变为花芽，到花器分化完全，称为花芽分化期。据多年观察记载，陕南柑橘花芽分化期始期在 11 月上中旬（"立冬"后至"小雪"前），盛期于 12 月下旬至元月下旬（"冬至"至"大寒"），末期到 3 月上旬（"惊蛰"）。

（六）根系生长期

从春季开始生长新根，到秋冬季新根停止生长的时期称根系生长期。因树体受营养分配上的生理平衡影响，根系生长都开始于各次枝梢的"自剪"以后，且与枝梢生长交替进行。一般根系生长包括初期、盛期、末期 3 个时期。以温州蜜柑为例，在陕南，第一次根系生长的初期（缓慢生长期）发生于 4 月上旬（"清明"），盛期在 5 月中旬至 6 月上旬（"小满"前至"芒种"），末期在 6 月下旬（"夏至"）。第二次根系生长的初期在 7 月中旬（"小暑"后至"大暑"前），盛期在 8 月上中旬至 9 月下旬（"立秋"至"秋分"），末期在 10 月上旬以后（"寒露"以后）。但在华南、华中地区，根在 10 月下旬以后仍然缓慢生长，可持续到 12 月。

柑橘的物候期，除受气温、雨量和植株的营养状况等因素影响外，还可以通过栽培措施进行适当调节。

第四节　陕南柑橘气候生态分区

一、分区的基本原则

从柑橘生产的实际出发，分区应为柑橘在陕南的合理布局服务，使各区之间柑橘生产的区域性和适应性上有各自的特点，所适宜的柑橘种类、品种有所侧重，以及以气候条件为主的生态环境问题有一定的针对性。

二、分区的主要依据

考虑到柑橘适宜区的分布首要的条件是气候生态环境，其中年平均气温和低温冻害又是北缘地区柑橘分布的主要限制因素，因此，把与低温冻害有关的越冬条件作为分区的主要依据。先据有关区域内的国家气象台站 35 年来的基本气候资料和柑橘对环境条件的要求（详见本章第一节：柑橘对环境条件的要求），选用 1 月平均气温、多年极端最低气温平均值、年极端最低气温 ≤ −8℃ 的概率平均冻害指数（米）年平均气温，年降水量等 6 个因子，进行多因子综合聚类（表 2-2），作出一个粗线条的适宜分区（图 2-10）。

表2-2 陕南（汉中、安康）柑橘主产县（区）自然环境条件调查表

县（区）名称	纬度（N）	年平均温度（℃）	年平均降水量（毫米）	年极端最低气温（℃）	生长期最适温度（℃）	生长期上限温度（℃）	年均日照时数（小时）	年无霜期（天）	土壤类型	土壤pH值	备注
城固县	32°45′~33°40′	14.2	811.8	-6.19	23~30	34	1 578	244	沙壤、中壤、黄褐土	6.5~7.5	汉中市
汉台区	33°2′~33°22′	14.3	870~910	-6.3	24~28	38	1 410~1 770	246	黄泥地	6.5~7.5	
洋县	33°2′~33°43′	14.5	800~1 000	-10.1	25~30	38.7	1825	238	壤土	6.5~7.0	
南郑县	33°	14.5	970	-8	25~32	37.6	1 605	254	黄棕壤土	5~7.5	
勉县	32°~33°	14.2	841.3	-6	24~36	38	1 676.7	237	黄棕壤土	6.5~7.5	
汉滨区	32°22′~33°17′	15.8	950	-5	26	38.5	1 900	260	棕壤、黄棕壤	6.0~6.5	安康市
紫阳县	32°08′~32°48′	15.5	1 000	-5	25	38	1 900	270	棕壤、黄棕壤	6.0~6.5	
旬阳县	32°29′~33°13′	15.1	1 000	-7	22	38	2 000	250	棕壤、黄棕壤	6.0~6.5	
汉阴县	32°68′~33°09′	15.2	850	-5	24	36	1 850	240	棕壤、黄棕壤	6.0~6.5	
白河县	32°34′~32°55′	15.6	1 000	-5	24	38	2 000	270	棕壤、黄棕壤	6.0~6.5	

注：陕西省果业局、气象局2006年3月调查汇总。

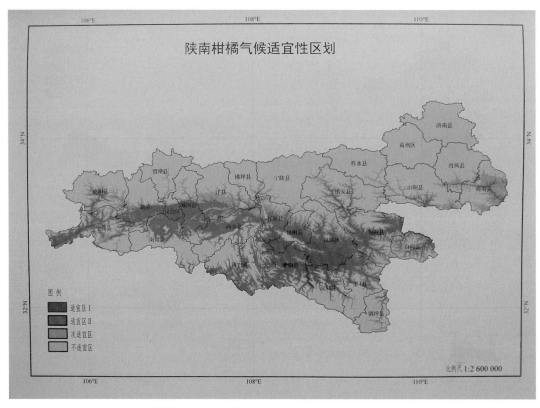

图 2-10　陕南柑橘气候适宜性区划图

三、气候生态分区

根据陕南柑橘气候生态状况，共划分三类五区，即凤凰山南侧库区五县适宜区、汉中盆地次适宜区、安康盆地次适宜区、洋县西乡可栽植区、商洛南部可栽植区（图2-11）。

（一）凤凰山南侧适宜区

包括自石泉长阳至安康火石岩水坝之间的汉江及其支流两岸，海拔600米以下的浅山丘陵地区。该区最冷月平均气温为3.4℃，极端最低气温为 -8.4~-7.6℃，≤-8℃的低温概率为0~13%，年平均气温15.0~15.2℃，≥10℃活动积温为4 600~4 700℃·d，年降水量为1 000~1 100毫米。该区是陕南柑橘生存最好的地区，达到适宜柑橘生长的气候指标要求，基本

图 2-11　陕南柑橘产区位置图

无冻害或冻害轻而少。栽培品种应以温州蜜柑品系、旬阳狮头柑、紫阳金钱橘、本地早等为主，以合理利用当地越冬及水热条件的优势。

（二）汉中盆地次适宜区

汉中位于东经 105° 30′ ~108° 24′ 27″，北纬 32° 15′ 15″ ~33° 56′ 7″，处于中纬度地带，居暖温带南界和亚热带北界，加之受热带海洋暖湿气流的影响，汉中乃至陕南均属亚热带湿润气候，夏季热，温季较长，冬不太冷，河流不封冻，川谷少积雪，平川无冻土层。汉中居内陆离海洋远，受大陆的包围和影响，属大陆性气候。该区主要包括城固、汉台、南郑、勉县等县区海拔 700 米以下的浅山丘陵地区，西起勉县青羊驿，东至洋县槐树关，全长 120 多千米，其中以秦岭南坡的城固、汉台丘陵面积最大，为陕南柑橘主产区。该区最冷月一月平均气温为 2.1~2.3℃，最热月 7 月平均温度为 25.9℃，最高极值 38℃；极端最低气温为 −10℃ ~−8℃（1955—1991 年），≤ −8℃低温的几率为 6% ~11%，年平均气温 14.2~14.3℃，≥ 10℃积温为 4 400~4 500℃·d，年降水量为 800~900 毫米，多雨季是 7 月、8 月、9 月三个月。平均初霜期是 11 月 14 日，最早是 10 月 24 日，终霜期平均为 3 月 21 日，最晚为 4 月 5 日，全年无霜期 253 天。基本具备柑橘生长的气候条件，其降水合适，热量略显不足，8~10 年一遇的周期性冻害明显。区内地势较为平缓，土层深厚，水利发达，交通便利，立地条件较好。柑橘栽培历史悠久，面积、产量均占陕南的 80% 以上，是陕南柑橘生产发展的重点地区。该区域应以防冻为中心加强科学管理，利用有利地形小气候，栽植抗冻、丰产的特早熟、早中熟温州蜜柑品系及朱红橘、城固冰糖橘、南丰蜜橘、本地早、皱皮柑等地方良种。

（三）安康盆地次适宜区

包括凤凰山以北、安康火石岩以东的盆地和汉江及支流两岸、旬阳以西海拔 500 米以下，以东 400 米以下的浅山丘陵地区。该区最冷月平均气温为 3.2~3.3℃，极端最低温度为 −10.3~−9.5℃，≤ −8℃低温的概率为 11% ~15%，年平均气温 14.6~15.7℃，≥ 10℃活动积温为 4 500~5 000℃·d，年降水量为 777~889 毫米。基本具备柑橘生长的气候条件。其热量较好而水分偏少，8~10 年一遇的周期性冻害明显。立地条件不如汉中盆地，但热量优势较为明显。在栽培管理上除以防冻为中心外，同时要加强防旱抗旱。橘园选址应利用有利地形小气候，避开江河川道风，以川道两侧的支流沟岔坡地为宜。适栽品种以抗冻丰产的特早熟、早熟温州蜜柑品系及旬阳狮头柑、朱红橘为主，辅之以紫阳金钱橘、本地早、椪柑等。枳雀（香园）在安康汉滨区很有种植传统，且分布面积较大，作为药用柑橘品种，也可适度发展。

（四）洋县、西乡可栽区

包括洋县、西乡两县海拔 650 米以下的浅山丘陵地区。该区最冷月平均气温 2.1~2.3℃，极端最低温度为 −10.6~ −10.1℃，≤ −8℃低温的概率为 18% ~25%，年平均气温 14.6℃左右，≥ 10℃的活动积温为 4 500~4 600℃·d，年降水量为 802~887 毫米。全年水热条件尚好，年平均气温和活动积温优于汉中盆地，唯极端最低气温往往偏低，8~10 年一遇的周期性冻害明显，受害程度重，属可栽植区。该区应以防冻为中心，把橘园严格控制在地形小气候有利的地段上。以栽植抗冻丰产的早熟或特早熟耐寒品种为主，如温州蜜柑的宫川、兴津、大分四号、日南一号及本地早等。此外，汉中的宁强县也有局部区域类似于西乡，可有选择的适当种植。

（五）商洛南部可栽区

包括商洛地区南部低热河谷两岸浅山坡地。主要位于镇安红庙、梅花，山阳鹘岭南侧的漫川海拔 500 米以下及商南南部湘河海拔 300 米以下等局部地区。该区年平均气温和 ≥ 10℃ 的积温分别在 15℃ 和 4 500℃·d 以上，年降水量为 700~800 毫米，年总水热条件尚可，但越冬条件差，冻害严重。由于山大沟深，立地条件差，只宜选择避冻良好的小地形种植，并选用早熟和特早熟耐寒品种。

第三章
陕南柑橘种类和品种

第一节　品种资源及演变

一、传统栽植品种

清代至民国时期，陕西境内柑橘品种资源有朱红橘、旬阳狮头柑或皱皮柑（麻柑）、紫阳金钱橘、城固红橙、甜橙、粤橘、沙田柚、葡萄柚，以及枳、香圆、香橙等。其中朱红橘、皱皮柑、紫阳金钱橘、城固红橙为陕南传统主栽品种。

1. 城固朱红橘[1]（图 3-1）

原名朱橘、红橘，1960 年曾勉[2] 教授定名为朱红橘。是陕南最古老的品种，在汉中市城固县分布面积大，该县橘园镇升仙村有百余年生大树。该品种树势健旺，抗寒性强，高产稳产；果实甘甜，耐贮藏，易剥皮，但化渣性稍差，种子多，完熟后有浮皮现象。橘农有"皮细窝窝深"的赞誉。城固冰糖橘、城固甜橘、八月炸橘、九月黄橘、城固竹橘等，都是其变异种。进入 21 世纪后，该品种被其他品种替代，仅有零星种植，特别是城固县橘园镇橘农多有房前屋后

图 3-1　城固朱红橘

渠边地头存有一些大树，丰年可株产橘子 150~300 千克，仍能产生不错的经济效益。

2. 皱皮柑（图 3-2）

在汉中、安康均有分布。橘农俗称麻柑、狮头柑等。该品种较耐干旱，抗寒性次于朱

---

[1] 据城固县志记载，朱红橘是明朝万历年间因移民而引入城固，1980 年栽培面积 8 861 亩，为历史最高。

[2] 曾勉，中柑所首任所长，1958 年、1960 年先后两次到城固考察柑橘。

红橘。树冠圆头形，生长较健旺。该品种在安康市的旬阳县有较大面积栽培，当地叫"狮头柑"。味道酸甜带苦，化渣性好，仍是当地效益较高的经济作物。汉中的城固县曾有大面积分布，现在仅在原公镇零星种植，当地称"麻柑"，味道不及安康的"狮头柑"，主要是苦味太重，但有清热泻火之功效，仍受当地老人喜爱，常作化痰止咳良药。

图3-2 皱皮柑

3.紫阳金钱橘（图3-3）

主要分布于安康市紫阳县，其植物学特性和生物学特性与朱红橘相似。因其果实大小适中、皮薄籽少、色泽艳丽、味香醇浓，曾被列为宫廷贡品，故又名贡橘，早年于兴安州（今安康）专门负责生产和选送贡橘。

4.城固红橙

在汉中市城固县曾有零星栽植。树冠自然圆头形，枝条密生，粗硬，有刺。果实近球形，大小均匀。单果均重168.2克，可食率54.7%。果面光滑，橙红色，皮厚韧、难剥离。果肉脆嫩，汁多酸甜，有香气，可溶性固形物含量13.5%，籽少。11月下旬成熟，耐贮藏，抗寒力弱。

图3-3 紫阳金钱橘

二、野生、半野生种

经20世纪80年代汉中地区农业部门组织专业技术人员普查，陕南柑橘的野生、半野生种有8个以上，主要有：

1.枳（枸橘、枳壳）（图3-4）

原产长江流域，分布范围较广，系落叶灌木或小乔木，喜酸性土壤。叶由三小叶组成，枝条有刺。果实小，圆球形，表面多茸毛，成熟后为深黄色。果皮坚韧，剥离较难。瓤瓣6~8枚，多籽，一般20多粒，大而饱满，多胚，间或单胚。有一年多次开花结果习性，第一次花果于9—10月成熟，也是其主要采种期。果肉少，富

图3-4 枳果实

有胶质，味酸苦，不堪食用。枳耐寒性特强，在 –20℃ 低温下尚能生存。在陕西关中及北方许多地区主要用作果园刺篱。其自然杂交种及变种有枳橙、枳柚以及飞龙枳、大果枳、大叶枳（常绿）、一年两熟枳等。

2. 枳橙（图 3–5）

系枳与甜橙的天然杂交种，为半落叶性小乔木，树势强，直立，枝梢生刺，枝叶茂密。有单身复叶及由 2~3 个小叶组成的复叶，其顶部特大。果实近扁圆，果皮黄色，表面无茸毛，果肉味酸苦，不能食用。

3. 枳雀（图 3–6）

属秦巴地区独有的一个野生种，在巴山山区及平坝广泛分布。树势健旺，树冠自然开心形，枝干较直立，枝梢较硬，生有长刺。叶长椭圆形，深绿色，质地较硬有光泽，翼叶倒卵形。果实大圆球形，单果均重 200 余克，果皮橙黄色，粗糙，有微疣突起，果皮较厚，剥离较难，瓤瓣 9 枚，肾

图 3–5　枳橙果实

图 3–6　枳雀果实

形，果肉汁多，味酸苦，不能食用。20 世纪，在开展柑橘资源普查中，发现有落叶枳雀、畸形枳雀等变异种。枳雀在汉中、安康有的地方称"香园"，果实外形与酸橙较相似，在甘肃南部及湖北襄阳也有分布，城固县老庄镇千山水库附近发现有 300 年以上的古树，丰年时仍株产鲜果达 300 千克以上。在陕南以房前屋后、田埂路边栽种为主。果实入药，在 8 月青果时采下切开晒干卖作中药枳实。对果实成分研究中，中柑所和华中农业大学均发现其柚皮苷含量极高，极具医药研究开发价值。对其种源研究中，华中农大通过 DNA 分析发现，枳雀为柚（母本）和枳（父本）的野生杂交后代。另外，枳雀还是很好的砧木资源，根系有较强的耐碱性，常作碱性土栽种柑橘的优良砧木，能有效解决碱性土种植柑橘的缺铁性黄化问题。

4. 香橙（青皮、枸柑）（图 3–7）

属宜昌橙类半野生品种。在城固县南部山区、南郑县等地有零星分布。树势健旺，为常绿小乔木。主干黑褐色，枝条较直立，小枝纤细，耐寒、耐干、抗病虫，叶长椭圆形，浅绿色，平展，叶较薄，叶尖锐尖，叶基楔形，叶脉隆起，翼叶心脏形，叶腋生小刺。果实扁圆形，单果均重 70 余克。

图 3–7　香橙结果状

果皮橙黄色，粗糙，顶有印圈，剥皮较易，瓤瓣9枚，淡黄绿色，汁多味酸浓香。

5. 酸橙（图3-8）

在城固县有栽植。树势健旺，新梢年生长量可达1米以上，抗旱、抗病虫，主干表皮较细，灰褐色。枝梢稀疏，较硬。叶长椭圆形，深绿色，蜡质层较厚，有光泽，翼叶线形，叶腋间有小刺。果实扁圆形，单果均重101克左右。果皮橙黄色较粗糙，剥皮较难。瓤瓣肾形，汁多味酸。

图3-8 酸橙结果状

6. 代代（图3-9）

在城固县橘园镇、原公镇有栽植。是酸橙的一个类型，树势健旺，树冠自然圆头形，枝梢较硬。叶长椭圆形，深绿色，蜡质层较厚，有光泽，叶脉平或微凹，翼叶心脏形，叶腋间生小刺。果实近圆球形，单果均重100余克。果皮橙黄色，较粗糙，萼片深绿色，呈肉质，剥离较难。瓤瓣半月形，汁多味酸，不能食用。该品种常作盆栽观赏，果实挂树3年不落，故称"代代"。

图3-9 代代果实

7. 葡萄柚（图3-10）

原产拉丁美洲。在城固县上元观镇王家堡村（巴山北坡缘）有栽种。树势健旺，耐寒、耐旱。主干表皮黑褐色，有白色纵纹，枝条短粗较硬。叶长椭圆形，浅绿色，蜡质层较厚，翼叶倒卵形，叶腋有小刺。有丛状结果习性，故称葡萄柚。形态上与柚子的区别是幼枝和幼叶无茸毛。翼叶倒卵形，顶部不与叶基部重叠。果实圆球形，较柚子略小，单果均重400余克。果皮橙黄色，光滑，顶部平，果皮厚，剥离稍难，萼片深绿色、厚，呈肉质。瓤瓣10~14枚，半月形，汁多偏酸，有柚子香气，食用价值不大。

图3-10 葡萄柚果实

8. 宜昌橙（图3-11）

陕南的野生种群，主要分布于宁强县和镇坪县。灌木或小乔木，开张，嫩枝多浅紫色，多刺，叶片狭长。花单生，无花序，有紫花和白花两种类型，果实亚球形至梨形不等，单果重 200~250 克不等，一般横径 4.5~5.5 厘米，囊瓣 7~9 枚，种子 35~56 粒，单胚。果面橙黄色，粗糙，皮厚，难剥离。本品种性耐寒，野生资源分布地区海拔 1 100 米左右，绝对低温在 -12℃ 左右，周边没有其他品种生长。笔者于 2014 年将宁强县和镇坪县的野生宜昌橙收集嫁接于城固县果业站寺岭品种资源圃。

图 3-11　宜昌橙结果状

第二节　引进品种与选育品种

一、引进品种（品系）

从 20 世纪 50 年代开始，陕南就以城固县柑橘育苗场、汉中地区园林站、汉中农校（后改为汉中职业技术学院）、陕西省林研所安康试验站、城固县果业技术指导站（原城固县蚕茶果技术指导站）等国有技术单位为主，相继开展了柑橘新品种的引进、试验、示范和推广工作。

城固县柑橘育苗场，1957 年从四川省江津园艺试验场引进温州蜜柑品系尾张、大长、山田三个品种嫁接苗 100 株，在该场进行试种和观察。1960 年引进沙田柚、锦橙、连山柚、蓬溪柚、尤力克柠檬、北京大柠檬、北京小柠檬、佛手等品种种条，在该场柑橘品种资源圃进行高接和观察。1962 年从浙江黄岩引进乳橘、川红橘、黄岩本地早、南丰蜜橘、瓯柑、樱橘、黄岩早橘、五月红、满头红橘、浙江椪柑（衢州椪柑）和福建椪柑（福建漳州）、华盛顿脐橙、克拉斯顿脐橙、罗伯逊脐橙等品种在该场柑橘品种资源圃进行高接和试验研究。1970 年从四川江津园艺试验场引进雪柑、暗柳橙、血橙、锦橙、新会橙、香橙、汤姆逊脐橙、伏令夏橙、五月红夏橙、蕉柑、克里迈丁红橘、伟尔红橘等品种种条，在该场柑橘品种资源圃进行高接试种。1986 年又从四川引进明柳橙、桃叶橙等橙类品种种条在该场进行高接观察。1999 年自湖南、重庆、广西、四川等地引进"山下红温州蜜柑、清家脐橙、丰脐、长寿柑、东华蜜橘、漳州芦柑、椪柑 83-4、椪柑 83-7、椪柑 83-3、冰糖橙"等 22 个柑橘新品种，在该场进行高接和试验观察。

汉中地区园林站（20 世纪 80 年代改为园艺站），1976 年从地处重庆的中柑所引进温州蜜柑品系宫川、兴津、立间、松山、石川、米泽、上田、向山、伴野、林、南柑 4 号、南柑 20 号等 12 个品种（系），在该站柑橘试验研究基地进行嫁接繁殖和驯化研究，后确定宫川、兴津在汉中地区推广种植。1988 年引进特早熟温州蜜柑"宫本、乔本、胁山、三保、龟井早、兴津3号、宣恩早、德森、市丸、松尾"等品种种条，进行嫁接试种、驯化，1993年筛选出宫本、乔本、胁山、宣恩早等4个品种，用于在汉中地区适宜区域进行示范和推广。1989年引进红玉柑、伊玉柑等日本"杂柑"新品系进行高接和观察，1995年开始少量试种和示范。

汉中农校（后改为汉中职业技术学院），1979年引进华中农学院宜昌分院选育的温州蜜柑国庆1号、2号、3号、4号、5号种条在该校张寨农场嫁接试种，1987年确定国庆1号和5号在汉中区域进行示范和推广。

城固县蚕茶果技术指导站，1991年从中柑所引进大浦、山川等极早熟温州蜜柑新品系进行试栽和观察，1998年确定'大浦'在本县示范和推广。1998年又从中柑所引进'琯溪蜜柚'种条，在本县沙河营镇梁家庵村李凤廷家中院落温州蜜柑结果树上高接和观察。

吴京、衡文华、薛治成等人，1992年从上海市前卫农场引进'市文'等极早熟温州蜜柑3个品种苗木1万株，在汉台区和城固县试栽和观察。

陕西省林研所安康试验站，1996年从我国南方柑橘主产区引进极早熟温州蜜柑及早熟脐橙等多个品种（品系）种苗，在安康"瀛湖"周边县（区）进行试栽和观察。

城固县林果试验场，1991年从中柑所引进太田椪柑、福本脐橙等新品种种苗，在该场和橘园镇杨西营村等地试栽和观察。1994年从该所引进朋娜、纽荷尔等两个早熟脐橙品种种条，在该场国庆温州蜜柑初果树上进行高接和观察。1999年自中柑所引进龙都早香柚、强德勒红心柚等柚类良种种条，在该场枳砧尾张等结果树上进行高接和观察。2002年从该所引进麻婆橘柚、诺瓦橘柚等两个品种枳砧成品苗木各1 000株，在该场丘陵坡地上试栽观察。2003年从该所引进"福本脐橙、日南一号"等优良品种接穗各20根，在该场及橘园镇杨西营村和县柑橘所进行高接和观察。2004年从湖北常德引进大分1号、大分早生、大浦5号等极早熟温州蜜柑良种种条，在该场枳砧温州蜜柑结果树上高接和观察。2005年又从中柑所引进"南香、春见、秋辉、日辉"等杂交柑橘新品种接穗或种苗，在该场高接和试栽。

城固泛亚公司，于2006年前后，从中柑引进稻叶、日南一号、不知火（丑柑）等品种，在城固县西寨苗圃建立采穗圃，在郭家山示范园艺场高接换头进行试验示范。

城固县果业技术指导站，自2007—2018年先后从重庆、湖南、湖北、广西、广东、浙江、四川、云南及中柑所、华中农业大学、湖南农业大学、四川农业科学院等地引进了40多个优良柑橘品种和5个砧木品种，对各品种的生物学与植物学特性、果实品质、适应性、抗逆性等综合性状进行了试验研究，优选出了大分4号、日南一号、由良等3个适宜在本地栽培发展的品种，为调整和优化陕南柑橘产业结构提供了重要的品种储备。其中，2008年从四川、广西、湖南等地引进了爱媛38、四季橘、脆皮金柑、肥之署、稻叶，2012年4月从湖南省常德市引进了世纪红、大分1号在该站西湾基地高接换头观察研究；从华中农大引进枳橙、枳柚、飞龙枳优良砧木苗，从四川农业科学院引进资阳香橙、血橙"等定植该站寺岭基地观察研究；同年6月从浙江、贵州引进满头红、红满天、牛肉红，在该站西湾基地高接换头，进行观察研究；2013年8月从江西柑橘研究所引进鸡尾葡萄柚、山金柑，从云南省丽江市柠檬综合试验站引进塔斯提柠檬、尤力克柠檬进行高接换头和观察；2014 年 3 月从广西桂林引进脱毒兴津、脱毒宫川、脱毒日南一号、脱毒崎久堡，从华中农业大学引进华农冰糖橘、从中柑所引进爱媛 28 等优良品种，在该站寺岭基地进行高接和观察；2015 年从湖南省引进大分四号，从湖北引进当阳山橘；2016 年从中柑所引进金秋沙糖橘、沃柑，在该站寺岭基地进行高接和观察；2017 年 3 月从华中农业大学引进华红橘 1 号、本地早珠心系，从浙江省柑橘研究所引进早熟优良温州蜜柑品种'由良'，在该站寺岭基地进行高接和观察；2017 年 4 月从中柑所引进'091 无核沃柑'，从四川广安引进广丰马家柚、强德勒红心柚、红心矮晚柚，从重庆江津引进 W・默科特、春见、不知火（丑柑），在该站寺岭基地进行高接和观察；2018 年 7 月从重庆江津引进香水柠檬、沃柑，从四川泸州引进大雅柑、眉红、重庆枳壳，从中柑所引进美国飞龙枳、墨西哥飞龙枳，在该站寺岭基地进行高接和观察。

综上所述，枳、金柑和柑橘三属在陕南都有引进或分布（表 3-1）。柑橘属包括宜昌橙类、枸橼类、柚类、橙类和宽皮柑橘类，宽皮柑橘类分柑、橘两种，共有品种（系）资源 105 个。当然，不论是传统栽植品种，野生、半野生种，还是引进品种、品系，在长期种植栽培过程中，经历了各种自然灾害的考验，有的因不适应当地自然环境而自然消失，有的因经济性状差而被淘汰，现推广种植的品种（系）资源共约 15 个，已经或正在发挥良好的社会经济效益。

表 3-1　陕南柑橘品种（系）植物学分类表

枳属——枳，一年两熟枳、飞龙枳、大果枳、大叶枳（变异种）、枳橙、枳柚（天然杂交）			
金柑属—金弹、山金柑、四季橘			
柑橘属		宜昌橙类——枳雀，落叶枳雀（天然杂交），畸形枳雀（变异），香橙（青皮），资阳香橙，衢州香橙	
		枸橼类（香橼）——柠檬，佛手（变异种）	
		柚类—普通柚，沙田柚，连山柚，蓬溪柚，葡萄柚，漳州柚，香圆柚（天然杂交），龙都早香柚。	
		橙类	酸橙——本地酸橙，枸头橙，代代
			甜橙——普通甜橙，1 号橙，3 号橙，暗柳橙，锦橙，雪橙，华盛顿脐橙，克拉斯顿脐橙，罗伯逊脐橙，汤姆逊脐橙，路比血橙，马尔他斯血橙，伏令夏橙，五月红夏橙，桃叶橙，明柳橙
		宽皮柑橘类	柑—皱皮柑（旬阳狮头柑），蕉柑，升仙蜜柑。温州蜜柑：山田，大长，尾张，龟井，老宫川，新宫川，池田，松山，立间，兴津，南柑 4 号，南柑 20 号，向山，未泽，半野，林，石川，尚田，宫本，乔本，胁山，三保，龟井早，兴津 3 号，宣恩早，德森，市丸，松尾，国庆 1、2、3、4、5 号，稻叶，大浦，日南一号，大分早生，大分四号
			橘——朱红橘，城固冰糖橘，紫阳金钱橘，川红橘，满头红，克里迈丁，威尔金，粤橘，本地早，早橘（黄岩早），橷橘，南丰蜜橘，东华蜜橘、乳橘，漳州芦柑，瓯柑，浙江椪柑（衢州椪柑），城固黄皮橘，福橘，少核朱红橘

二、实生变异种

陕南集中种植柑橘的地方的橘农素有选育品种的习惯。果农从实生结果树中按其选种的目的和要求，常采摘色泽鲜、个头大、味道好的柑橘，用种子繁殖苗木，逐步培育出很多不同于母株的变异种。1949 年后，政府相关机构组织果树干部在橘园调查评选，1960 年后又组织橘农报优。在此基础上，对选评出的品种进行系统调查，品质测定，选评出 10 多个实生变异种。1970 年后，提高了选种标准，要求选出的优良单株：抗寒（耐 –9℃）、丰产性能好（产量高出同类、同龄和相同管理水平柑橘产量的 30%）、早熟（比原品种提早 10~15 天成熟）、抗旱、抗病虫。1975 年起先后选出 75–1 号甜橙、78–1 号甜橙、78–4 号黄皮橘。除评选出的实生变异种、并经正式命名的城固冰糖橘、甜橙 1 号、甜橙 3 号外，其他实生变异种有如下 12 个品种（现已消失）。

1. 城固川橘

城固县橘园镇升仙村窑庄、油房橘园曾经种植。树冠自然圆头形，枝条有刺。果实扁形，果面光滑，顶部微凹，基部有茎。单果均重 110 克左右，可食率 77.6%，汁多，酸甜。可溶性固形物含量 13.2%，籽偏多，品质中等。11 月下旬至 12 月上旬成熟，耐寒性较弱。

2. 八月炸橘

实生橘变异类型，城固县橘园镇升仙村曾经栽植。枝条稀疏有刺。果实扁圆形，深橙红色，较光滑。单果均重 100 克左右，可食率 68.7%。果肉汁多味甜，可溶性固形物含量 14%，全糖 8.75%，全酸 1.10%，籽多，品质中上。8 月成熟，采前易裂果，故定名"八月炸橘"。

3. 九月黄橘

系橘的实生变异类型，树冠自然圆头形，枝条稀疏，较软，有刺。果实扁圆形。单果均重 35 克左右，可食部分 63.4%，果面橙黄色，光滑。果肉汁多，渣少，味甜。可溶性固形物含量 13.6%，全糖 8.44%，全酸 0.86%，籽较多，每果 9~10 粒。品质中上。9 月中、下旬成熟。

4. 城固竹橘

系朱红橘实生变异类型，因在城固县橘园镇竹园村高家坡选出，故名竹橘。枝密而粗硬，有刺。果实扁圆形，大小均匀，单果均重 65 克左右，可食率 61.2%。果面深橙红色，较粗糙，皮薄易剥，汁多味甜，有香气。可溶性固形物含量 14.2%，全糖 8.82%，全酸 0.63%，籽多。11 月中、下旬成熟。

5. 城固甜木橘

系朱红橘实生变异类型。城固县橘园镇前村（升仙村区域）杜家沟曾有栽植。树冠圆头形，枝粗密生。果实扁圆形，大小均匀，单果均重 33 克左右，可食率 51.3%。果面深橙红色，部分有疣状突起。皮脆易剥，橘络少，果肉硬脆，汁少味甜，渣多如木渣，故群众起名甜木橘。可溶性固形物含量 14.8%，全糖 9.5%，全酸 0.42%，籽较少。11 月中、下旬成熟。

6. 城固甜橘

系朱红橘变异类型。城固县橘园镇张家山曾有栽植。枝条细软，旺盛，有刺。叶菱形。果实扁圆形，大小均匀，单果均重55克左右，可食率65.2%。果面光滑，深橙红色，果柄短，基部平，皮韧易剥，果汁较少，味甜有香气，群众叫甜橘。可溶性固形物含量14.8%。11月中、下旬成熟。

7. 78-4号黄皮橘

1978年于城固县橘园镇杨家滩村6组选出，为本地早变异种。树势健壮，分枝力强，耐寒。果实扁圆，果面细光，橙黄色，皮薄易剥。单果均重47克左右，果肉汁多渣少，浓甜有香气，可溶性固形物含量16.2%。11月上旬成熟。

8. 城固甜柑

系皱皮柑实生变异类型。城固县原公镇垣山南沟村曾有栽植。主干有疣状突起，枝密势旺，有较多长刺。果实扁圆形，大小不均，果实均重138克左右，可食率61.2%。果面黄色、粗糙，有疣状突起，果基凹陷，皮厚，易剥。果肉汁多，渣少，群众称甜柑。籽较多。抗寒、抗病虫力弱。11月中、下旬成熟，耐贮藏。

9. 升仙蜜柑

系皱皮柑实生变异类型，因在城固县橘园镇升仙村发现，故称升仙蜜柑。树冠自然圆头形，枝条开张、细脆、无刺。果实扁圆形，大小均匀，单果均重96克左右，可食率65%。果面橙黄色，粗糙，无疣状突起。果汁多、较甜，但后味略苦。可溶性固形物含量14.2%，籽较多。11月中、下旬成熟，采前落果严重。抗寒、抗病虫力较弱。

10. 城固黄橙

系实生甜橙变异类型。城固县橘园镇曾有零星栽植。树冠自然圆头形，枝条密生，粗硬，具有中长密生刺。果实近球形，单果均重195克左右，大小均匀，可食率60%。果面光滑，橙黄色，蜡质层厚，皮厚韧，难剥离。果肉较脆，汁中，偏酸，味浓，有香气。可溶性固形物含量12.2%，籽较多。11月中、下旬成熟，丰产耐贮，抗寒性强。

11. 75-1号甜橙

城固县柑橘育苗场1975年选出，系实生锦橙变异类型。果实鹅蛋形，果面光滑，淡黄色，剥皮较脐橙易，籽少，汁多味甜，香气浓郁。可溶性固形物含量8.8%。11月中旬成熟。

12. 78-1号甜橙

1978年于城固县橘园镇杨家滩村4组选出。树冠自然圆头形，枝硬较直立，有小刺，较耐寒。果实近球形，果面光滑，橙黄色略红，皮韧剥离较难。单果均重192克左右，果肉脆嫩，汁多，味甜，有香气。可溶性固形物含量11.5%。11月中、下旬成熟。

三、选育品种

选育的主要柑橘品种有城固冰糖橘（图3-12）、少核朱红橘（图3-13）、千山红蜜橘（图3-14），砧木品种有大果枳、大叶枳等，其中城固冰糖橘、少核朱红橘由城固县柑橘育苗场选出。千山红蜜橘、大果枳（图3-15）、大叶枳由城固县果业技术指导站选出。目前，在生产上推广应用最多的主要是城固冰糖橘。

图 3-12　城固冰糖橘

图 3-13　少核朱红橘

图 3-14　千山红果实

图 3-15　大果枳果实

　　1953 年汉中专区园艺站干部王德信，在城固县小北河长滩河坝寇中林朱红橘园中，发现评选出的 19 号橘为天然杂交变异种。它适应性强，抗寒性较强，树势旺盛，稳产。果面朱红色，光滑艳丽，果皮薄，汁多，味道浓甜。品质优于朱红橘，群众称为冰糖橘。1958 年城固县果树技术干部王天平任该县柑橘育苗场场长，将 19 号橘种条接在枳砧上进行遗传性鉴定，经过多年观察和品质测定，其后代仍保持母株的优良性状，遗传性状稳定。1979 年中柑所对冰糖橘品质测定结果：果汁率 64.39%，可食率 75.27%，百克含全糖 9.58 克，百克含全酸 0.259 克。1980 年陕西省农业科学院果树研究所对冰糖橘、朱红橘、皱皮柑品质进行测定比较（表 3-2），冰糖橘品质优于朱红橘，正式定名为城固冰糖橘。

　　城固冰糖橘的树形特征是"远看一把伞，近看光杆杆"，内膛空，外围实（枝叶茂密、披垂）。这是与其他柑橘品种的最大区别。

表 3-2 城固冰糖橘、朱红橘、皱皮柑品质测定比较表

品种	单果重（克）	皮厚（厘米）	种子数（粒）	可溶性固形物（%）	全糖（%）	全酸（%）
城固冰糖橘	85.0	0.20	9	12.90	7.56	0.36
朱红橘	66.7	0.21	16	9.95	6.80	0.49
皱皮柑	180.0	0.43	14	8.20	6.08	0.59

1973 年城固冰糖橘开始在汉中地区推广种植，1976 年列入汉中地区科技发展计划。1965—1985 年，城固冰糖橘 12 次参加全国柑橘良种鉴评，6 次被评为一类，1 次被评为二类。现不仅在陕南有普遍性种植，而且全国柑橘各主产区都有引种栽植。2000 年后，华中农业大学教授郭文武将城固冰糖橘引入华中农业大学，开展了细胞质融合技术研究，将城固冰糖橘与宫川的细胞质融合杂交选育出了新的冰糖橘株系，2014 年丁德宽又将胞质融合的冰糖橘引回城固，发现其树势更旺，果实更优，经与郭文武沟通定名为华农冰糖橘。

第三节 推广品种及品种结构

一、主要推广品种

1. 兴津（图 3-16）

当前主要栽培品种，属早熟温州蜜柑。树势强健，系早熟温州蜜柑中树势较强的品种，枝梢生长旺盛，果实中大，直径一般在 5.7~7 厘米，高扁圆形，果面光滑，果顶宽广，蒂部略窄，果形整齐美观。果肉橙红色，肉质细嫩汁多，无核，含糖量 11%，品质上等。果实 10 月中旬成熟。结果少时易致粗皮大果，化渣性较差。

2. 宫川（图 3-17）

当前主要栽培品种，属早熟温州蜜柑。树势强健，树冠矮小紧凑，枝梢短密呈丛生状。果实扁圆形，较兴津略小，果实直径一般在 5.1~6.7 厘米，果面橙红鲜艳。果肉橙红色，内质细嫩，化渣，具微香，无核，含糖量 11%，品质上乘。果实 10 月中旬成熟。宫川是陕南柑橘栽培面积占比最大的品种，常与兴津混合栽种，因其熟期及栽培管理极接近，故苗木繁殖时不加严格区分，导致混合栽植。近年发现，陕南最早引进兴津、宫川时将二品种名称记录颠倒，常把"粗皮大果"的兴津叫作宫川，现应予以纠正。

3. 日南一号（图 3-18）

系特早熟温州蜜柑。树势强健，枝叶稀密合适，果实扁圆形，平均单果重 120 克左右，果实 8 月底 9 月初开始着色，果实浮皮少，果肉细嫩化渣，无核，风味浓郁。可大力推广发展。该品种陕南有多次引种，后发现早期引种的感染病毒病较重，故表现出树势较

弱的现象。后城固县果业站引进脱毒日南一号，表现出树势强旺，高产优质，所以生产中应区别对待，汰弱留强。

4. 大分（图 3-19）

系特早熟温州蜜柑。从日南一号中选出，2010 年引入城固县。树势与日南一号相同，成熟期比日南一号提前 10 天左右，8 月下旬开始着色，9 月上中旬成熟。果形扁圆，平均果重 125 克，不易浮皮，可溶性固形物 11%～12%，口感甜酸爽口。该品种是目前成熟最早的特早熟高糖品种，而且品质优良，树势强，易丰产。2015 年城固县引进大分 4 号后发现，大分 4 号各性状优于大分 1 号，特别是成熟时果皮橙红，光滑色艳，汁多化渣，酸甜适度，风味更浓，是特早熟品种中难得的优良品种。

图 3-16　兴津果实

图 3-17　宫川果实

图 3-18　日南一号果实

图 3-19　大分果实

5. 大浦（图 3-20）

日本从山崎早熟温州蜜柑芽变中选出。1991 年引入城固。该品种系特早熟温州蜜柑。树势中庸，树体矮化，叶片较小，着生密，果实扁平，平均单果重 150 克左右，果皮薄，光滑，果色橙黄，果肉细嫩，无核，品质好。极早熟，9 月初开始着色，9 月中旬成熟。

适宜在平地或肥水条件较好的地域发展。大浦在陕南引进较早，曾有大发展之势，后发现其树势较弱，特别是成熟后果实易浮皮，坡地栽植早衰严重，因而放缓发展速度。适合肥水条件较好区域发展，且果实成熟后不宜长时间留树。

6. 山下红（图3-21）

该品种是日本从宫川温州蜜柑枝变中选出，为温州蜜柑红色系中的中晚熟品种，2002年引入城固。果实11上旬成熟，树势旺、坐果率高、抗逆性强、宜栽培管理，果实大，单果重150克左右；肉嫩多汁、化渣、酸度低，甜而纯，风味浓郁；成熟后外观红色艳丽，故又称红丽蜜柑，是温州蜜柑中唯一红色艳丽的品种。在陕南果实着色时酸度很大，须留树完熟后品质才佳。

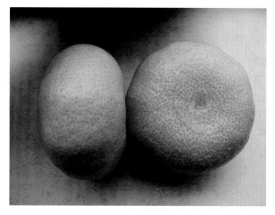

图3-20　大浦果实

图3-21　山下红果实

7. 城固冰糖橘（图3-22）

系城固自育品种，1953年从城固朱红橘的天然杂交种中选出。树姿开张，萌发力强，枝条细软呈披垂状，有短刺；叶菱形，微内卷，叶正面绿色，背面淡绿色，叶脉不明显；顶芽有自枯现象。果实高扁圆形，端正、整齐，单果重80克左右，果顶平，柱区有较明显的小乳头状突起，基部分布有5~7条短放射沟；果面朱红色，油胞小且密；果皮薄而韧，易剥离，果肉汁多化渣，味甜，可溶性固形物含量12.9%；有核，一般每果2~11粒种子；风味浓郁，品质优良。该品种树势健壮，萌芽率高，成枝力强；枝条披垂生长，以春梢和早秋梢结果为主，果实11月中旬成熟。

8. 少核朱红橘（图3-23）

系城固自育品种，1991年从朱红橘的芽变中选育而出。树冠较朱红橘小，枝梢开张，较直立；叶较大，椭圆形，叶面凹凸不平。果实扁圆形，单果重65克左右，朱红色，果皮薄，易剥离；囊壁薄，果肉脆嫩化渣、味甜汁多，可溶性固形物13%~14%，品质上乘；无种子或少量种子。该品种树势强，萌芽力强，成枝力稍弱，新梢抽生整齐，以中长枝为主，结果母枝以春梢和早秋梢为主，果实11月上旬成熟。该品种对肥水要求较高，肥水不足时易出现缺素，品质变差，故栽培中应较其他品种更重管理，特别应注意钾肥和微肥的补充。

图 3-22　城固冰糖橘果实

图 3-23　少核朱红橘果实

9. 皱皮柑（图 3-24）

皱皮柑在不同生长地叫法各异，安康称"旬阳狮头柑"，汉中称"麻柑"等。系陕南地方传统栽植品种，主要栽培区域分布于旬阳、汉滨、紫阳、城固等地。树姿开张，干性强，枝梢有刺。果实扁圆形、高扁圆形或扩倒卵状扁圆形，单果重 130 克左右；果面粗糙，多形成不规则皱褶或瘤状突起，布满全果；果皮橙黄色，较厚，质脆，易剥离，油胞破裂后有刺鼻的苦臭味；果肉橙至橙红色，质地柔软，汁多，酸甜可口，味较浓，口感微苦；有种子，多数 4~20 粒。果实 12 月上中旬成熟。

10. 紫阳金钱橘（图 3-25）

系紫阳地方传统品种。果小，扁圆形，果面朱红色至暗橙红色，较平滑，皮薄，易剥离。果肉柔嫩，味甜微酸。11 月中旬果实成熟。与朱红橘大同小异。

图 3-24　皱皮柑果实

图 3-25　紫阳金钱橘

11. 城固朱红橘（图 3-26）

系陕南地方传统品种。树冠高大，树姿开张，枝梢抽发整齐，叶片中大。果实扁圆形或高扁圆形，单果重70克左右；果面朱红色，油胞小、较稀；果皮薄，松脆易断裂，易剥离；果肉浓橙色，有数粒或者10多粒种子，汁多味甜，甜酸可口，可溶性固形物11%～12%，品质良好。该品种树势较强，以春梢和早秋梢结果为主。果实11月中下旬成熟，耐贮藏，常温下可放置到春节以后，既可鲜食，又可加工橘子罐头。

12. 南丰蜜橘（图3-27）

原产江西南丰县，1962年引入城固。该品种栽培历史悠久，是我国著名的宽皮柑橘良种之一。树姿开张，枝叶稠密，枝梢细长，丛生枝较多，叶正面绿色，背面淡绿色，叶片薄，叶背面侧脉较平。果实扁圆形，果顶平，基部蒂周有明显的4～6条放射状沟纹，单果重40克左右；果面平滑，橙黄色，有光泽，油胞中等大，突出；果皮薄而韧，易剥离；囊壁较厚且韧，果肉柔软，汁多味甜，可溶性固形物11%～12%，略有香气，较化渣，风味浓；无核或少核，偶有2～3粒种子，品质中上。树势强健，萌芽率高，成枝力强；春、夏、秋梢均能结果，以春梢和早秋梢结果为主，丰产性强。11月下旬果实成熟。

图3-26 城固朱红橘结果状

图3-27 南丰蜜橘结果状

13. 东华蜜橘（图3-28）

系从南丰蜜橘园优选出的大果新株系，1999年从广西华侨农场引入城固。树性常绿，树姿开张，树冠伞状圆头形，枝梢较粗壮、直立。果实扁圆形，整齐，较均匀，橙至橙黄色，单果重44克左右；皮薄易剥，果肉柔嫩，汁多较化渣，高糖低酸，味浓甜，可溶性固形物13%～14%；种子少，一般每果1～2粒。该品种树势较强，萌芽力较高，成枝力较强；容易形成花芽，坐果率高；春、夏、秋梢均能结果，以春梢和早秋梢结果为主，丰产性强。11月上旬成熟。

14. 椪柑（图3-29）

别名芦柑。该品种树冠高大，树势强健，枝条较直立，主干有棱；果实大，高扁圆形或扁圆形，单果重110～150克；果蒂四周广平或隆起，有沟棱；果皮较厚，易剥离，橙黄色，有光泽，油胞小，密生；囊瓣肥大，中心柱大而空；汁胞大，汁多味浓，脆嫩爽口；种子13～17粒，12月上中旬成熟，果实耐贮运。由于陕南地理气候条件限制，椪柑品种只可小面积栽培，不宜大规模发展。陕南栽培椪柑品种主要是漳州芦柑，分布于城固柑橘产区。

图 3-28　东华蜜橘结果状

图 3-29　椪柑结果状

15. 龙都早香柚（图 3-30）

树势强健，春梢抽发整齐，发梢量大；果实绿黄色，果形端正，短圆锥形；果面平滑，油胞细密，果皮厚 1.5 厘米左右；果汁量中等，质地细嫩、较脆，风味甜，余味微有苦麻，品质上等。10 月上旬成熟。

二、特用品种

陕南柑橘特种用途主要作嫁接砧木、中药和制茶。用作嫁接砧木的品种有枳、香橙、酸橙、枳雀等。1957 年以来嫁接柑橘砧木以枳（枸橘、枸蛋）为主。在 1981—1985 年的柑橘发展中，为满足广大橘农对优良柑橘苗木的需求，陕南每年从本省的周至、长安和河南省确山县等地收购枳种数千斤，免费或以半价供应场圃、育苗户，嫁接柑橘。现在砧苗有缺时除调运枳种自繁外，还从湖北、重庆大批调运枳苗栽植嫁接。

用作药材的品种有枳雀、枳、酸橙等，而以枳雀为主。当枳雀果实长到直径六七厘米时摘下，一切两半，晒干入药，民间又称枳壳。民国时期，有的农民成片栽植，专门用以制药（图 3-31）。

图 3-30　龙都早香柚结果状

图 3-31　枳雀果实切半晒干

用作制茶的品种主要为代代。其花香，可制花茶。因种植少，尚未推广利用。近年有茶技单位用普通橘花试制橘花茶获得成功。

三、品种结构与调整方向

陕南是我国最北缘的柑橘产区。近年来，在柑橘良种体系建设、栽培模式更新、采后处理、保护生态环境等诸多方面取得了长足进步。据调查，截至 2016 年年底柑橘栽培面积已发展到 56 万亩，其中汉中柑橘面积 39 万亩，安康柑橘面积 17 万亩。柑橘栽培品种有温州蜜柑、朱红橘、皱皮柑、椪柑、脐橙、柚、杂柑等七大类，共计 30 余种。其中以温州蜜柑中的宫川、兴津等栽培面积最大（占总面积的 85% 以上），其次是朱红橘、皱皮柑（占 11%），其他有日南一号、大浦、山下红、南丰蜜橘、城固冰糖橘、紫阳金钱橘等。汉中市柑橘主要分布在城固、洋县、汉台、勉县、南郑、西乡、宁强等 7 县区，面积和产量主要集中在城固，分别占全市 75.2% 和 89.6%，以宫川、兴津为主栽品种，基本形成了以城固为中心，东起洋县槐树关、西至勉县周家山，东西长约 120 千米的柑橘产业带；安康市 8 个县（区）30 个乡镇有柑橘，主要分布在海拔 330~600 米的汉江流域、瀛湖库区、月河川道、汉白公路沿线，旬阳县、汉滨区则以狮头柑为主栽品种，紫阳县以紫阳金钱橘、温州蜜橘为主栽品种。

陕南在柑橘产业化发展过程中，虽然各产区对主栽品种的规划、布局各具特色，但从栽培面积、产量及产值等方面来看，宫川、兴津仍是绝对的主栽品种。从产业品种结构看，品种单一、熟期集中、销售集中、市场压力大等矛盾日益突出，因此，调整品种结构成了陕南柑橘产业发展面临的迫切要求。

根据柑橘产业总体发展形势以及本地气候环境特点，在优化柑橘品种结构上，品种调优、调早是方向，今后必须在巩固提高现有主栽品种品质的基础上，重点发展特早熟品种及名优特色品种。按照"规划先行、分类指导、试点示范、基础突破"的指导思想，把柑橘产业发展与建设新农村紧密结合起来，因地制宜，科学规划，合理布局，高标准建园，以"扩张面积，提升品质，突出特色，提高效益"为总体思路，加快柑橘产业基地建设步伐。

在品种结构布局上，应充分考虑低温冻害的障碍因素，从抗寒栽培入手，以市场需求为导向，认真做好各熟期品种的搭配。具体地讲，改原来早、中、晚熟品种结构为特早熟、早熟、中晚熟品种结构，建议特早、早、中晚熟品种比例应该在 2：7：1。以此分散果实成熟时间，分散集中上市压力，促进陕南柑橘良性健康发展。特早熟品种可发展大分 4 号、日南一号等，早熟品种仍然应该以由良、宫川、兴津为主，名优特色品种可发展城固冰糖橘、少核朱红橘及皱皮柑、紫阳金钱橘等，中晚熟品种可选择优势区域适当发展杂柑、椪柑、脐橙等。从国内柑橘市场需求和消费前景看，陕南柑橘今后应该大力发展特早熟品种，这也是适应陕南秋冬降温早，冬季冻害风险大的需要。

从宏观角度上看，陕南应该积极选育适应本地气候特点的传统品种，不断引进贮备示范一些新的优良品种，本着"选育引进一批、试验贮备一批、示范推广一批"的原则，不断调整品种结构，紧跟柑橘市场发展变化的步伐，走出一条独具特色的柑橘产业发展之路。

第四章
陕南柑橘育苗

柑橘育苗是柑橘生产的基础，对柑橘整个生命周期数十年的产量品质、销路和经济效益都将发生重要影响。柑橘繁殖技术在我国历史悠久，早在800多年前（公元1178年），韩彦直的《橘录》中就总结了关于砧木培育、接穗选择、嫁接方法、接后管理等经验，至今仍具有实用价值。柑橘繁殖方法可以概括为有性繁殖和无性繁殖两大类。有性繁殖采用的繁殖材料为种子；无性繁殖的材料是树体的无性器官（即营养器官），如枝、芽、叶、根等。无性繁殖方法有嫁接、扦插、高空压条，还可用组织培养方法培养茎尖、茎段为植株。

图4-1　陕南苗木繁育基地

20世纪90年代后期，国外柑橘育苗的先进技术和管理经验引入国内，柑橘繁殖技术得到不断提高。经过近年的发展，原有的露地育苗繁殖方式有所革新，生产中逐步采用推广了塑料大棚、容器育苗，使苗木生产工厂化，将繁殖周期由3年缩短至2年甚至18个月。柑橘茎尖微芽嫁接技术的问世，又使生产脱毒苗木成为现实，相应减少了病毒病的威胁，为柑橘产业的健康持续发展奠定了基础（图4-1）。

第一节　砧木育苗

一、种子采集

柑橘生产中常用的砧木品种因各个不同生态区的环境条件（如气温、风害、冻害、盐碱危害、病虫害等）不同而有差别。用作嫁接的常用砧木品种有枳、枳雀、枳橙、酸橙、红橘等。解放初陕南柑橘几乎全为实生育苗，20世纪60年代后开始嫁接育苗，所用砧木以枳（枸橘、枸蛋）为主。枳具有耐旱、耐湿、耐寒的特性，须根发达，树势中等，嫁接后使接穗树冠半矮化或矮化，结果早、早丰产。为此，以下主要介绍枳砧育苗。

种子采集是培育优良柑橘苗的基础，如果用混合种育苗，幼苗会在形态和生长上表现不一致。因此，最好是建立砧木种子母本园采种。当然，有的果园常用枳做篱笆围墙，也是采种的最佳选择。枳果实9—10月成熟，多胚，单果种子20~40粒。采种时间以9月份果实黄熟以后最好，也可以在8月初采集嫩种播种。采集到的成熟果实，先集中堆沤7~10天，待果实开始

图4-2　枳种晾晒

腐烂时，装入竹篾箩筐内，在水中充分淘洗，漂去果肉、果皮及其他杂质。淘洗干净后将种子摊晾在阴凉通风处，注意勤翻动，待种皮呈白色，但不开裂不皱缩时即可贮藏或装运（图4-2）。一般每50千克成熟枸橘果实，可加工得净种10~12.5千克，每千克种子约4 000粒。

二、种子贮运

1.种子的贮藏

一般采用沙藏和果藏的方法保存。

沙藏法。是贮藏种子最常用的方法。将冲洗干净并阴干的种子与清洁的粗河沙混合。种子忌干也忌湿，太湿会引起霉烂，太干则种子失水，影响发芽率。粗河沙中掺入适量杀菌剂，含水量控制在5%~10%（手捏成团、一触即散）。沙与种子的比例以（2~3）：1为宜，混匀后堆放在室内通风处，厚度20~30厘米，上面覆盖湿稻草保湿。也可以将种子和河沙分层堆放，一层种子一层沙相间堆积，种子不宜过厚，以2厘米为宜，沙以盖没种子为度，堆高40厘米左右。种子贮藏期间，隔10~15天翻动1次，检查河沙干湿度，并注意防鼠危害。

果藏法。取种用的果实堆放在阴凉通风处，贮放到播种前淘洗，漂洗干净，适当阴晾，无水渍时即可播种。

2.种子的运输

经淘洗并阴干至种皮发白的种子，即可装运。包装材料可用钻有孔的木箱或透气的麻袋等。为方便运输，每箱（袋）盛种20~30千克。长途运输中，包装箱（袋）不能堆放过高过厚，以防发热。要尽量缩短种子在包装物内的时间，到达目的地后，尽快拆开包装，摊晾种子。

三、种子处理

播种前对种子进行筛选，选择粒大饱满，无霉变、无病虫、无损伤的种子。为减少苗期病害，播种前将种子放入50℃左右的热水中浸泡10分钟后，将种子取出，立即投放在

冷水中冲泡 10 分钟，更换两次冷水，迅速降温。将温水浸泡灭菌后的种子摊晾至种皮发白无水渍时用 1% 甲基托布津或 1% 高锰酸钾溶液浸泡 10 分钟后再用清水洗净，经过处理的种子发芽快速整齐。嫩籽播种时，用赤霉素浸种后播种，出苗快且长势旺。

四、苗地整理

1. 苗地选择

育苗地所在位置要求环境优良，无水源污染，交通便利，地势平坦，土壤有机质丰富，通透性好，排灌方便。易遇旱涝的陡坡地、低凹地或冬季遭霜冻的地方不宜育苗。

2. 苗地整理

播种前半个月，将土地翻耕后做成高 15 厘米、宽 1 米的苗床，施腐熟农家肥作基肥。苗床土要锄细整平，越细越好。

3. 土壤消毒

播种前一周用 3% 硫酸亚铁溶液浇洒苗床，或用福尔马林 50 毫升 / 平方米加水 6~12 千克浇匀土壤，覆盖塑料薄膜 3~5 天，然后揭膜翻晾挥发数日后再播种。

五、苗床播种

播种是育苗工作的重要环节，必须创造种子发芽的适宜条件，才能提高出苗率，使幼苗整齐健壮。

1. 播种时期

一般分为秋播和春播。秋播的优点是采后即播，种子不需贮藏，播后发芽率高，可提早出苗和嫁接。春播不受低温影响。各地应根据实际情况灵活掌握，一般枸橘种子在土温 15℃以上开始发芽，20~24℃为生长的最适温度。

嫩种秋播。陕南地区枸橘一般在 8 月初种子基本发育成熟，这时果皮尚青，种子尚未老化，胚具有旺盛的生命力，只要条件适宜便能很快发芽。将采集回来的枸橘果实放在阴凉处降温后用小刀在果顶切出 + 字口，将种子挤出、洗净、沥干摊晾，切忌暴晒，待种皮发白时即可播种。播前用 70% 甲基硫菌灵可湿性粉剂 1 000 倍液浸泡 15 分钟，沥水晾干后将种子撒播在苗床上，播种时胚芽朝下可减少主根弯曲现象。播后覆盖细沙壤土，厚度以 1.5 厘米为宜，覆土后浇透水。10 月下旬后应盖薄膜拱棚保温，薄膜支撑高度以 30 厘米为宜。

春季播种。春季在 1 月中下旬至 3 月中下旬播种。将处理好的种子播入苗床，盖沙土至不见种子为宜（切忌盖土过厚），然后覆盖草帘、薄膜保湿保温。

2. 播种方法

砧木育苗常用的是撒播、条播、点播。撒播出苗多，较省工，缺点是出苗稀密不匀，管理不便。条播便于管理，苗床上每 20 厘米为一幅，幅间间隔 15 厘米，作为行间，便于除草施肥，还节约种子。快速培育良种壮苗可采用点播的方法（图 4-3）。

3. 播种量

一般枸橘种每亩播种量 50~100 千克。

六、播后管理

依据苗床土壤的干燥程度和气温的高低及时浇水，以促进种子发芽和出苗整齐。随着砧苗出土，逐渐揭去覆盖物，出苗2/3时可全部揭去覆盖物。要及时进行除草，施肥，疏松土壤，薄肥勤施。幼苗长至3~5片真叶时可喷施0.2%~0.3%尿素液，幼苗长至8片真叶时拔除过密弱株，使苗木分布均匀，生长健壮；还要随时注意做好苗期病虫害的防治，特别是高温干旱时注意预防立枯病（图4-4）。

图4-3 撒播

图4-4 砧木育苗

第二节 大田育苗

一、苗地整理

为了繁育出良种无病壮苗，应选择有水源、无污染、交通方便、土壤疏松、有机质丰富、pH值微酸至中性的地块育苗。苗地的规划应本着有利于苗木生长、用地经济以及有利于苗圃管理的原则进行安排。排苗前应对园地翻耕，结合深翻填埋绿肥或腐熟有机肥，改良土壤，提高土壤肥力。大型苗地还应设置轮作区和相应的附属设施区，如排灌设施、道路系统及必要的工作室、贮藏室等。

二、砧木移栽（图4-5）

1.移栽时期

砧苗可在春梢生长成熟后，即4月下旬至5月上旬移栽，栽后很快发根和抽发夏梢，当年8月下旬至9月即可嫁接，翌年秋季出圃。也可在秋梢停止生长后的9—10月移栽，次年嫁接。具体视苗的大小和管理水平而定。

图4-5　砧木苗移栽

2．移栽方法

起苗前1~2天应为砧木苗圃浇透水，避免拔苗时伤根。拔苗时用手捏住小苗根茎部直接拔起或用铲自根部撬松，将苗拔起，剪除过长的砧苗主根，剔除弱苗、伤苗、病苗。如果砧木苗圃与嫁接繁殖圃距离较近，最好带土移栽；如距离较远，应尽量缩短运输时间，且要做好砧苗运输途中的防风、防晒、保湿工作，尤其要保护好根系，以免影响成活率。为便于管理，应分级移栽，移栽时要求主根伸直，侧根舒展，根茎与地面齐平。同时要求扶直苗木夯实根部土壤，浇足定根水。

3．移栽距离

枸橘移栽可顺畦大小行或横行栽苗。大小行的小行行距为15厘米，大行行距为30厘米，即在1米内栽4行砧木，株距10~15厘米。横行作畦的畦宽1米，在1米宽的畦面上横向栽植砧苗，行距25厘米，株距10~15厘米。

4．移栽后管理

移栽的砧苗成活发芽后可开始薄肥勤施，4—8月生长旺盛时每月施肥1次，伏旱期及时灌水，雨后松土，保持土壤不积水，注意防治病虫害和清除杂草。剪除苗茎20厘米以下的萌蘖及针刺，在6月下旬至7月上旬夏梢老熟后摘心，促进苗干增粗，以利嫁接。

三、苗木嫁接（图4-6）

（一）影响嫁接成活的因素

（1）接穗与砧木的亲和力。一般来说，亲缘越近，亲和力越强；亲缘越远，亲和力越弱，甚至不亲和。

图4-6　苗木嫁接

（2）砧木和接穗的生长状态。砧木生长旺盛，接穗粗壮、芽体饱满，嫁接成活率高。若砧木管理水平差，肥水不足，病虫严重，或接穗纤弱，则嫁接成活率低。

（3）环境条件的影响。温度、湿度、光照等对嫁接成活率也有较大的影响。一般来说，嫁接后适宜的温度、湿度有利于伤口愈合，成活率高；低温、高湿、干燥则不利于伤口愈合，成活率低。嫁接前应关注中、短期天气预报，避开阴雨天气。一般嫁接后24小时内天气有无下雨是影响嫁接成活率的关键。

（4）嫁接技术和嫁接后的管理。不管用什么方法嫁接，操作时用的刀片要干净，切口要平直，切面要光滑，刀体要牢固，不松动，不移位，不损伤芽苞。

（二）接穗的采集

接穗应从母本园采穗母树上采集，采前须确认品种纯正，且无检疫性病虫害。剪取树冠外围中上部生长良好、充实健壮、芽眼饱满、无病虫害的优良枝条作接穗。剪下的接穗要注意保鲜，防止失水，剪去叶片。嫁接时应先进行消毒，将接穗置于杀菌剂中浸泡3~5分钟，取出后晾干水分即可使用。

从外地调运接穗，除严格要求品种纯正外，还必须经植物检疫部门检疫，取得"植物检疫证书"后方可调入。

（三）接穗贮运

接穗一般随接随采，特殊情况下才贮藏备用。在采集、贮藏、运输的每个环节，必须严防品种（系）混杂，要用字迹清晰、耐用的标签注明品种名称、采穗时间、采穗地点等信息。保持接穗湿润是贮藏的关键，防止接穗在贮运过程中失水干枯、霉烂和发芽。必须保持较低的温度、适宜的湿度和适当的透气条件，适宜温度在12~16℃，湿度在90%左右，严防日晒、雨淋、风吹。接穗的长距离运输，一般可用湿润清洁的苔藓、锯末等包装，不能用易发热和透气性差的物品包装，尽量缩短运输时间，途中注意保持填充物含水量和适当透气。

（四）嫁接时期与方法

春季嫁接在3月上旬至4月中旬，秋季嫁接在8月中旬至9月中旬。适用于柑橘育苗的嫁接方法很多，陕南柑橘生产上采用的主要有切接和腹接。一般春季以单芽切接为主，秋季以单芽腹接为主。嫁接高度应不低于10厘米，最好在15厘米以上，适当提高嫁接高度可以有效减少脚腐病和预防冻害（图4-7）。

1. 单芽切接法（图4-8）

春季嫁接常采用单芽切接法。

（1）砧木的处理。嫁接前一周根据墒情适当灌水，清理苗地杂草，剪去嫁接部位的刺和萌芽。当砧木上的隐芽开始萌动时，树液已经流动，嫁接最易成活。接前剪砧，随剪随接，不宜提前剪砧。

图4-7　高位嫁接

图 4-8　单芽切接

（2）接穗削取方法。切削接穗时，接穗基部向外，将接穗宽面紧贴食指，在芽下方 1~1.5 厘米处，以 45°角削断枝条（称"下短削面"），然后翻转枝条，使宽面朝上，在近芽眼处，用刀由浅入深往下削，一刀削成一平面（称"长削面"），最后在芽眼上方 0.2 厘米的地方切断枝条（称"上短削面"）。接穗长削面要求平、直、光滑，刚好削到形成层，见木不带木，削面要保持清洁。削面如呈绿色，表示削得太浅，虽能愈合，但不会发芽；如削得太深，削面呈白色，接后不易成活。芽削好后应尽快使用，最好是随削随接。

（3）嫁接。将砧木从离地面 10~15 厘米处截断，在截面的一侧斜切一刀，使斜面成 45°角；然后，在斜面下方沿皮层与木质部交界处，向下纵切，切面长度视接穗长短而定，但应比接穗稍短 0.2~0.3 厘米，保证将接穗插入后，削面略高出切面。接穗长削面的宽度最好与砧木切面一致，使两边的形成层都能对齐，如果大小不一致，可使一侧的形成层对齐。接穗的基部与砧木切口的底部也要密接，达到上不露白，下不悬空，这样才能成活。接穗插入后，立即用嫁接薄膜捆扎包严。

2. 单芽腹接法（图 4-9）

嫁接部位离地面 10~15 厘米，接穗为单芽，不剪砧。因其接穗的削法和形状不同分为两种，其接穗用通头单芽者称为单芽腹接；用芽苞片者称为芽苞腹接或芽片腹接。秋季嫁接常采用单芽腹接。

图 4-9　单芽腹接

（1）单芽削取方法。将接穗倒持于左手，最宽且较平的一面紧贴左手食指，使要用的芽眼向上。在芽眼下方 1~1.2 厘米处以 45°角削断接穗，此削面称短削面。再翻转接穗 180°把宽平的一面朝上，芽眼向下，在芽眼背面上方下刀不伤芽眼，由浅至深削下皮层，深度恰好到形成层（黄白色），此削面为长削面，要求平、直、光滑，然后再把接穗翻转 180°，在芽眼上方 0.2 厘米处以 45°斜削断接穗。

（2）芽苞片削取方法。左手顺持接穗，刀口向内，将嫁接刀的后 1/3 放于芽眼外侧的叶柄背面，以 20°角沿叶痕向叶柄基部斜拉切一刀，深达木质部，取出刀后用刀在芽眼上方 0.2 厘米处沿与枝条平行方向向下平削，当削过与第一刀的切口交叉处时，用右手大拇指将芽苞片压在刀片上，取下芽片，接芽削面带少量木质，基部呈楔形。

（3）砧木切口与嫁接。在砧木主干上方离地 10~15

厘米处，选用东南方向，较平宽光滑处，刀紧贴主干向下推压纵切一刀，由浅至深，正好切到形成层，切口长度比接穗长削面稍长，将削下的切口皮层上方切掉 1/3~1/2。接合时，用刀尖挑开皮层，把接穗长削面朝里插入切口，接穗下方短削面与砧木底部接触实在，砧木、接穗的形成层相互对准、紧贴后，削起的砧木皮贴住接穗背面，用长 15 厘米、宽 0.8~1 厘米的薄膜条带紧扎接穗和砧木接口。春季嫁接时可进行露芽捆扎，仅露出芽眼。秋季嫁接可将接穗芽眼全部包扎，缠紧绑牢。嫁接过程中，注意保持接穗削面、砧木切口清洁，以免影响成活。

四、接后管理

1. 补接、解膜、剪砧、除萌

嫁接后 10~15 天检查成活率，接芽变褐色表明未成活，需及时补接。注意观察，及时抹除砧木上的萌蘖。春季嫁接的苗木在夏梢转绿时开始解膜，解绑过早枝梢未老熟易折断，解绑太迟，塑料膜嵌入皮层，有碍于苗木生长。秋季腹接成活的苗在次年春季分两次剪砧：第一次在嫁接口上方 3 厘米处剪截砧木，后解膜；第二次从嫁接口背面稍斜向剪除多余砧木。空气或土壤过于干燥时要推迟解绑，可在接芽萌发部位挑出萌发孔。在生产实践中，也有一次剪砧，而后解除绑缚。这要因当时的空气或土壤湿度、温度而定。

2. 整形

当苗高 30~50 厘米时及时摘心，促发分枝。摘心时间一般在 7 月上中旬，摘心高度因品种不同而有差异，摘心前应施足肥水促进发枝。

3. 灌溉与施肥

施肥应以速效肥为主，辅之叶面肥并掌握"薄肥勤施，少量多次"的原则。从春季萌芽前至 8 月底，每月应施肥一次，最后一次肥时间一般不超过 8 月底，除施肥外，遇干旱要及时浇水。苗圃切忌积水，以免烂根。在秋梢老熟后要严格控水，防止萌发晚秋梢。整个生长期应注意中耕除草。

4. 病虫害防治

苗期应注意防治炭疽病、立枯病（猝倒病）、红蜘蛛、黄蜘蛛、蚜虫、潜叶蛾等苗木常见病虫害。

第三节　容器育苗

柑橘容器育苗是现代柑橘育苗的先进方法，更是工厂化无病毒苗培育的发展方向，育成的苗木可带原土，减少定植时根系损伤，保持生长的连续性，移栽不受季节的限制，还可防止感染病菌、线虫的侵染，苗木质量好，根系发达，幼苗生长快，提早出圃。

一、育苗场地及设施准备

育苗场地环境要求与一般苗圃大致相同，应选择地势平坦，小气候良好，水源充足，电源可靠，交通方便的地方。

设施准备主要包括塑料大棚、喷灌系统、播种和移苗工作房，堆料间及薄膜、浇水管、喷水壶、喷雾器、枝剪、芽接刀等。

二、容器的选择

育苗容器分为两种类型。一种类型是用于播种砧木种子的称为播种盒，由黑色硬质塑料压制而成。一个播种盒分为 5 个小方格，10 个播种盒连在一起组装在铁栏架上，称之为铁栏容器播种盒，可播 50 粒种子。另一类型是用于培育嫁接苗的称为育苗钵，由聚乙烯塑料薄膜压制成型。育苗钵圆形，高 20~30 厘米，直径 10~20 厘米。育苗钵底部有几个排水孔，一个育苗钵栽苗 1 株。

三、营养土配制

将疏松壤土、粗河沙、谷壳或锯末按体积 4：4：2 的比例混合均匀，再按每立方米营养土加入猪粪或鸡粪 20 千克、过磷酸钙 2 千克、硫酸钾 1.25 千克、尿素 1 千克、硫酸亚铁 1 千克拌匀，堆成宽 100 厘米、高 80 厘米的土堆，在土堆上每隔 25 厘米用木棍戳 3 排气孔，每孔注入福尔马林 2 毫升，用营养土将孔堵住，再盖上薄膜，熏蒸 7 天进行消毒，消过毒的营养土翻匀后再用薄膜盖严，沤制 40 天后再用。营养土的配制也不是一成不变的，可根据砧木品种及育苗条件的不同做科学合理的调整，有条件的可加入 30%~50% 腐熟有机肥（腐叶土）则效果更好。实践中还应不断总结配方，以适应各种情况的容器育苗生产需要。

四、播种或栽苗

营养土配制完成后，应及时装入营养钵，装钵可人工操作，也可机械操作，之后就是砧木苗的培育。一般有两种方式：一种是直接在营养钵撒种，可免去栽苗的麻烦，但管理工作量将加大；另一种是先在苗床培育砧木苗，再将砧苗起出后栽于营养钵，这种方法可保证所栽砧木质量，但增加了栽苗程序。

1.砧木播种

一般是每钵播种 1~2 粒，播种时间与露地播种时间一致。为保证出苗整齐，播前要对种子进行消毒和催芽处理，并掌握合适的播种期。若播种期气温较低，可采用温水浸种。先将种子用 35℃ 温水预热处理 15 分钟，再在 50℃ 恒温水中处理 50 分钟，然后放入含 1% 漂白粉的清水中冷却，捞出滤干后播种。播种前，播种工具要用 1% 的漂白粉液消毒，播种时把种子播到盛有营养土的育苗钵内，用营养土盖种，再用 70% 甲托 1 000 倍液淋透。幼苗出土后每 10 天施一次 0.2% 的复合肥溶液，展叶后每 15 天喷施一次磷酸二氢钾 +0.2% 尿素作追肥，小苗展叶后喷 70% 甲托 800 倍液一次。出苗后每钵保留一株幼苗，未出苗的应及时补种或补栽。

2.砧苗移栽（图4-10）

如果是在播种盒内培育砧木苗，或者在苗床培育砧木苗，待苗高15~30厘米时即可移栽。移栽前先喷一次50%的多菌灵可湿性粉剂800倍液，浇透水，除掉弱苗、弯根苗，余下的健壮苗分级移栽。一个容器移栽一株，移栽时将育苗钵装入1/3营养土后，将砧木苗放入，一手把握根茎，让根直立，另一手边装土边轻轻摇动钵体，压实根土，营养土装至八成满时，浇足定根水。小苗长新叶后每隔15天浇一次0.3%复合肥液。

图4-10　容器砧木苗

五、幼苗的管理

砧苗由播种盒或苗床移栽至育苗钵后，在温度30~35℃、湿度75%~80%条件下幼苗生长很快。据观测，移栽后的枳砧苗1天可生长0.5厘米。勤施薄肥，促进生长。注意防治病虫害。砧苗移栽后茎干基部容易萌发萌蘖，要及时抹除。

六、嫁接与管理（图4-11）

1.剪取接穗

接穗应采自无病毒采穗圃的健壮枝条，春梢、秋梢均可，但一定要老熟，芽眼饱满。剪取的最佳时间是上午，由于中午和下午温度高，不宜剪取接穗。剪穗后应及时除去叶片，每50~100根一捆，挂好标有采集地点、品种和日期的标签，用湿毛巾包裹后装在留有通气口的塑料袋中，低温处可保存1~2天。

2.嫁接方法

嫁接方法和露地育苗相同。需要注意

图4-11　容器嫁接苗

的是为了防止品种、品系单株之间的病毒感染，在嫁接过程中，嫁接刀、剪枝剪和其他用具须每2小时消毒一次，特别是当更换不同品种、品系单株时要全面消毒。消毒水的配制：福尔马林20毫升，氢氧化钠20毫升，水1千克。

3.解膜剪砧

春季嫁接的在春梢老熟后解膜，夏季嫁接的接后10天在接芽上方3~5厘米处扭枝，将枝条弯曲下垂但不折断，20天左右用刀在接芽反面解膜，一次梢老熟后再剪砧。秋季嫁接的砧木苗，次年春剪砧，剪砧时间以接芽开始萌动时为最佳。在离砧苗接芽上方0.5

厘米处斜剪，斜面留在接芽的背面，这样如果未成活还可补接一次。

4.除萌摘心

及时抹除砧木的萌蘖。定干前接穗上只留一个健壮芽，苗高30厘米时摘心，促发分枝。一株幼苗留3~4个新梢，其他新梢随时抹除，以集中养分保证骨干枝的健壮生长。

5.插竿扶苗

嫁接苗的嫩梢生长初期较弱，易倒伏，需插竹竿扶苗。竹竿长70厘米，粗0.7~1厘米，插后用塑料带将幼苗轻轻绑扎在竹竿上。幼苗每增高15厘米绑扎1次，一般需绑3次。

6.肥水管理

每次新梢转绿时喷一次0.2%磷酸二氢钾+0.2%尿素叶面肥，每15天喷洒一次复合肥液以促进生长。

7.病虫防治

苗期病虫害主要是立枯病、炭疽病、蚜虫、红蜘蛛等，掌握好防治时期，合理使用高效低毒低残留农药进行防治。

第四节 大苗培育

"大苗建园"是现代柑橘建园的关键技术之一。大苗建园可以有效提高土地利用率，大幅度提高橘园早期产量和效益。使用传统技术培育的柑橘大苗，在定植过程中，远距离运输和大面积建园都不可能做到带土移栽。不带土移栽，苗木的根系会受到很大的伤害，大苗叶片多而大，在运输过程中和移栽后水分蒸发量大，往往会导致苗木成活率低、缓苗期长的问题。为了提高建园质量，可以采用柑橘苗营养袋假植技术。

一、材料准备

（1）苗木。假植苗使用一年生嫁接苗，要求苗高35~45厘米，茎粗0.8~1厘米。苗相好，叶色健康，不带病虫。

（2）营养袋。营养袋材料为黑色耐氧化聚乙烯膜，厚度为3丝。规格为高45厘米，口径18厘米。袋底和侧面设8~10个口径为0.5厘米的滤水孔。

（3）营养土。营养土基质为富含有机质的肥沃园田土或塘泥。每立方米基质掺入10%细河砂+30千克经过充分腐熟的有机肥+4千克柑橘专用复合肥+150克硫酸亚铁和150克硫酸锌。以上材料混合均匀后，再用粉碎机粉碎细化，最后用500倍多菌灵消毒，堆沤15天后即可使用。

（4）假植圃。假植圃一般设在基地的中心区域。假植圃对土壤的要求不高，只要是平地，排灌条件良好即可，假植圃内设若干小区，小区一般为长方形，长度以40米为宜，宽度一般不超过20米。

二、苗木假植

（1）假植的时间。假植一般以 9 月或 2 月为宜。

（2）起苗及运输。起苗一般在阴天进行，起苗前苗圃灌足水，起苗时尽量多保留须根。苗圃与假植圃邻近，一般在起苗的同时进行假植，不让苗木过夜。长距离运输的苗木，起苗的同时用农膜或稻草包根，存放在阴凉处。每次起运的苗木数量以每天假植圃装袋量为宜，苗木在运输过程中一定要做到全封闭，严禁风吹雨淋。

（3）装袋及摆放。苗木进袋时要做到苗正根直、摆放整齐。小苗进袋的技术要求与大田植苗要求相同。假植圃中一般每行摆放 4 袋，行宽 80 厘米，行间距（走道）60 厘米。

（4）浇定根水。苗袋摆放好后立即浇足浇透定根水，定根水的标准是营养袋底孔出水。苗木进带后遇高温，应连续浇水 3~4 次，防止苗木脱水枯死。定根水也不宜过量，否则会造成营养土的养分流失。有条件的可用一层湿木屑覆盖在营养袋表层上，可以起到保水防草的作用。

（5）定干。苗木进袋后要进行适当的修剪，一是剪除苗木 40 厘米以上的中心干，促发苗木在假植期间抽发侧枝，增加分枝级数和末级梢量，同时应抹除 40 厘米以下的萌芽或分枝。二是剪除苗木的病虫枝、萎蔫枝叶，从而提高苗木成活率。

三、假植圃管理

（1）肥料。营养袋假植的苗木，由于营养土养分充足，基本可以满足苗木抽发春梢和夏梢的营养需求，因此在 7 月前一般不用施肥。8 月苗木抽发早秋梢时应补充一次肥料，肥料可施用速效氮肥。

（2）水分。营养袋假植的苗木对水分的要求比较高，因为营养袋隔断了营养土和土地的联系，遇高温、干旱营养土更容易缺水，因此要根据天气情况及时补充水分。假植圃也不能出现渍涝，袋内积水容易导致苗木烂根，出现积水要及时排除。

（3）除草。在苗木抽生春、夏梢期间，由于营养袋营养充足，大量杂草也会同时发生，及时除草是这一阶段苗木管理的主要工作，否则会影响到苗木的正常生长。营养袋除草要做到"除早除小"，人工拔除营养袋内大株杂草。假植圃走道杂草可使用除草剂，营养袋除草严禁使用除草剂。

（4）病虫防治。假植的苗木要经过严格的检疫，防止携带检疫性病虫。假植圃苗木病虫防治的重点是恶性叶甲，其中春季的叶甲和秋季的潜叶蛾是重中之重。假植圃施药以无公害农药为主，不能使用高毒高残留农药。

第五节　苗木出圃运输

一、苗木出圃（图4-12）

（一）苗木出圃前的准备

柑橘苗木长到一定大小便可出圃。起苗前应充分灌水，抹去幼嫩新芽，剪除幼苗基部多余分枝，喷药防治病虫害。苗木出圃时要清理并核对品种标签，记载育苗单位、出圃时间，出圃数量、定植去向、品种品系，发苗人和接收人签字，入档保存。

（二）出圃柑橘苗必须达到的要求

（1）确保接穗和砧木品种纯正，来源清楚。

（2）不带检疫性病虫害，无严重机械伤。

（3）嫁接部位在砧木离地面10厘米以上，嫁接口愈合正常，砧木和接穗亲和性良好，砧木残桩不外露。

图4-12　大田苗出圃

（4）主干直径超过0.8厘米，顺直、光洁，高40厘米以上（金柑15厘米以上）。具有至少2个且长15厘米以上、非丛生状的分枝，枝叶健全，叶色浓绿，富有光泽，无潜叶蛾等病虫危害。生长健壮，节间短，叶片厚，叶色绿，主干高度达到一定要求，主枝3~5条且分布均匀。

（5）根系发达，根茎部不扭曲，主根无曲根或打结，长15厘米以上，侧根分布平衡，须根新鲜，多而坚实（图4-13）。

（6）苗木出圃前还应由当地植物检疫部门根据购苗方的检疫申请和国家有关规定，对苗木是否带有检疫性病虫害进行检疫，无检疫对象的苗木可签发产地检疫合格证。有检疫对象的苗木，应就地封存或销毁。

图4-13　优质苗根系

二、苗木运输

1.包装

容器苗连同完整的原装容器一起调运。大田苗就地移栽可带土团起苗和定植，如需远距离运输，需对裸根苗枝叶和根系进行适度修剪，用稻草包捆，外用塑料薄膜包裹并捆扎牢固，每包不宜超过50株，一般20株为宜。起苗前应喷药杀灭病虫害。

2.标志

出圃苗木须附苗木产地检疫证和质量检验合格证，若属无病毒苗，应附有资质检测机构的证明，并挂牌标示。裸根苗应分品种包装，并在包装内外挂双标签，注明品种（穗/砧）、起苗日期、质量、等级、数量、育苗单位、合格证号等。容器苗应逐株加挂品种标签，标明品种、砧木等。

3.运输

苗木运输量较大时，运输器具宜安置通气筒或搭架分层，使苗堆中心的温度≤25℃。运输途中严防重压和日晒雨淋，到达目的地后，应尽快定植或假植（图4-14）。

图4-14　装运苗木

第五章

陕南柑橘栽植建园

第一节　园地选择与规划

栽植建园是柑橘健壮生长、丰产稳产、优质高效的基础工作。为此，要根据柑橘果树对地理、气象、土壤、植被等生态环境的特定要求，对拟发展柑橘的区域，切实做好规划和前期各项工作。同时，还要充分考虑当地的具体情况，诸如水利设施、交通条件、柑橘栽培和加工、技术力量、国内外市场需求及价格等条件。只有这样，才能实现科学发展柑橘之目的。

一、园地条件

栽种柑橘，第一要务就是选择确定合适的园区，一旦栽种下去就不易更改。在园区选择时，应当把大生态环境和小生态环境结合起来一并考虑，即使在适宜柑橘栽培的大环境中，也有更为优越的小气候区。另一种情况是，大生态环境不太理想时，客观上可能存在着一些小气候比较良好的地方。为此，综合评估气象、土壤、地理、植被等条件要素，是柑橘园区选择时的重要环节。

（一）气象条件

气象条件主要有热量、雨量、光照、风等。热量直接影响柑橘的光合作用、呼吸等生理代谢过程，影响其水分和养分的吸收，同时对果实品质有重要影响。柑橘不耐寒，低温是影响柑橘种植的主要因素。水分是柑橘进行生理代谢活动的媒介，没有水，柑橘所有的生命活动都不能进行。同时，水起到调节树体温度和维持细胞膨压的作用。光照提供柑橘光合作用所需的能量，在年日照 1 500 小时以上的地区，柑橘较容易获得丰产。微风对柑橘有利，大风、暴风对柑橘有百害而无一利。建园前对这些气象条件应进行认真调研。

（二）土壤条件

土壤条件包括母岩、土质、土层厚度、pH 值、地下水位等。柑橘生长所需的绝大部分矿物质元素和水分来自土壤，丰产优质柑橘园要求土层深厚、土壤肥沃、质地疏松、有机质含量高、保肥保水性能好、地下水位低、排水性能好。土层太浅影响柑橘根系生长，树冠小、抗逆性差、容易干旱。最适宜柑橘种植的应该是壤土和沙壤土，强黏性土壤和多沙土壤需要改造。土壤酸碱度影响土壤养分的有效性，土壤 pH 值在 5~6.5 最为适宜。土壤有机质含量在 3% 以上，柑橘容易获得丰产优质，土壤有机质含量高低对土壤的保肥保水性能和土壤质地影响很大。地下水位的高低影响柑橘根系生长，所以平地或水田改建柑橘园时，要深挖排水沟或实施起垄栽培，降低地下水位。

（三）地理条件

地理条件主要指纬度、海拔、地形地势等因素。陕南最适宜种植柑橘的地方是坡度平缓、土层深厚、水源充足、透气性良好的浅山丘陵地区。以南坡、西南坡、东南坡地较为理想。海拔过高冬季易遭受冻害，不宜建园。在陕南地区，应充分利用破壁效应和冬季逆温层效应，选择小气候良好的背风、向阳坡地种植柑橘。特别是在附近有水库、湖泊、河流的地方建园，不仅能解决灌溉问题，而且大水体对温度有调节作用，冬季能减轻冻害的发生。低洼积水、冷空气易沉积的地方不宜种植柑橘。

（四）植被条件

植被条件是指当地的植物群落类型和密度、抗逆性指示植物及周围的柑橘类资源等。柑橘对植被条件要求虽不甚严格，但陕南地处中国南北气候过渡地带，应充分考虑植物种类、数量和分布情况，比如常绿果树的种群、南方植物的类型及生存生长状况、当地野生、半野生柑橘类资源等。种植柑橘的地方一般要求植被茂盛、土壤肥沃。但紧挨树林或竹林的果园易遭受柑橘大实蝇危害。

二、园地规划

新发展园区的柑橘园规划和建设是百年大计，一定要高标准、严要求。规划内容包括：园地选择、小区划分、道路区划、排灌设施、防风林设置和果园附属设施规划等。

（一）园地选择

陕南适于发展柑橘的土地较多，丘陵坡地生态环境优于平地。当然，平地经过改良或工程治理，也可发展柑橘。坡地建园应适当集中。接近大水体的园地，温湿度变幅相对较小，光照亦好，有利于抗寒越冬，因此，水库四周及江河两岸的坡地、山地都是柑橘的适栽园址。

山麓、山谷往往因冬季冷空气易淀积而发生冻害，园地选择时要慎重。

坡向是橘园小气候的重要因子之一。一般以东南向为好，南向亦可，而西北向则易受冻害。坡度以 25° 以下为宜，坡度过大，水土易流失，土层较薄，建园花工大，管理不方便。

（二）小区划分

小区划分以有利于柑橘园耕作管理和水土保持为原则。小区的形状、大小要与地形、土壤和小气候特点相适应，与道路、水利系统、梯田布局等结合起来。丘陵坡地可按山头和坡向划分小区，一般一个小区栽植一个品种或品系，这样便于精细管理。如果小区形状近似带状的长方形，长边要顺地势向等高线方向弯曲，以利机械操作和排灌，且与自然环境相适应。小区面积可根据具体情况而定，一般以 10~30 亩为宜。平地小区长边应取南北向，与橘树行向一致，这样植株之间彼此阴蔽少，有利于通风透光。

（三）道路设置

橘园的道路系统设主干道、支路和便道（操作道），以主干道和支路为框架，与便道连接，组成完整的交通运输网络。

主干道应通行机动车，一般设在园地的中部或山腰上，既可通往各个山头，又能连接附近公路，一般宽4~5米。

支路是连接主干道与橘园内各个小区的机械运输道路，可行驶拖拉机、三轮车或板车等，配置在小区之间或小区内，一般宽3~4米。面积超过千亩的大、中型柑橘园在主干道上规划支路，将柑橘园的主要作业区与主干道连接起来。几十上百亩的中小型柑橘园可以只规划支路（不设主干道），将支路与柑橘园附近的公路或机耕道连接起来。

便道是连接主干道或支路与柑橘园各个地块的简易道路，可设计在树行间，不另占面积，路面宽1~2米，用于人、三轮车、板车或其他小型机械通行。柑橘园不轮大小都需要规划便道。

各级道路一侧可设排水沟，并保持一定比降。梯地还应修筑梯面便道，在每台梯地背沟旁修筑，宽0.3米，是同台梯面的管理通道，与田间道相连。较长的梯地可以在适当地段，上下两台地间修筑石梯（石阶）或梯壁间工作道，以连通上下两道梯地，方便上下管理。

（四）排灌系统规划

排灌系统是果园的"血管"，旱能灌、涝能排是果园排灌系统的基本要求，不过平地果园排水功能更重要，山地果园灌水功能更重要，果园建设前一定要进行科学设置。

1. 排水系统

（1）拦山沟。山地或丘陵柑橘园，上方有较大的集雨面，形成的洪水会冲毁柑橘园，需要在柑橘园上方设置拦山沟，拦截柑橘园上方洪水，引到柑橘园外。拦山沟的规格视柑橘园上方集雨面大小而定。集雨面小的拦山沟可以窄些、浅些；集雨面大的，拦山沟要宽、深。通常，拦山沟的宽、深分别为0.5米、1米。易冲毁的地方三面需用石料砌筑。拦山沟主要沿等高线规划，但沟底不能完全水平，应有一定的比降，一般为3/1 000~5/1 000。

（2）排洪沟。排洪沟是柑橘园的排水主沟，用于汇集拦山沟、排水沟和背水沟等来水，将其排到柑橘园外。排洪沟位于柑橘园低处，如谷底、丘陵的底部、坡面的汇水线上。

（3）排水沟。平地柑橘园，主排水沟一般与柑橘种植的行向垂直或沿主干道设置，一般排水沟与柑橘种植的行向平行。根据地块和土壤的具体排水性能，每隔1~4行树设一行排水沟。易积水的地块需要增设排水沟，根据地形变化，在汇水线上设置顺坡排水沟。有时在一些主干道、支路和便道的一侧设置排水沟，特殊路段需要在道路两侧设置排水沟。排水沟旁设沉沙函或蓄水池，起降低水流速度、沉沙和蓄水作用。

（4）梯地背沟。在梯地的梯壁下设置背沟，一般每台梯地都应设一背沟。背沟不能紧靠梯壁，以免梯壁倒塌。正确的方法是：背沟的里侧离梯壁保持30~40厘米的距离。短背沟在出水口设沉沙凼，既可沉沙，又可增加蓄水量。

2．灌溉系统

（1）柑橘园主要的灌溉方式。柑橘园灌溉方式可分为普通灌溉和节水灌溉两大类。普通灌溉又分为沟灌、漫灌、简易管网灌溉、浇灌等方式。节水灌溉可分为滴灌、微喷、地下渗灌等。普通灌溉的建设成本低，容易维护，但灌溉效率较差。节水灌溉建设成本高，需要专人维护，但用水利用率高，灌溉效果好，而且可结合施肥、喷药设置成水肥药一体化。

（2）简易管网灌溉的规划。要根据水源、地势、地貌和柑橘种植行向等几个方面来确定。丘陵和山地柑橘园，如果水源在柑橘园的上方，规划时要尽量利用水的自然落差实现自压灌溉，水源在柑橘园中部的，柑橘园上部和中部应由水泵抽水灌溉，水源在柑橘园下方的，整个柑橘园由水泵抽水灌溉。大果园一般要在柑橘园的上方建贮水池，贮水量以柑橘园灌溉一次的用水量为准，可按1亩柑橘园蓄水3立方米规划。管网的规划要根据水源位置、地形、地貌，选择最节省管道的走向和布局。通常大水管在地下，支管铺在地面，在支管上每隔一段距离安装1个水阀，1亩柑橘园安装2~3个，干旱时用软水管接水浇灌。

（3）节水灌溉系统。柑橘园节水灌溉系统的规划设计和施工，一般由专门的水利（节水灌溉）公司完成。橘园经营人向水利公司提供当地的气象资料、水源、灌溉基本要求和相关参数，以及提供包含橘园地形、栽植和道路等内容的橘园规划图，水利公司按有关规范设计施工。

（4）小型柑橘园的灌溉。小型柑橘园附近无充足水源的，需要规划建设小山塘或中型蓄水池，保证在干旱时有足够的灌溉用水。小型柑橘园附近有充足水源的，建1~2个小蓄水池即可。一般情况下，水源充足的平地橘园可采用沟灌和漫灌。

3．蓄水设施建设

（1）水塘和水库（图5-1）。规划果园时要注意保护好规划区现有的水塘和水库等蓄水设施，对年久失修的水塘和水库要进行维修。新建的水塘或水库应设在容易汇集地表径流的山谷低洼地。在可能的情况下，柑橘园的水塘或水库规划在柑橘园的中部或上部，这样可以部分或全部采用引水灌溉，既方便用水，又节省成本。在柑橘园下部规划的水塘或水库，需要规划提灌站等抽水设施。

图5-1　小型水塘

（2）蓄水池（图5-2）。柑橘园蓄水池可分为大、中、小三种类型，一般大型蓄水池有效容积100立方米以上，中型蓄水池有效容积50立方米左右，小型蓄水池有效容积1~5立方米。蓄水池要规划在容易汇集到雨水的地方，切忌规划成望天池。蓄水池可采用大、小型搭配，也可采用中、小型蓄水池搭配方式规划。小蓄水池也可用抗老化塑料薄膜整张铺设池底和四周以防渗漏。

图5-2 各种类型蓄水池

（五）防风林设置

防风林在减轻柑橘冻害、旱灾、热害等自然灾害方面具有十分重要的作用。夏季能降低气温，提高橘园内空气湿度，减轻花期的异常高温热害和果实的日灼病。冬季能显著降低风速，提高周围气温，减轻冻害。橘园防风林分主林带和副林带，主林带要与主风方向垂直，每隔100~200米栽一条。副林带与主风方向平行，每隔300~400米栽一条。主林带栽树 3~5 行，副林带栽树 1~3 行，高树栽中间，矮树栽两侧。栽植防风林的树木，必须挖大穴，施足基肥。同时加强栽植管理，使其迅速生长成林，尽快发挥防风效应。防风林带可以尽量设置在道路、沟渠两旁，这样既节省土地，又比较美观。用作橘园防风林的树种应适应当地自然条件、生长迅速、树冠高大直立、寿命长、经济价值高，还要枝叶繁茂、再生能力强、根蘗不多，与柑橘树没有共同的病虫害，而且不是柑橘病虫害的中间寄主，以常绿树种为主，适当配置落叶树种。目前生产上常用的符合上述条件的树种有：女贞、冬青、松、杉、樟树等常绿树种，落叶树种可选择白杨、洋槐、柳杉、水杉等。河滩地区还可选用白榆、刺槐、杨柳等。

（六）果园附属设施规划

果园的附属设施包括管护用房、田间收购点、畜牧场与沼气池、绿肥与饲料基地等。

（1）管护用房。包括收购点、库房、农机具房、生活用房、果品包装厂、贮藏库和配电房等。一般规划在交通方便、用水有保障的地方，特殊情况下也可规划在果园旁或果园进出口位置。

（2）田间收购点。每 500 亩左右柑橘园应有一个收购点。田间收购点设在地势平坦的主干道或支路旁，用于果实收购、周转，以及农资的临时堆放等。

（3）蓄牧场与沼气池。蓄牧场和沼气池应规划在交通方便的果园中上部，离果园生活区有一定的距离。将沼气管铺设到生活区，沼液管道铺设在果园内。果园蓄牧场的规模可依柑橘种植面积确定。

（4）绿肥与饲料基地。利用果园空地、坡坎地和边角地带种植牧草饲料作物和绿肥等，既可防止水土流失，又能解决家畜、家禽的部分饲料，增加果园有机肥。柑橘园也可以规划专用的饲料或绿肥区。

第二节　园地整理与建园

一、土壤改良

不同立地条件的园地有不同土壤改良的重点。平地、水田建设柑橘园的关键是降低地下水位，排除积水。在改土前深开排水沟，放干田中积水。山地柑橘园改土的关键是加深土层，保持水土，增加肥力。条件许可时，在建园前先将整个园地用挖掘机或大型拖拉机深翻一遍，不平整的地方用推土机进行平整，尽可能做到坡面一致，排灌方便。

（一）平地改土（水田）

平地建园主要是解决排水不畅和土层板结的问题，可采用深沟筑畦和壕沟改土。

1.深沟筑畦（图 5-3）

或叫起垄栽培，适用耕作层深度 0.5 米以上的平地田块。按行向每隔 9~10 米挖 1 条上宽 0.7~1 米、底宽 0.2~0.3 米、深 0.5~1 米的垄沟，形成宽 9 米左右的种植畦，在畦面上直接种植柑橘2~3行，株距2~3米。排水不良的田块，也可单行成垄，垄面高0.3~0.5米，宽1.5~2米。按行向中间挖1条宽0.7~1米、底宽0.2~0.3米、深0.5~1米的排水沟，在畦面中间直接种植柑橘1行，株距2~3米。

2. 壕沟改土

适用于耕作层深度不足0.5米的平地田块，壕沟改土每种植行挖宽1米、深度0.8米的定植沟，沟底面再向下挖0.2米（不起土，只起松土作用），每立方米用杂草、作物秸秆、树枝、农家肥、绿肥等土壤改良材料30~60千克（按干重计），分3~5层填入沟内，尽可能采用土、料混填。回填时，将原来表底土互换填埋。

图5-3 果园起垄

（二）旱坡地改土（图5-4）

旱坡地建园改土主要是解决土壤板结和保水保肥的难题，要视土质情况采取相应措施。如果坡度不大，可全园深翻，或顺坡壕沟改土。如坡度大，土壤透水性好，可采用挖定植穴的方法改良土壤。一般穴深0.8~1米，直径1.2~1.5米，穴内不能积水，挖穴时将上层活土放一边，生土放另一边。回填时活土放下层，生土放上层。定植穴须高出地面0.5~1米，以防松土下陷后定植穴过低。

（三）河滩地改土

河滩地土层浅薄，沙性重，有机质和有效养分的含量都很低，保水、保肥能力

图5-4 缓坡整地

差，昼夜温差大，地下水位随季节变化大，必须对沙滩地进行改良。可以先在河谷沙滩地种草、种树，削减水位暴涨、暴落时的流速，促进泥沙沉积，逐渐加厚土层。在溪边建筑防水坝，既可防止泥土被洪水冲走，又可作果园道路利用，方便交通运输。还可种植绿肥，增施有机肥料，提高土壤有机质的含量。夏季种豆科作物，冬季种苜蓿、蚕豆等，待其开花时割压埋入土中或覆盖。栽植柑橘树采取深沟高垄方式，以利于雨季排水和降低地下水位。以客土改沙方式进行大穴栽植，穴深、宽不低于80厘米，穴内用2/3以上的黏土与1/3的杂草、秸秆及腐熟的有机肥分层混合回填，改良土壤。

二、建园模式

（一）坡地建园

1.等高线栽植（图5-5）

坡度在15°~30°的山地、丘陵地采用等高线栽植。先按等高线修筑水平梯地，梯面宽≥3.0米，梯地内低外高，外坡坎夯实或石头垒砌，防止滑坡。梯地水平走向应有5/1 000~3/1 000的比降。选择一面坡度整齐、有代表性的山坡，从山顶到山脚拉一条直线，叫作基线。在基线上按梯田宽度距离定点，叫作基点。从这些基点开始，测定各个基点的等高点，连接各个等高点就是等高线。在大面积建园时，等高线的测定也可以在规划好道路和划分小区后，在小区内按上述方法进行。

图5-5　等高线栽植

由于山坡地面凸凹不平，测出的等高线不规律或过分弯曲，需要加以适当的调整，使其呈有规律的弯曲。可在等高线过密的地方去掉一行，在过稀的地方加一短行。坡地建园往往水土流失严重，必须建好水平梯田，并采取综合治理措施，有效地防止水土流失。

2.顺坡栽植（图5-6）

坡度在15°以下的缓坡地，可顺坡向起垄栽植。先顺坡向抽槽改土，槽深、宽不低于80厘米，保证每立方米回填杂草、秸秆等有机物40千克、磷肥0.5千克，土肥分层混合填入，表土在下，底土在上。将地表部分活土层堆积形成凸起垄面，垄面宽不低于80厘米，垄高30~45厘米，树苗栽于垄面上。行间开沟，小雨时雨

图5-6　缓坡地顺坡栽植

水滞于沟内，大雨时雨水可慢慢排出。随着树体的不断扩大，沟逐步加宽加深。横垄上或垄间间作绿肥、采取生草等措施增强沟的防冲刷能力。

（二）平地建园

包括旱地柑橘园和水田改种的柑橘园，这类果园首先是降低果园地下水位和建好排灌沟渠。

1.开挖排、灌沟渠

旱地平地建园可采用宽畦栽植，畦宽4~4.5米，畦面有排水沟。地下水位高的，排水沟应加深。畦面可栽1行永久树，两边和株间可栽加密株。水田柑橘园建浅沟灌、深沟排的排灌系统时应分开，根据建园时规划的3级沟渠，由里往外逐渐加宽加深。洪涝低洼地四周还应修防洪堤，防止洪水入侵，暴雨后抽水出堤，减少涝渍（图5-7）。

图5-7　深沟排渍

2.筑墩定植

筑墩定植是针对平地或水田地下水位高所采取的措施。结合开沟，将沟土或客土培畦，或堆筑定植墩。栽植后第一年，行间和畦沟内还可间作，收获后挖沟泥垒壁，逐步将栽植柑橘的园畦地加宽加高，修筑成龟背形。也可采用深、浅沟相间的形式，2~3畦开1条深沟，中间两畦为浅沟，栽树时，增加客土，适当提高高度（图5-8）。

图5-8　筑墩栽植

第三节　栽植密度

一、常规密度

合理的栽植密度，是根据各柑橘品种的生长特性、砧穗组合、地势、土壤条件和栽培技术等确定。一般平地宜稀，山地宜密；肥地宜稀，瘦地宜密；树冠稀疏高大的品种宜稀，树冠紧凑、矮小、成形较早的品种宜密；适于机械化操作管理的宜稀，手工操作的宜密；行间宜宽，株间宜密；非计划密植的宜稀，计划密植的宜密。一般要求树冠定型后，行间尚有1米以上的空间为宜，即采取宽行密株的种植方式，这一点对于确保柑橘树充分采光和橘园通风透光、减少病虫滋生非常重要。陕南地区特早熟、早熟温州蜜柑品种如兴津、宫川、大浦、日南一号、大分四号等在浅山丘陵区可按 2 米 × 3 米的株行距进行栽植（亩栽 110 株），在平坝可按（2~3）米 × 4 米的株行距进行起垄栽植（亩栽 83~56 株）；城固冰糖橘、朱红橘等在浅山丘陵可按 2 米 × 3.5 米的株行距栽植（亩栽 95 株），平坝区可按 3 米 × 4 米株行距栽植（亩栽 56 株）；南丰蜜橘、东华蜜橘等品种在浅山丘陵可按 2 米 × 3 米的株行距栽植（亩栽 110 株）。

二、计划密植

2000 年之前陕南柑橘基本都是计划密植，这对陕南柑橘产业的快速发展起到了重要的促进作用。陕南柑橘的冻害风险很大，为了尽快投产并收回投入成本，便推广了计划密植的建园技术。温州蜜柑，特别是特早熟、早熟温州蜜柑可以实行计划密植。计划密植是指在柑橘果树生长发育周期内，为早结果、早丰产和经济利用土地，有计划地在前期增加栽植密度，以后随着树冠扩大、通风透光条件变差、生长受阻和产量下降等问题出现时，采取隔株或隔行间伐间移措施，使最后留下的树作为永久树（移、伐的树为非永久树）继续结果，这种种植方式称计划密植。间伐（移）有一次性的，也有分两次的，这取决于柑橘最初的种植密度。如初植密度为 2 米 × 1.5 米，亩栽 222 株，投产 5~6 年后，隔株移（伐）去一行，使密度变为 2 米 × 3 米，每亩 111 株。由于移（伐）去一行，改善了通风透光条件，可继续结果 5~6 年。当出现第二次郁闭时，再做第二次间移（伐）。第二次间移（伐）隔行进行，使最终永久株为 55 株。

计划密植本来是一种高效利用土地快速投产见效的建园方法，但通过多年实践发现，前期的计划很好落实，但后期的间伐却很难落实，以至于后期出现果园早衰的问题。城固县曾于 2010 年前后强行实施"密改稀"的措施，但效果仍不理想，许多果农也知道果园太密的问题，但就是下不了间伐的决心，以至于至今仍有大量密植园无法改良。因此，要搞计划密植建园，一定要做好后期的间伐工作。

第四节　栽植方法

一、栽植时间

定植时间主要根据各地气候特点、苗木类型、苗木枝梢老熟情况、园地排灌设施和果农种植习惯来定，一般可选择春、秋两个时期定植。如果采用无病毒营养钵苗，栽植时间不受季节限制。

（一）春栽

春栽通常于 2 月上旬至 3 月上旬进行。此时气候温暖，常温超过 12℃，雨水渐多，湿度较大，种植后容易成活。在水源缺乏、秋旱严重和冬季霜冻严重的地方，可选择春季定植（图 5-9）。

（二）秋栽

秋栽通常于8月下旬至9月进行。在冬季冻害较轻、水源充足、无霜冻的地方可选择这段时期种植。此时段苗木伤根易愈合，易发新根，到翌年春季还能正常抽发春梢。在秋冬季气温适宜及水源丰富的地方，秋栽比春栽好，对扩大树冠、早结丰产更为有利。

图5-9　春栽建园

二、起苗及运输

（一）挖苗

选择适宜天气起苗，勿在雨天、大风天、太阳猛烈时挖苗，需要转运的更要注意天气情况。起苗时尽量挖深，不伤根。挖起后轻轻除去根上过多泥土，能带土的尽量带土挖苗，放在阴凉处，并尽快按主干粗细分级，淘汰劣苗，把过长的主根剪去。每20～50株捆成1把，用稻草或塑料薄膜包裹根部，保湿防晒。外苗不得作为商品苗出圃。

（二）苗木运输及假植

1. 苗木运输

运输过程中，苗木长时间被风吹袭，会造成苗木失水过多，成活率下降，甚至死亡。所以，在运输中应尽量减少水分的流失和蒸发，以保证苗木成活率。要进行细致的包装，一般用的包装材料有草袋、蒲包、麻袋等。包装时先将湿润物如苔藓、湿稻草、湿麦秸等放在包装材料上，然后将苗木根对根放在上面，将苗木卷成捆，用绳子捆住。大苗起苗时要求带上土球，为了防止土球碎散，挖出土球后要立即用塑料膜、蒲包、草包和草绳等进行包裹。包裹时一定要注意在外面附上标签，在标签上注明品种、数量、等级、苗圃名称等。装车不宜过高过重，压得不宜太紧，以免压伤树枝和树根；运苗途中要迅速及时，常检查包内的湿度和温度，中途停车应停于有遮阴的场所，遇到刹车绳松散、苫布不严等情况应及时停车处理。

2. 假植

有时苗木采购回来后不立即定植，可先行假植，培育一段时期后再行定植。短时间假植可找一个避阴的地方集中排栽管理，并尽早定植于大田。长时间的假植最好用容器栽植。上一年培育的苗木，在2月上旬萌芽前进行假植，到夏梢萌发时就可连营养袋一起定植。

假植的容器可以采用底部能透水的塑料袋，或者竹编的篓子。袋子或篓子大小要求直径30厘米，深度30厘米左右。假植用土要求为比较疏松的土壤，也可以人工配制，材料比例为1/3发酵好的鸡粪或猪粪、1/3的壤土、1/3发酵好的稻谷壳或者锯末。

假植时选择地势平坦、不积水、向阳的地方，营养袋整齐码放，用土将袋间空隙和四周填满。假植时注意植株在容器中央，根系舒展，根土结合紧密。装袋（篓）后浇足定根水，定植后，可以喷施植物全营养液。

假植的苗木应该注意肥水管理。新梢出来后，施稀薄的沤熟饼肥或沼液，采用少量多次的办法，切忌施用高浓度的肥料。假植时间一般不宜超过一年，即春天假植的苗木应该在秋天或次年春天定植。假植时间过长，将导致根系在袋内打圈，不利于后期的生长。假植的苗木定植时应去掉塑料袋，如果袋边根较多且已弯曲，应去掉部分与袋接触的土壤，舒展弯根后再定植。

三、栽植技术

（一）栽前整地（图5-10）

栽植前要对地面杂草、残桩、枯枝及活物进行清理，对畦面进行平整，打碎大的坷垃，或用旋耕机对畦进行旋耕。如果灾后重建的地块还要进行必要的土壤杀菌，可选用多菌灵、甲基硫菌灵等进行地面喷雾杀菌消毒。

图5-10　栽前整地

（二）定点挖穴

整地结束后再次拉绳定距，并用石灰打线定点。根据计划的栽植密度，确定定植点，并挖穴（沟）。定植穴要求直径1~1.2米，深0.8米。秋植的定植穴（沟）应在植前挖坑栽树，切忌春季挖坑，秋季才栽树，尤其是死板黄泥地。春植的可在头年秋、冬挖好，以利于土壤熟化。梯地定植穴（沟）位置应在梯面外沿1/3~2/5（中心线外沿），因内沿土壤熟化程度和光照均不如外沿，且生产管理的便道都在内沿。定植穴挖好后将有机肥撒入底层并填进1/3表土充分搅拌，其上再填一层园土，最后将树苗栽于上层。

（三）栽植（图5-11）

1. 裸根苗栽植

根据苗木大小确定定植穴的深浅，大苗挖大穴。栽植时先剪除砧木萌蘖，适当剪平破损主根，解除薄膜，舒展根系，严禁根系"倒翘"。考虑地面的下陷因素，栽植时以嫁接口高出地面5~10厘米为宜。使少枝或无枝部位向南，然后填入细土，轻踩压实主干四周土壤，一次浇足定根水。树盘用草覆盖保湿，稳定土温。

2. 容器苗栽植

容器苗栽植时，先挖一个栽植孔，从容器中取出柑橘苗，保留营养土，整理须根，使根系末端伸展，将苗放入栽植孔中，

图5-11　栽植

根茎露出，将泥土推向栽植孔，使土与苗根充分接触，注意填土后将回填土与容器苗所带的营养土结合紧密，踏实，不留空隙。然后修筑树盘，灌足定根水，立支柱扶正和固定树苗。

第五节　栽后管理

一、整形修剪

及时剪掉幼苗未木质化的嫩梢，缓苗严重的树应及时打掉所有萎蔫叶片保留叶柄。幼苗在发芽后以芽定干，及时疏除多余弱芽，适量保留壮芽。

二、松土除草

栽后要及时对树盘或垄面进行松土除草。松土宜浅不宜深，以 10~15 厘米为宜。夏季树盘可用防草地布或杂草覆盖。树盘盖草可保持土壤疏松、湿润，减少浇水次数和土壤温湿度的剧烈变化，为根系的生长发育创造有利条件。覆盖物腐烂后翻入根区土壤，还可增加土壤肥力。

三、施肥管理

薄肥勤施，以浇灌为主。成活的幼树新梢萌动后，第一次可施清淡水肥，以后每半月施 1 次。肥料以腐熟人粪尿或沤熟饼肥最好。开始每 50 千克浇 8~10 株，随着苗木的生长，施肥量及浓度也随之逐渐增加。

四、浇水管理（图 5–12）

苗木定植后，保持其体内水分的供求平衡，是保证成活最重要的条件。定植后的半月内，视土壤的干湿程度及时灌水，苗木成活后可勤施淡粪水。雨后要及时排水，以防烂根。

五、病虫防治

为了尽快使苗木形成树冠，保证苗木正常生长发育，要特别注意病虫对新梢的危害。此期的主要病虫害有红蜘蛛、黄蜘蛛、蚜虫、柑橘粉虱、潜叶蛾、炭疽病等，应及时防治。

图 5–12　栽后浇水

第六章
陕南柑橘整形修剪

第一节　柑橘整形修剪的概念与作用

一、整形修剪的概念

（一）整形

主要是指柑橘树体骨架结构及树体形状的整理和培养，实际上是修剪的一部分。具体讲，整形是按设计要求，从育苗开始，陆续把每株树培养成统一的树形。通过控制和调节枝梢生长的各项技术措施，培育适当高度的主干，配备一定数量、长度和位置合适的主枝、副主枝等骨干枝，并使各枝间相互平衡协调，具备树冠雏形。为避免破坏树形，随树冠继续生长，还应结合修剪，使树冠始终保持一定形状。

（二）修剪

修剪的含义包括修整树形和剪截枝梢两个部分。尤其通过修剪能使柑橘主枝、侧枝、枝组及新梢等各类枝条合理分布。

二、整形修剪的作用

柑橘栽植建园以后，一般都要历经幼树期、初结果期、盛果期、衰老期等不同阶段。这一过程一般可达数十年甚至百年以上。在柑橘整个生命周期当中，整形修剪是较为关键的核心技术之一。它在其他措施配合下，能协调柑橘地上部树冠与地下部根系生长的关系，枝梢生长与开花结果的关系、树体与群体之间的关系，保持树体根、枝、叶、果之间的相互协调，提高光合作用，充分发挥柑橘开花结果的性能，提高产量，防止大小年结果，同时达到复壮树势、延长经济寿命的目的。不注意修剪，常使柑橘树形错乱，长势衰退、丰产期短，且易形成大小年结果，果实品质也较差。特别是密植柑橘园，要求尽快育成树冠，采用促冠的整形修剪措施，才能达到早结高产、丰产稳产的目的。再者，柑橘随着树冠生长扩大，分枝愈抽愈多，枝梢愈长愈弱，花量大，着果少，内膛光照不足，树势衰弱，故必须进行修剪。合理修剪可使树冠通风透光、增加内部叶片受光量、提高光合作用的效能。合理修剪还能促进新叶抽生，减少老叶，增加光合能力强的新叶，可促使果实壮大、增进果实品质。故许多职业橘农说："柑橘不修剪，当年也有产，树弱品质差，还不易丰产，病虫易发生，树体寿命短"。还有橘农说："整形加修剪，树体壮又健；果实品质好，丰产又稳产；树冠很整齐，园相很好看"。所有这些，都是对柑橘整形修剪作用和意义的形象表述和概括。

第二节　柑橘整形修剪的原则和依据

一、整形修剪的基本原则

（一）因地制宜，随树造形

就是指柑橘整形修剪时，对柑橘基地（或园区）具体情况要做具体分析。具体在运用各种柑橘整形修剪技术和经验时，必须与本地或本园区实际情况相结合，重视本地或本园区柑橘整形修剪经验、教训的总结和吸取。这样才能因地制宜、因园制宜、因树制宜地随树就势、诱导成形，达到大枝亮堂堂、小枝闹嚷嚷的状态，不犯机械主义、教条主义错误。

（二）长短结合，远近兼顾

柑橘整形修剪技术运用得当与否，对柑橘幼树结果早晚和盛果期年限长短都有一定影响。因此，在整形修剪中，既要考虑当前结果利益，也要考虑未来的发展前途。例如，在柑橘幼树期应以促进生长、培养树体骨架为主；柑橘初结果期则应考虑适量结果和树冠培养，做到整形与结果两不误、两兼顾。只顾眼前利益、片面强调早结果、多结果，或只强调树形培养、不考虑提早结果和适量结果，都是不全面、不可取的做法。

（三）以轻为主，轻重结合

柑橘修剪的轻与重，一般以修剪以后柑橘树体的生长反映情况来衡量。凡修剪以后抽生健旺新梢较多的修剪程度，叫重修剪；凡修剪以后抽生较短、较弱新梢或抽生枝条较少的修剪程度，叫轻修剪。

按照"以轻为主，轻重结合"的原则进行柑橘修剪，能有效调节柑橘树势，使柑橘树冠内枝条分布合理，结果部位增加，优质丰产稳产，延长结果年限。

（四）正确调控，合理透光

柑橘整形修剪的基本要求是树冠通风透光。陕南柑橘的基本树形是"自然开心形"和"自然圆头形"，为达到通风、透光的整形修剪要求，务必从主枝选定和培养开始，将主枝的"开口"朝正南方向敞开，以此有利于太阳光照进柑橘树冠，增加柑橘树冠的透光率，为柑橘树体健康生长发育和优质丰产创造条件。从发展趋势看，规模生产更适合选取"自然圆头形"树形。

（五）高度适宜，立体结果

目前我国柑橘栽培作业方式主要是人工作业，机械作业尚未全面推广。陕南柑橘树干流胶、爆皮较重，且冬季易遭低温冻害，为方便人工作业，节约作业成本，一般要求对柑橘主干高度控制在 40 厘米以上、树冠高度控制在 2.5 米左右，以方便柑橘施肥、中耕、修剪、喷药、采果等栽培作业的进行；同时，切忌片面追求柑橘树冠矮化，切忌将柑橘树冠培养成"扁平式树冠"，以防造成内膛空虚、结果部位外移，影响柑橘果实产量和品质。

二、整形修剪的主要依据

柑橘整形修剪技术的合理运用，需要考虑的因素较多。务必进行周全考虑，才便于科学制订整形修剪技术方案并加以具体实施。

（一）品种特性

柑橘的不同品种，其萌芽力、成枝力、结果习性等方面都不尽相同，在整形修剪中采用的整形策略和修剪方法也互不相同，应灵活运用。

（二）树龄树势

在柑橘的不同树龄时期，修剪目的和修剪方法都不尽相同。柑橘树势不同，采用的修剪方法及修剪程度也不尽相同。这些都需要柑橘修剪人员在实施修剪作业以前加以充分考虑并在修剪作业中合理运用。

（三）栽培模式与栽植密度

柑橘栽植密度不同，采用的修剪方法、修剪时期、修剪程度等都互不相同。例如采取株行距 2 米 ×1.5 米建园、4 米 ×1.5 米建园与 3 米 ×2 米建园等不同密度模式时，整形修剪应区别对待。在柑橘盛果期，采用"连年丰产稳产"与"隔年交替结果"等不同栽培模式时，在修剪时间、修剪方法与修剪轻重上都互不相同。需要柑橘从业人员引起注意并加以正确实施，以利于不同栽培模式及其效应的充分体现。

（四）环境条件

柑橘在遭受冻害和未遭受冻害等不同情况下，修剪时间、修剪程度、修剪方法等都不相同，需要区别对待。

第三节　柑橘整形修剪的时期和方法

一、整形修剪的时期

我国南方柑橘产区常在春季、夏季、秋季、冬季 4 个季节都进行修剪，俗称为"四季修剪"。随着整形修剪技术的发展，陕南柑橘主要采用"常规修剪"和"简易修剪"2 种基本模式。

（一）常规修剪

（1）春季修剪。冬季未受冻柑橘主要在春季2月下旬至3月下旬进行修剪；冬季受冻柑橘可以延迟至4月中旬至5月上旬进行修剪。

（2）夏季修剪。在柑橘春梢旺长期和夏梢萌发期进行修剪，主要是抹芽、摘心、疏梢及花前复剪等进行保果和放早秋梢；在柑橘夏梢旺长后期进行补充修剪。

（3）秋季修剪。主要在柑橘果实膨大后期进行"调枝亮果"修剪；对萌发过晚的柑橘晚秋梢进行补充修剪；对秋季定植的柑橘幼树进行定干修剪。

（二）简易修剪

这种修剪方式又被称为"省力化修剪"或"轻简化修剪"。较之前述"常规修剪"，可以大大节约柑橘修剪用工。

（1）幼树修剪。自柑橘种苗栽植以后，除对直立、旺长的苗木进行春季定干处理之外，在1~2年内不再进行任何修剪，任其生长，尽可能保留足够数量的枝梢和叶片，加速幼树健壮生长。自第三年春季再开始选留主枝并培育柑橘树形。

（2）结果树修剪。柑橘进入结果期以后，仅在柑橘开花坐果期的4月下旬至5月上旬进行一次"对花修剪"，把春梢摘心、抹芽、疏花等全套修剪技术一次完成，在其他时间不再进行任何修剪。这种称为"一次过"的修剪方式，与在春季、夏季、秋季都进行修剪相比，可以大大减少修剪用工，又较春季修剪容易防止柑橘春梢旺长，对树冠大小可以实现有效控制。这种修剪方式，较为适宜株行距为2米×3米，每亩栽植111株的结果园。

二、整形修剪的方法

在陕南，柑橘整形修剪主要采取如下方法。

（一）疏芽

在柑橘枝梢萌发初期，将刚刚抽发的过密芽或不必要保留的新芽进行抹除，称为疏芽。这种修剪方法又常常被称为"抹芽"。"疏芽"或"抹芽"的主要作用是节约柑橘树体养分，防止营养生长过旺，提高柑橘坐果率。

（二）摘心

对柑橘枝梢顶端3~5厘米进行摘除，称为摘心。摘心的主要作用是防止新梢旺长，促进老熟。具体因新梢种类不同，其作用和效应也有差异。对春梢摘心可以提高柑橘坐果率并促发夏梢；对夏梢摘心也可以防止第二次生理落果（又称为"六月落果"）并促发早秋梢；对晚秋梢摘心可以促进其老熟，防止越冬时受到冻害。

（三）短截

短截又称为"短剪"。一般是指剪除柑橘1年生枝梢的部分枝梢。具体可分为轻短截、中短截和重短截等不同程度短截。短截的主要作用是促进柑橘树体萌发新梢。促发新梢数量及其生长量随短截程度不同而异。一般情况下，短截越重，局部刺激作用越强，新梢萌发数量越多，生长量越大；短截越轻，刺激作用越弱，新梢萌发数量越少，新梢生长量越小。

（四）疏剪

疏剪又称为疏删。常指将柑橘1—2年生枝条从基部剪除的修剪方法。疏剪的主要作用是调节柑橘树冠以内的枝条密度，改善柑橘树冠之内的通风透光条件，增强柑橘叶片光合作用能力，促进柑橘树体健壮生长和发育，提高柑橘坐果率，提高柑橘果实品质。

（五）缩剪

缩剪是指将柑橘多年生枝条进行"回缩"的修剪方法，其主要作用是促进枝条萌发新枝。根据回缩修剪的轻重程度，缩剪可以区分为轻缩剪、中缩剪、重缩剪等。一般情况下，缩剪越重，抽发新枝数量越多；缩剪越轻，萌发新枝数量越少。缩剪常被用于柑橘大树的枝组更新。

（六）缓放

对柑橘1年生枝梢不进行修剪叫缓放，也叫长放或放梢。缓放的主要作用是缓和柑橘新梢长势，降低新梢萌芽数和成枝力，促进新梢营养物质积累和花芽分化。缓放通常用于柑橘早秋梢或晚夏梢培养，也用于柑橘初结果树1年生枝条培养和柑橘盛果树部分春梢培养，这些枝条都会成为翌年的结果母枝。

（七）扭枝

对柑橘树冠上生长旺盛的直立枝、徒长枝等，在新梢基部4~6厘米处，轻轻扭转180°，伤及皮层和木质部的方法，称为扭枝。扭枝的主要作用是阻碍柑橘树冠内养分和水分的流动，缓和新梢长势，促使新梢尽早停长和老熟，促进花芽分化和开花坐果（图6-1）。

（八）环割

对柑橘健旺树枝干皮层用锋利小刀环割1圈，称为环割。环割的主要作用是阻止柑橘枝组内养分向下运输，增加环割部位以上枝组的养分积累，促进环割部位以上枝条健壮生长和花芽分化，提高坐果率。环割通常用于柑橘旺树和旺枝，树势衰弱树和柑橘幼树不

图6-1　扭枝促花

宜采用。大树环割可环绕树干或主枝一周切去0.5~1厘米宽的皮层，又称环剥，环剥宽度不可过大，须保证一年内能愈合。环剥后应用薄膜进行包扎，以利伤口愈合（图6-2、图6-3）。

图6-2　环割

图6-3　环剥

（九）拉枝

对柑橘枝条生长分布方向或角度进行人工改变，称为拉枝。拉枝的主要作用是缓和枝条生长势，调节枝条分布方位。拉枝主要用于柑橘初结果树。需要拉枝的多是直立旺长枝条，有些直立性较强的树冠通过大枝拉枝可达到自然开心。

（十）撑枝

对柑橘结果树枝组采用人工方法进行支撑，称为撑枝。撑枝的主要作用是调节柑橘枝条方位，防止柑橘结果枝组向地面下沉，造成柑橘果实着色不良或果实腐烂。撑枝主要适用于柑橘结果树。

第四节　柑橘常用树形的选择和培养

柑橘常规树形主要有自然圆头形、自然开心形、变则主干形、丛状放射形、主干分层形等多种类型。陕南柑橘树形主要采用自然开心形、自然圆头形、主干分层形3种。

一、自然开心形

（一）树形特点及培养方法

这种树形又称为"主枝开心形"。柑橘主干高30~40厘米，在主干上选留并培养主枝3~4个，斜向外伸展，主枝基角30°~45°，主枝两侧及外方均匀配置副主枝3~4个。各副主枝间距25厘米左右，分生角度60°~70°。在副主枝上再配置侧枝和枝组。侧枝宜短，以免相互交叉，影响通风透光。主枝从第一副主枝分生以后，宜保持直立向上生长，以利提高枝群高度，实现立体结果，增加柑橘树冠的结果体积。

（二）树形优点及结果效应

自然开心形树形主枝开心，通风透光好，树冠中部有侧枝分布，整个树冠呈开心状态但又不空旷；树冠外形凹凸，受光面较大，绿叶层较厚，能立体结果，树冠结果体积较大，能丰产优质。此树形对修剪人员的技术要求高，培养难度较大，用工较多，但透光好，易丰产。

（三）适用柑橘种类和品种

该树形主要适用于温州蜜柑类极早熟品种、早熟品种。脐橙、杂柑等晚熟品种也可以参照应用。

二、自然圆头形

（一）树形特点及培养方法

该树形主干高度 40 厘米左右，主干上着生 3~5 个主枝，相距 10~15 厘米；每主枝上选留副主枝 3~4 个，第一副主枝距主干 30 厘米，以后各副主枝间相距约 25 厘米，全树选留副主枝 9~12 个；在副主枝上再选留并配置侧枝及结果枝组。

（二）树形优点及结果效应

自然圆头形树形顺应柑橘树体自然生长特性，整形容易，用工少，成形较快，结果较早，也能丰产稳产。但该树形树冠内部受光率较低，果实着色不良，树冠内部容易滋生病虫危害，影响树势。

（三）适用柑橘种类和品种

该树形主要适用于城固冰糖橘、城固朱红橘、少核朱红橘、紫阳金钱橘、椪柑等宽皮柑橘类品种。

三、主干分层形

（一）树形特点和培养方法

这种树形又称为"塔形"。该树形有中心干，主干高度为 50 厘米左右，主干以上再配置中心干，在中心干上交互配置主枝 6~7 个，其中第一层交错配置主枝 3 个，第二层交错配置主枝 2~3 个，第三层交错配置主枝 2 个，第四层主枝 1 个；每个主枝上配置 2~3 个副主枝。多个主枝的下部分枝角度较大，为 60°~70°；上部分枝角度较小，为 30°~40°，形成下大上小的"宝塔形"树形。

（二）树形特点及结果效应

该树形树冠高大丰满，枝条分布比较匀称，通风透光较好，负荷能力强，结果量也较大，为柑橘早结果、高产、稳产树形之一。

该树形树体较高，不便管理，易受风害；若主枝配置不当，容易造成树冠内膛郁闭和结果部位外移。

（三）适用柑橘种类和品种

该树形适应某些干性较强和主枝顶端优势明显的品种。主要是柚类、实生甜橙和城固朱红橘等。

第五节　柑橘不同品种的整形与修剪

柑橘种类与品种不同，树体生长和结果习性也就互不相同。因此，在柑橘树形选择、培养与修剪方法上也应互有差异，以利柑橘树体健壮生长和丰产优质。这里主要就陕南柑橘主栽品种（品系）与特色品种结果树的整形修剪作一简要介绍。

一、温州蜜柑

（一）适用树形

极早熟蜜柑（大浦、日南一号、大分四号等）、早熟蜜柑（兴津、宫川等）、中晚熟蜜柑（山下红、大叶尾张等）等均适宜采用"自然开心形"树形，稀植果园也可采用"自然圆头形"或"主干分层形"柑橘树形。

（二）树形特点

极早熟和早熟温州蜜柑树性中庸或较弱，尤其是极早熟品种进入盛果期以后，树势衰弱显著，容易未老先衰。其结果性能较强，新梢极易形成花芽，春、夏、秋梢都可形成结果母枝，有的二年生枝芽也能转化为花芽。枝梢节间较短。

（三）修剪要点

极早熟和早熟温州蜜柑萌芽力、成枝力中等。在春季修剪时，一是以短截修剪为主，促发新梢，维护连年丰产的树冠结构。二是回缩一定量的二年生枝，更新树冠，使树势转强，延长其经济寿命。三是对丛状枝按"三去其一、五去其二"的原则，去弱留强，进行疏枝。

二、城固冰糖橘

（一）适用树形

该品种树冠内部、外部、上部、下部都能实现均匀结果，加之树冠较为高大，采用开心树形容易造成主枝裂伤，结果枝组下垂于地面，所以适宜于采用"自然圆头形"树形，不宜采用"自然开心形"树形。

（二）树形特点

城固冰糖橘在选育、推广和发展中，曾经选育和培养过"二代嫁接树"和"三代嫁接树"。"二代嫁接树"主枝分枝角度较小，树形较直立；"三代嫁接树"主枝分枝较大，树形较开张。

研究发现，不论是"二代嫁接树"还是"三代嫁接树"，从这些城固冰糖橘树体上采集接穗、嫁接繁育、栽植建园以后，都呈现出生长健壮、萌芽力和成枝力较强的特点，尤其是结果树春梢可占全年枝梢总量的 80% 以上，夏梢仅占 20% 左右，秋梢则很少发生。

（三）修剪要点

依据该品种结果树萌芽力、成枝力较强之特点，在春季修剪时务必以疏剪为主，切忌随意采用"短截"方式进行修剪。否则，会促发更多的细弱新枝，造成树冠郁闭，果实着色不良，果实品质下降。树冠郁闭后还容易滋生病虫危害，增加病虫害防治难度，造成叶片变薄、叶色变淡甚至容易脱落，影响树体健壮生长和优质丰产。

三、贡橘（南丰蜜橘）

（一）适宜树形

南丰蜜橘、东华蜜橘等微果型蜜橘，树冠整形时适宜采用自然圆头形或自然开心形树形。

（二）树形特点

南丰蜜橘、东华蜜橘等微果型蜜橘树体，成枝能力强、主枝较多，枝梢纤细、稠密，尤其春梢有丛生特性。与其他柑橘品种相比，该品种树冠内膛结果能力较强。尤其是三年生以上老枝，易抽生较纤弱春梢，虽有效坐果率较低，但在产量构成中尚占一定比例。

（三）修剪要点

该类品种"大小年结果"现象较为明显。因此，追求连年丰产稳产栽培目标时，对"大年树"可适当早剪重剪，对"小年树"可适当迟剪轻剪，以平衡生长与结果之间的矛盾，防止"大年"因开花结果过多，不能抽生一定数量的结果母枝，而使翌年形成"小年"。当然，若顺应树性特点，追求"隔年交替结果"时，可按常态树修剪时间和修剪程度进行掌握。

依据树性特点，在结果树春季修剪时，修剪方法以短截为主，适当进行疏删。对树冠顶部和外围的强枝和旺枝，要适当进行短截，促进抽生良好枝梢。对树冠内膛密集枝和树冠下部过分荫蔽纤弱枝和无结果能力的小枝，应进行疏除。对落花落果枝，粗壮的可进行短截，衰弱的可予以疏除。对结过果的枝条，可疏除或短截。

四、城固朱红橘（含少核朱红橘、紫阳金钱橘、旬阳狮头柑等）

（一）适用树形

该品种适宜采用"自然圆头形"树形，也可采用"主干分层形"树形。

（二）树形特点

树冠高大，树姿开张，萌芽力强，枝梢成枝力强，抽发整齐，树势较强，以春梢和早秋梢为主要结果枝，丰产，抗逆性强，为陕南地方特色品种。

（三）修剪要点

在城固朱红橘进入结果期以后，应全面考虑通风透光因素，但修剪量也不宜过重。对扰乱树形的枝条应及时剪除，对密生枝应当去弱留强；对城固朱红橘树冠外围的夏梢乃至早秋梢，可在壮芽处缩剪；对下垂枝或弯生枝可部分短截，以维护树形并提高产量；对过密枝组可以采用"大枝修剪"技术适当抽空开洞。通过疏上截下，维护一定程度的上轻下重。

五、脐橙

（一）适用树形

该类品种适宜采用"自然圆头形"或"变则主干形"树形；也可采用"自然开心形"树形。

（二）生长与结果特点

该类品种树冠圆满，内外都能结果。树体发枝较多，以春梢为主要结果母枝，长度在10厘米左右的春梢及早秋梢的结果能力强。夏梢结果母枝较少，坐果率较低。

（三）修剪要点

脐橙修剪时应保留大量的春梢和早秋梢结果母枝，适当短截夏梢、秋梢和夏秋梢二次梢，以促发春梢，使其成为来年良好的结果母枝；对树冠以内的小枝，一般可按"去弱留强，去密留稀，去阴留阳""小空大不空、枝叶丰满"的原则进行修剪；对直立向上的枝条，位置不当的疏除，与上层交叉的短截，向两侧生长的枝条尽量保留；对丛生枝可按"三去一""五去二"原则进行疏删。

对脐橙结果树不宜重剪，往往只剪去下垂枝、郁闭枝、交叉枝、干枯枝、病虫枝等。凡有发展余地的枝梢，都可加以保留，这叫"对空不打"。对脐橙盛果树，应当注意利用春梢结果，"回缩"修剪是常用方法之一。

六、椪柑

（一）适用树形

该品种树形特点是主枝较多、丛生性较强，为顺应椪柑生长发育习性，宜采用"多主枝放射形"或"多主枝开心形"的柑橘树形。不宜采用"主干分层形"柑橘树形。

（二）修剪要点

该品种主枝或侧枝萌芽力、成枝力中等，所以在春季修剪时，为促进椪柑树体形成数量较多的结果母枝，应以"短截"修剪和"疏芽"或"疏剪"相结合。否则，不易促进椪柑树体萌发新枝，不易形成数量较多的结果母枝，只会造成更加斜生的旺长现象发生，减少当年花量和结果数量。

椪柑结果枝上大多以顶花芽结果为主。腋花芽结果数量相对较少。因此，在春季修剪时，切忌随意对结果枝进行短截，以免影响当年结果数量。

第六节 柑橘不同树龄的整形与修剪

在柑橘树体整个生命周期当中，幼树期、初结果期、盛果期、衰老期等不同树龄时期的修剪目的都不相同，修剪方式和方法也应随之不同。

一、柑橘幼树整形修剪

（一）任务目标

应以培养良好树形、尽快扩大树冠为主要目的。

（二）修剪要点

修剪程度应以轻剪为主。修剪方法主要是在定植以后，先进行定干处理（干高 30~40 厘米）；随后在主干上选留 3 个主枝，主枝选定以后在各次新梢长至 5~7 片叶时进行摘心处理，以此促发新枝；然后从第二年开始继续培养副主枝、侧枝和枝组，尽快形成柑橘幼树树冠。

（三）注意事项

对柑橘 1~3 年生树龄的幼树上所有花蕾，原则上应全部去除，以利于集中养分用于柑橘幼树营养生长，尽快扩大树冠，为初结果期适量结果创造树冠及枝叶条件。当然，对个别树势健壮的 3 年生幼树，第三年也可少量保留花果，以利于增加早期经济收入。

二、柑橘初结果树整形修剪

（一）任务目标

对柑橘树龄为 4~6 年生的初结果树，应以继续培育树形和树冠、平衡生长与结果的关系为主要目标。不宜单纯追求培育柑橘树形或树冠，更不宜单纯追求结果数量而不考虑柑橘树形和树冠的培养。

（二）修剪要点

修剪程度仍应以轻剪为主。修剪方法主要是在春季修剪时继续选择和处理各级骨干枝，以利促发新枝。对树冠上各类健旺营养枝在长至 5~7 片叶时及时进行摘心处理，以利于促发新枝，扩大树冠；对树冠上其他各类中庸或较弱枝梢尽量保留，不作修剪，使其成为结果母枝。

（三）注意事项

该时期是柑橘树形和树冠形成的关键时段。在该时段，务必综合应用摘心、短截、疏芽、撑枝、拉枝等多种方式，促使柑橘主枝分布方向及角度尽量合理，促使副主枝、侧枝及枝组分布均匀，促使树冠以内各类枝条分布数量及密度较为适宜，为柑橘健壮生长、树冠成形、适量结果、品质优良创造条件。

需要注意的是，柑橘进入初结果期以后，因立地条件不同，柑橘树体生长特点也不相同，修剪时间及方法也不相同。一般而言，土、肥、水条件较好的平坝柑橘园，柑橘"早秋梢"放梢时间可以适当延迟至 7 月下旬或 8 月上旬；土、肥、水条件较差的丘陵区、浅山区柑橘园，早秋梢放梢时间可以适当提早至 7 月上旬。对此，应当引起柑橘种植者注意，以利为翌年培养出数量较多、质量较优的结果母枝。

三、柑橘盛果树整形修剪

（一）任务目标

对柑橘树龄在5~8年生以上的柑橘盛果树，应以平衡树势、丰产稳产、提质增效为主要目标。

（二）修剪要点

（1）常态修剪。修剪程度应以中度修剪为宜。修剪方法应当对此前所述摘心、疏芽、短截、疏剪、缩剪、放梢、扭枝、环割、撑枝、拉枝等各项修剪技术措施综合应用，达到柑橘树势健壮、连年丰产稳产、果实品质优良、园相整齐美观、经济效益明显等诸多栽培目标。

（2）大年树修剪。即头年结果量较少，预计当年结果量较多的树体修剪。对"大年"柑橘树体，可以在春季适当提早修剪，修剪程度可稍重，以适当减少当年开花数量和结果数量，促发较多新梢，为次年形成较多的结果母枝。具体修剪时，一是对病虫枝、交叉枝、密生枝、纤细枝等，按照"去弱留强、去密留稀"的原则进行疏剪；二是柑橘树冠外围的春夏、春秋二次梢，分别剪去顶部的夏梢和秋梢；三是对树冠上春夏秋三次梢，可以剪去顶部的秋梢，控制结果，促发新梢。

（3）小年树修剪。即头年结果量较多，预计当年结果量较少的柑橘树修剪。对"小年"树，可以在春季适当延迟修剪，修剪程度宜轻。具体修剪时，一是除剪去树冠内部的病虫枝、干枯枝以外，其余枝条尽量保留；二是对树冠外围枝条，只剪去枝梢衰弱部分；三是对柑橘二次梢、三次梢不进行短截处理，促使其多结果，尽量提高"小年"产量。

（三）注意事项

（1）区别品种进行修剪。柑橘进入盛果期以后，因栽培品种不同，生长结果习性也互不相同，整形修剪方法及要求也不相同，务必根据品种进行恰当的修剪。

（2）区别树势进行修剪。柑橘进入盛果期以后，因树势不同，生长发育特点也互不相同，整形修剪方法及要点也不相同。一般而言，对柑橘中庸树，可按常规修剪时间、修剪程度和修剪方法进行修剪。对强旺树，可以适当延迟修剪并进行轻度修剪，以利于减少新梢萌发并缓和长势；对衰弱树，可以适当提早修剪并进行稍重修剪，以利于促发新梢恢复树势。

（3）柑橘进入盛果期以后，因栽培模式不同，修剪思路和方法也应随之调整。具体是指在追求连年丰产稳产时，可按前述修剪技术要点加以运用；但当追求"隔年交替结果"时，就适宜顺应柑橘生长发育习性，进行常规轻度修剪，不必延迟或提早修剪，也不必对修剪程度加以强调。

（4）因密度而异进行修剪。柑橘进入盛果期以后，因栽植密度互不相同，修剪技术和方法也应有所区别。一般而言，常规栽植密度可以按照前述常态化修剪时间和修剪方法进行修剪；而实行加密栽培或计划密植时，就需要采用"延迟修剪"或"控冠修剪"的修剪方法对柑橘树冠加以适当控制，以防柑橘盛果园过早郁闭等不良现象发生。

（5）因受冻与否进行修剪。柑橘进入盛果期以后，因冬季受冻与否，在修剪时间及修剪方法上也应有所区别。一般而言，未遭受冬季冻害或受冻较轻的柑橘树，可按常规修剪时间及修剪程度进行春季修剪；已遭受冻害或受冻较重的橘树，则应适当延迟修剪，并进行中度或重度修剪，以利柑橘树势尽早恢复。

四、柑橘衰老树整形修剪

（一）任务目标

柑橘树体进入衰老期以后，树势容易衰弱，枝梢生长量较小。这个时期整形修剪的主要任务是对树冠进行更新复壮，尽量促进树体生长与结果，延长树体结果年限，并获取适当的产量及经济收益。

（二）修剪要点

柑橘衰老树更新修剪宜在春季萌芽以前进行。具体可按衰退部位及衰退程度不同而区别对待。

（1）枝组更新。又叫轻度更新。当柑橘衰退树中只有部分枝组衰退、部分枝组尚能结果时，短截或回缩已经衰退的3~4年生侧枝，促使其萌发出强壮新梢。依此逐年更新，可在2~3年内更新全部树冠。这种更新方法每年尚可获取适当产量，又能促发健壮新梢，更新树冠，主枝上日灼也较少，产量恢复也较快。

（2）露骨更新。又称中度更新或骨干枝更新。对很少结果或不结果的衰老树，可在树冠外围、枝条粗度2~3厘米处进行短截或回缩，也可将2~3年枝全部进行剪除，对主枝、副主枝、侧枝等骨干枝基本保留。采用这种方法更新，当年即可抽生大量新梢。若栽培管理良好，第二年即可开花结果并获得适当产量。

（3）主枝更新。又称重度更新。对过度衰弱的柑橘老树，可对主枝、副主枝保留25~30厘米长，进行锯断，促使其重新萌发、抽出新梢，更新形成树体中上层骨架和树冠。这种更新方法，当年也可抽生大量新梢，在2~3年后即可恢复树冠并重新结果。

（三）注意事项

（1）加强肥水管理。更新修剪的树要求头年秋季务必加强养分和水分投入管理，首先促进根系更新和复壮。具体方法是在树冠滴水线偏内处开挖深度40~50厘米、宽度达30~40厘米的弧形沟，剪断所有直径小于1.5厘米的根系，然后分层填入草皮、秸秆、圈肥等有机物或农家肥，并灌水保墒，促发新根，增强根系吸收水分和养分的能力。更新以后，仍需重视养分和水分的投入管理，从而为树冠更新复壮提供充足的养分和水分条件。

（2）加强伤口保护。更新修剪以后，务必对树体主枝、副主枝等较大伤口加强保护。具体可采用"三灵膏"（配方为：凡士林1 000克、多菌灵50克和赤霉素1.0克调匀）、油漆等涂抹伤口，既防止柑橘树体水分蒸发，又防止病菌入侵。也可采用多菌灵、1%硫酸铜液进行消毒，然后用塑料薄膜进行包缚处理。

（3）预防日灼发生。采用露骨更新和主枝更新时，除对较大伤口进行保护之外，还应对树干及主枝在夏季高温来临以前进行涂白处理或用草帘进行包扎，以防强日照引发枝干日灼现象发生。

（4）重视病虫防治。不论哪类更新方式，更新以后都必须加强病虫害防治，以利柑橘树体新梢萌发和枝叶健壮生长，为及早恢复柑橘树冠和结果投产创造条件。

第七章
柑橘土、肥、水管理

所谓土肥水管理，就是通过土壤改良，保持水土，熟化土壤，维持和提高肥沃度，创造一个有利于柑橘生长发育的水、肥、气、热条件。

第一节　柑橘园土壤管理

一、土壤管理目标

土壤是果树栽培生长的基础。果树生命活动所需要的水分和营养元素，主要来自土壤。只有在土层深厚、土质疏松、有机质丰富、通气性良好及酸碱度适宜的地块，柑橘才能获得优质丰产。陕南柑橘广泛种植于山坡、丘陵及平地，这些果园中相当一部分土层瘠薄、土壤结构不良、有机质含量低、偏酸或偏碱，不利于柑橘树体的生长与结果。因此，必须在栽培中改良土壤理化性状，改善和调节土壤的水、肥、气、热条件，从而提高土壤肥力及可耕性。

1. 通气良好

土壤通气性主要指土壤空气及其中氧与二氧化碳的含量。柑橘根系需要氧气供其生长和呼吸，积水或板结的土壤会导致根系缺氧死亡。一般土壤中氧气含量大于 15% 时根系生长正常。当土壤中氧含量低于 10% 时，根系生长明显受阻。土壤中二氧化碳含量过高时，也会使根系停止生长；不良的通气条件会导致土壤中有毒物质的积累，从而影响根系对养分的吸收，严重时可使根系死亡。

2. 湿度适宜

土壤中水分是果树主要的水分来源之一，一切营养物质只有溶解于水才能被果树吸收利用。土壤中的水分有气态水、吸湿水、膜状水、毛细管水和重力水等类型。柑橘根系在土壤持水量为 60%~80% 时，生长结果正常。含水量过多会使柑橘根系缺氧产生硫化氢等有害物质，抑制根系呼吸，导致根系生长不良或死亡。水分过少，土壤中的营养物质难以溶解，不易被根系吸收而使植株出现缺肥。尤其在果实膨大最快的 20~30 天，必须保证水分供应，否则影响产量。因此，适宜柑橘种植的土壤必须具备良好的排、蓄水能力，维持正常的水分供给和调节能力。

3.有机质丰富

土壤中的有机质经土壤微生物分解后，可给柑橘根系提供营养，增加土壤的团粒结构和孔隙度，改善土壤的通气条件，提高土壤保水保肥能力。优质丰产的柑橘园要求土壤有机质含量在3%以上，对于土壤有机质不足的橘园，要增施有机肥，深翻压埋绿肥，进行土壤改良。

4.酸碱度适宜

柑橘需要微酸性土壤环境，以pH值5.0~6.5为最适。pH值在5以下，酸度高，磷、钙等营养元素的有效性降低，从而妨碍养分的吸收，根系生长发育受阻，需要用石灰来调节其酸度；pH值在7.5以上的土壤，磷、铁、锌、锰等营养元素的活性降低，影响柑橘根系生长发育，常采取增施有机肥、使用硫黄粉等措施来降低碱性，改善土壤性状。土壤酸碱平衡是土壤管理的目标之一。

5.土层深度适宜

土层深浅直接影响柑橘根系分布和根系吸收养分的范围。常言道，"根深叶茂"。土层越深，根系分布越深，越能有效地吸收土壤中的养分、水分，树体健壮，结果良好，寿命长，抵抗力强。反之，土层浅则根系分布浅，土壤温度、养分、水分不稳定，影响柑橘生长发育，树势弱，产量低而不稳。柑橘果园要求土层深度达0.8米以上，在丘陵坡地种植柑橘土层厚度达不到要求的，要进行以加厚土层为主的土壤改良。平地橘园有较厚的土层，但地下水位过高，根系长期处在多水、缺氧的环境中易发生腐烂。因此，对地下水位高于1米的土壤要采取开沟排水等措施来改良土壤。

6.土壤无污染

生产优质、安全的柑橘，应注意防止土壤污染。通常通过加强对土壤的监测，严格控制柑橘园的化肥、农药、除草剂、激素以及有可能对土壤产生污染的物质进入或施入土壤。在土壤管理中，提倡多施有机肥，少施化肥，采用人工耕作除草，尽量不用化学除草剂，在病虫防治上要多用生物农药，或者以虫治虫、以菌治菌，保护病虫天敌，少用化学农药。

二、土壤管理方法

（一）中耕及半免耕

1.中耕（图7-1）

果园一经建立，多年不变，常年日晒雨淋，不免土壤板结。因此，时常中耕，可不断改良土壤通透性状，同时能消灭杂草，保障果树健康生长。

（1）中耕次数。一般中耕全年2~3次，具体应根据当地气候特点、杂草多少而定。

图7-1 微耕机中耕

（2）中耕时期。一般在杂草出苗期和结籽期进行中耕除草，效果较好，能消灭大量杂草，减少除草次数；若在雨后适时中耕，可使土壤疏松，有助于形成土壤团粒结构，减少水分蒸发。大雨、暴雨前不宜中耕，易造成水土流失。

2. 半免耕

即柑橘园株间浅耕，行间生草或间作绿肥不中耕。株间浅耕保持土壤疏松，而行间生草或间作绿肥不中耕，其作用在于增加果园有机质，保持水土，改善土壤结构，节省劳力。

（二）合理间作（图7-2、图7-3）

图7-2　果园间作黄豆　　　　　　　　　图7-3　果园生草

幼树定植后，树体矮小，行间空地较多，如能进行合理间作，不仅可以增加收入，以短养长，还可以减少杂草，改善果树群体环境，增强对不良环境的抵抗力，改善土壤温湿度状况。同时间作物遗留的大量残体和根系，增加了土壤有机质含量。丘陵坡地合理间作，还能起到覆盖和减轻水土流失的作用。

果园间作应主次分明，以果树为主，尽可能有利于柑橘生长为原则。间作物应不与果树争夺养分、水分，需肥水时期与柑橘树体需肥水时期错开，可起到改良土壤结构、增加土壤养分的作用。间作物植株要矮小，不致影响柑橘的光照，不影响根系生长，与柑橘树没有共同的病虫害。橘园禁种玉米、高粱、烟叶、油菜、豇豆、四季豆等高秆作物及耗费地力的红薯等藤蔓类作物。适宜间作的作物应根据各地具体情况选择。一般选择一至二年生植物，如花生、大豆、蚕豆、马铃薯、叶类蔬菜等。间作范围应限在行间，即在树冠垂直投影以外30~50厘米。随树龄增加，树冠扩大，间作范围逐渐缩小。间作物应适当轮作，以利改良土壤，恢复土壤肥力。

（三）深翻改土

1. 深翻的作用

深翻可加深土壤耕作层，有利于柑橘根系呼吸和生长发育，并将根系引向深处，充分利用土壤水分和养分。且深翻后通气良好，有利于有机质的分解，可使难以吸收的养分转化为可吸收的养料（表7-1）。

表7-1 深翻改土对柑橘生长与结果的影响调查表

深翻与否	柑橘园面积（亩）	平均冠幅（米）	平均树高（米）	平均株产（千克）	年度总产（千克）	每亩果实产量（千克）	果实品质
深翻改土	10.0	2.5	1.6	22.5	33750	3375	优良
未深翻改土	1.0	1.5	1.2	3.5	756	756	一般
备注	该橘园为枳砧尾张温州蜜柑；1991年定植。栽植株行距为1.5米×2.5米；黄褐土；1995年春季用"兴津"温州蜜柑高接换种。 该园主自1996年开始，连续三年对10亩橘园在秋季沿树冠滴水线进行对称沟式改土或深翻扩穴，填入玉米秆等有机物，剩余1亩未顾及改良。科技人员正好以此作对照进行调查统计。 本表中柑橘树高、冠幅、产量及果实品质系城固县林果试验场朱爱斌等人通过田间记载调查统计所得。调查时间地点是2000—2002年于城固县龙头镇夜珠塘村。						

2. 深翻的时间

应根据果园具体情况每年1次适时进行。一般宜在采果后至春季柑橘发芽前深翻。此时根系处于相对休眠，不易损根伤树，但应避开12月和1月的严寒时段。有的在7—9月深翻，此时气温高，雨水充足，有利促生新根，但应特别注意不伤大根，否则易引起柑橘卷叶或落叶落果，甚至死树。

3. 深翻的深度

柑橘根系分布在土层30~60厘米处，深翻深度以稍深于根系分布层为度，并考虑土壤结构和土质状况。深翻的深度一般要求30~70厘米为宜。平地或沙质土壤，土层深厚，则可适当浅些。

4. 深翻方式

（1）深翻扩穴。幼树定植数年后，逐年向外深翻扩穴，直至株间全部翻通为止，一般需3~4年以上才能完成全园深翻，每次深翻可结合施入有机肥料。

（2）隔行深翻。即隔一行翻一行。山地和平地橘园因栽植方式不同，深翻方式也有差别。坡地橘园和梯田果园，第一次先在下半行进行较浅的深翻施肥，下一次在上半行深翻把土压在下半行上，同时施入有机肥料。平地橘园可实行隔行深翻，分两次完成，每次只伤一侧根系，对树体的影响较小，行间深翻适于机械化操作。

（3）全园深翻。将栽植穴以外的土壤一次深翻完毕，这种方法一次需要劳力较多，但翻后便于平整土地，有利于果园耕作。

具体采用何种深翻方式，应根据橘园具体情况灵活掌握。一般小树根量较少，一次深翻伤根不多，对树体影响不大，成年树根系已布满全园，宜采用隔行深翻。深翻要结合灌水，也要注意排水。山地橘园应根据坡度及面积大小而定，以便于操作和有利树体生长为原则。

（四）覆盖和培土

1. 土壤覆盖

覆盖可减少土壤水分蒸发和病原微生物、害虫的滋生，有利于土壤微生物的活动；可稳定土温，在高温伏旱期降低地温，冬季升高土温，可缩小上下土层间的温差，以利于柑橘根系吸收水分和养分，增加产量，改善果实品质。土壤覆盖分全园覆盖和局部覆盖（即树盘覆盖），或全年覆盖和夏季覆盖。

（1）杂草覆盖。柑橘园行间生草或种植牧草覆盖地表，在夏季高温季节可降低地温，抑制杂草生长，减少蒸发，积水保墒，还可增加土壤有机质，防止水土流失。果园生草可采用全园生草、行间生草、株间生草或自然生草等模式，具体应根据果园立地条件、种植管理条件而定。土层深厚、肥沃，根系分布深的果园，可全园生草。年降水量少、无灌溉条件的果园，不宜生草。果园可在幼树定植时就开始种草，一般以条播或撒播为主。选择草种时应根据柑橘根系生长的特点而定。理想的草种是10月发芽，翌年5月停止生长，6月下旬草枯后作为绿肥。目前较适宜的草种有霍香蓟、毛苕、胡豆、白三叶、黑麦草、苜蓿等。

（2）秸秆覆盖（图7-4）。在冬季，用作物秸秆覆盖树盘，可保水保肥，增加土温，防止冻害。覆盖物腐烂后还是有机肥料，可改良土壤，增加肥力。

（3）地膜或地布覆盖。地膜覆盖是近年来国内外果园土壤管理中采用的一项新技术，可达到增温防寒，遮阴降温，保持水分，改良土壤，防虫除草之目的。柑橘地膜覆盖分为全年覆盖和秋季覆盖两种方法。全年地膜覆盖可以减少土壤肥料流失和水分蒸发，节约橘园管理用工，降低生产成本，提高产量。秋季地膜覆盖是通过保持土壤适度干旱来提高果实糖度，从而提高柑橘品质。地膜的颜色有无色、乳白色、黑色、银色等。国内外已在研究推广不透明膜、光降解膜、防草地布（图7-5）、银色反光膜等。

图7-4 果园覆草

图7-5 防草地布覆盖

地膜铺设方法：首先要开好垄沟，垄沟宽50厘米左右，沟深15~20厘米。整平垄面，剔除杂物（以免尖或硬的东西刺破地膜），将地膜平铺覆盖于垄面上，四周用土压紧。

2.培土

对有的已栽植但土壤质地很差的果园，可采取树带培土措施。培土具有增厚土层、保护根系、增加养分、改善土壤结构等作用。

培土工作要每年进行，土质黏重的应培含沙质较多的疏松土，含沙质多的可培塘泥等较黏重的肥土。培土时期宜在晚秋初冬进行，可起保温防冻、保墒的作用。培土厚度一般为5~10厘米，过薄起不到培土的作用，过厚会抑制根系呼吸，影响树体生长发育，造成根茎腐烂，树势衰弱。

（五）化学除草

主要指用除草剂防除杂草。可将药液喷洒在地面或杂草上除草。方法简单，效果良好。选择化学除草剂应尽量选择广谱、高效、低残留的除草剂，并针对橘园主要杂草种类选用。使用时根据除草剂的性能和杂草的敏感度、忍耐力，严格掌握施药量和施药时间，以免产生药害。使用灭生性除草剂时，应防止喷到柑橘树体及其他作物上发生药害。

第二节　柑橘园施肥管理

柑橘树同所有农作物一样，其生长、发育、结果均需要大量的营养元素。因此，施肥对果树优质高产十分重要。橘园施肥需要考虑到柑橘树体的生长状况和土壤环境条件等诸多因素，故只有通过人工施肥，科学地调节好树体在生长发育过程中的营养平衡，才能促进树体健壮、开花坐果、丰产优质。橘园施肥还应把握"安全卫生、因树施肥、因土施肥、因肥施肥"的基本原则，进一步增强施肥的科学性、合理性，力求最大限度地降低施肥用工、肥料成本，实现最佳的施肥效应，即通常说的"经济施肥""平衡施肥"。

一、柑橘必需的营养元素及功能

柑橘树在整个生长发育过程中，需要30多种营养元素。柑橘需要的6种大量元素是氮、磷、钾、钙、镁、硫，其含量为叶片干重的0.2%~0.4%；还需要多种微量元素，如硼、锌、锰、铜、钼、铁等，其含量范围在0.12~100毫克/千克。柑橘所需的大量元素和微量元素，都是不可缺少、不可代替的。如果某一种元素缺少或过量，都会引起柑橘营养失调。只有合理调节树体营养平衡，才能达到树势健壮、高产优质的目的。

氮。氮是组成氨基酸、蛋白质、核酸磷脂、叶绿素、酶、维生素等的重要成分。氮能促进营养生长，增加叶面积，增厚叶幕层、加深叶片颜色、提高光合效能。氮还可以提高分生组织的生活力，延长器官寿命，有利于花芽形成，提高坐果率和产量。

磷。磷是形成原生质、核酸、细胞核和磷脂等物质的主要成分，存在于磷脂、酶、维生素等物质中。在树体的代谢和能量转换传递中起主要作用。磷能促进分生组织生长，增强根的吸收能力，促进物质转化，增加花芽分化，促进结果和果实成熟，提高果实品质。

钾。钾对树体的新陈代谢，碳水化合物的合成、运转和转化，促进氮的吸收和蛋白质的合成、叶绿素的合成都有良好的作用。钾能使枝梢充实、叶片增厚、叶色深绿、果实增大、糖酸和维生素 C 含量提高，且增强果实的耐贮性。

钙。钙在柑橘叶片中含量最多。钙与细胞壁的构成、酶活动和果胶的组成有密切关系。钙素适量可调节树体内的酸碱度，加快有机质的分解，减少土壤中的有毒物质。

镁。镁是柑橘果树光合作用主要物质叶绿素的组成元素。镁在柑橘树体内有促进磷酸移动的作用。柑橘缺镁，常发生在生长季后期，镁缺乏时会使树体内的磷酸含量降低，并停止向细胞分裂旺盛的生长点转运，使柑橘的生长发育受阻。

铁。铁是柑橘树体内氧化酶的成分。铁虽不是构成叶绿素的成分，但它对叶绿素的形成是必不可少的。陕南一般土壤中含铁较为丰富，但在碱性土壤中，由于可利用态铁的含量降低，常常导致树体缺铁。

锰。锰是树体内各种代谢作用的催化剂。缺锰时叶绿体中锰含量明显减少，从而影响光合作用的进行，会导致叶片失绿。严重缺锰时，叶寿命缩短，在冬季出现大量落叶，果皮和叶下出现红褐色或紫褐色的病斑。

锌。锌是某些酶的组成部分，与叶绿素、生长素的形成及细胞内的氧化还原反应有关，缺锌叶片会发生黄化。另外，锌缺乏时树体内硝态氮累积，蛋白质和淀粉的合成受阻，会出现小叶、丛生等现象，还使根生长变细，对水分和养分的吸收也受到影响。

铜。铜是树体内与氧化还原反应有关的酶的成分。叶绿素的形成需要大量的铜，缺铜时叶绿素形成受阻，引起叶片发黄并产生褐色斑点，出现流胶和枯梢等现象，严重影响树体的生长。

钼。钼是硝酸还原酶的组成成分。柑橘吸收土壤的硝态氮，并通过硝酸还原酶将其还原成氮，构成蛋白质。钼缺乏时，硝态氮大量累积产生毒害作用，且树体内维生素 C 含量降低，易产生黄斑病，严重时病树叶缘焦枯、叶片脱落。

硼。硼与水分、糖类及氮素代谢有关，缺硼会影响细胞膜的形成，新梢叶生长不良，大量落花落果，生长停止。还会影响水分吸收，会使钙的吸收和移动受阻。

硫。硫是胱氨酸及核酸等物质的组成部分，它能促进叶绿素的形成。缺硫时会出现类似缺氮样的症状，叶片呈淡绿色，新生叶发黄，开花和结果减少，成熟期延迟。

二、肥料种类

（一）常用有机肥

果园增施有机肥能显著改良土壤性质，提高水果品质。一个好的果园，土壤有机质含量一般要达到 3% 以上，而陕南橘园有机质含量普遍只有 1% 左右，尽管果园落叶、杂草等地面植被也能增加一些土壤有机质，但每年贡献量不足 0.1%，远远不够树体结果之需。因此，增加果园有机质最直接快速的方法就是增施有机肥。常见有机肥主要有以下几种。

（1）沼肥。是一种生物有机肥料，即利用动植物残体、人畜粪尿和生活垃圾等为原料，在一定的温、湿度和酸度条件下，经微生物的发酵，产生沼气后的残渣肥水。

（2）人粪尿。人粪尿含氮量高，70%~80% 的氮素呈尿素态，易分解转化成碳酸铵，被作物吸收利用。人粪尿一般作为柑橘追肥使用，尤其在幼龄柑橘园内，用人粪尿作追肥效果十分显著，但不要把人粪尿和草木灰、石灰等碱性物质混合使用，以防氮的损失。

（3）厩肥。家畜粪尿、垫圈材料和饲料残渣经堆腐后作肥料施用。厩肥富含有机质和各种营养元素。各种畜粪尿中，以羊粪的氮、磷、钾含量最高，猪、马粪次之，牛粪最低；排泄量则牛粪最多，猪、马粪次之，羊粪最少。垫圈材料有秸秆、杂草、落叶、泥炭和干土等。

（4）绿肥。利用绿色植物茎叶作肥料的统称绿肥。在柑橘果园内套种绿肥，是"以园养园"生产绿色果品的好办法。即使在化学肥料普及的今天，绿肥仍是一个值得利用而有开发前途的重要肥源。绿肥应以豆科作物为主，如大豆、绿豆、豌豆、蚕豆等。因豆科绿肥的根瘤菌有固氮作用，能把大气中的无效氮转化成土壤中植物可吸收利用的有效氮。一亩柑橘园埋压豆科绿肥1 000千克，相当于施入5千克纯氮。因此，柑橘园种豆科绿肥具有肥源广、施用方便、节省劳力、改良土壤、提高肥力的作用。

（5）饼肥。是油料作物的种子榨油后剩下的残渣，主要有菜籽饼、豆饼、棉籽饼、花生饼、芝麻饼、茶籽饼、桐籽饼等。饼肥是含氮量较高的有机肥料，柑橘园使用饼肥，一般经堆腐发酵后施用，每株施用量1~2千克。饼肥也可先用作牲畜饲料，再利用牲畜粪便作肥料。

（6）杂肥。就是用塘泥、河泥、墙土、地皮土、骨粉等，都可作为肥料施入柑橘园。

（7）堆肥。主要依靠微生物对有机物的分解作用。一般堆肥需在常温下堆制3~5个月。堆肥材料来源广泛，可用各种植物茎秆、生活垃圾、枯枝落叶、杂草及动物排泄物等材料。堆制方法可采取地面堆制和半坑式堆制，堆制时，分层加入人粪尿或家畜粪尿，然后压实并用泥土或塑料薄膜覆盖，起到保温、保湿、促进微生物分解的作用。也可在堆肥中加入1%~2%的钙镁磷肥或石灰，减少养分损失，提高堆肥肥效。

（二）常用无机肥

又称化肥，其主要特点是易溶于水，植物根系易于吸收。所含养分单一，但养分有效含量高。常用的有以下几种。

1. 氮肥

（1）尿素。含氮46%，是化学中性氮肥。酸性土、中性土、碱性土均可施用。但施入土中易流失挥发，根系不易吸收，需转化才易被吸收，1次施用量不宜过多。尿素液叶面喷施易被吸收。

（2）碳酸氢铵。含氮17%，属碱性氮肥。只适宜施入酸性土壤柑橘园，不适宜施入偏碱性土壤柑橘园。宜深施，施后立即盖土，但长期施用，易造成土壤板结。

2. 磷肥

（1）过磷酸钙。含五氧化二磷18%左右，是目前应用最广泛的水溶性偏酸磷肥。易被土壤固定而失效，应和有机肥配合施用，有机肥缓冲性能强，吸附在有机肥上的磷肥不易被固定失效，可延长磷肥的有效性。

（2）骨粉。骨粉含五氧化二磷23%左右，主要成分为不溶性磷酸三钙，是一种迟效性磷肥。骨粉除含磷外，还含有氮、钾、钙及微量元素，均是柑橘的良好养分，但须经过腐熟转化才能被树体吸收利用。将骨粉与有机肥料堆积发酵腐熟后施用，可以充分发挥肥效。

3. 钾肥

（1）硫酸钾。含氧化钾 50% 左右，是柑橘最好的钾肥，易溶于水，易被植物吸收利用。属化学中性，生理酸性肥料。各类土壤均可施用。由于生理酸性，施入中性和碱性土的柑橘园更为适宜。

（2）氯化钾。是一种高浓度速效钾肥，一般含钾 50%~60%。柑橘是忌氯作物，一般不提倡橘园使用氯化钾，特殊急需时须谨慎少量使用。

4. 复合肥料

工业生产的肥料，含两种以上成分的化肥称复合肥。有的还含有微量元素。常用的复合肥有磷酸二铵等。复合肥养分较全面，肥效快，易被植物吸收利用，是柑橘的优质肥料。当前我们推广的配方施肥，就是按一定比例，将氮、磷、钾混合起来，起到复合肥的作用，实际上是一种混合肥，施用方法简便易行，配方复合肥氮、磷、钾总含量必须在 25% 以上。

5. 微量元素肥

（1）铁肥。应用最多的是硫酸亚铁、柠檬酸铁、螯合铁。在使用上，多用作根外追肥，一般在 6 月上中旬施用，也可用根施和注射，其中以根施效果最好。

（2）锰肥。柑橘上常用的是硫酸锰，含锰量为 26%~28%，呈粉红色结晶，易溶于水。在锰肥使用上，多采取根外追肥，土壤施肥效果不佳。

（3）锌肥。柑橘上常用的硫酸锌，锌含量为 24%~35%，呈白色或淡橘色结晶，易溶于水。锌肥是柑橘生产上使用较多的微量元素之一。由于柑橘果实每年要带走一定量的锌，因此柑橘易患缺锌症，需要每年进行 1~2 次的锌肥根外追肥。

（4）硼肥。柑橘生产上使用最多的一种微量元素。主要有硼砂和硼酸两种，含硼量分别为 11.3% 和 17.5%，都是白色结晶或粉末，能溶于水。硼肥在柑橘生产上主要用来保花保果。因此，硼肥的使用量大而广，但盲目使用硼肥或一次使用量过多会引起柑橘中毒或硼过剩症。

（5）钼肥。钼肥对柑橘有增产效果。常用的钼肥有两种：一种是钼酸铵，含钼 50%~54%，含氮 6% 左右，易溶于水，呈白色或淡黄色结晶（粉末）；一种是钼酸钠，含钼 35%~39%，也易溶于水，色泽与钼酸铵相似。

（三）生物肥料

生物肥料（微生物肥料）的种类较多，按照制品中特定的微生物种类可分为细菌肥料（如根瘤菌肥、固氮菌肥）、放线菌肥料（如抗生菌肥料）、真菌类肥料（如菌根真菌）；按其作用机理分为根瘤菌肥料、固氮菌肥料（自生或联合共生类）、解磷菌类肥料、硅酸盐菌类肥料；按其制品内含分为单一的微生物肥料和复合（或复混）微生物肥料。目前市场上出现的生物肥料主要有：固氮菌类肥料、根瘤菌类肥料、解磷微生物肥料、硅酸盐细菌肥料、光合细菌肥料、芽胞杆菌制剂、分解作物秸秆制剂、微生物生长调节剂类、复合微生物肥料类、AM 菌根真菌肥料等。

施用技术上应注意：微生物肥料必须与当地耕作、水分管理等有关农业技术措施密切配合。不宜久置，最好随制随用，随用随买，施用前应存放在阴凉干燥处，避免受热、受潮及阳光直接照射。一般不能同时与化学肥料施用。生物肥料的施用方法一般有拌种、浸种、蘸根、基施、追施、沟施和穴施，以拌种最为简便、经济、有效。拌种方法是先将固体菌肥加清水调至糊状，或液体菌剂加清水稀释，然后与种子充分拌匀，晾干后立即播种，并立即覆土。种子需消毒时应选择对菌肥无害的消毒剂，同时做到种子先消毒后拌菌剂。

三、施肥方法

（一）施肥原则

应根据不同柑橘品种、砧木、土壤类型、气候环境、肥料种类和栽植密度等，合理施肥。具体做法如下。

（1）看树施肥。柑橘种类繁多，应按不同品种、砧木、不同树龄、生育期以及不同缺乏症状等，采取合理施肥措施。

（2）看天施肥。由于雨量、温度等气候因素，不仅直接影响柑橘吸收养分的能力，而且对土壤有机质的分解和养分形态的转化以及土壤生物的活动都有很大的影响，因此必须结合天气情况合理施肥。

（3）看土施肥。栽培柑橘的土壤类型、质地结构、水分条件、土壤有机质和养分含量、土壤酸碱度、土壤熟化程度等各不相同，故应根据不同的土壤情况，确定合理的施肥技术。

（4）经济施肥。即以最低的施肥成本，获得最高的经济效益。从目前的科学研究来看，以叶片分析为主，配合土壤分析的田间施肥试验，指导柑橘施肥，可达到经济施肥之目的。如测土配方施肥、平衡施肥等。

（5）施肥与其他栽培措施结合。施肥应与深翻改土、耕作、灌水和防治病虫害等措施结合起来，这样才能充分发挥肥效，获得理想的产量和经济效益。

（二）施肥时期

1. 幼年树

幼年树栽培目的在于促进枝梢的速生快长，培养坚实的枝干和良好的骨架枝，迅速扩大树冠，为早结丰产打下基础。施肥量要逐年增加，而且氮、磷、钾比例也逐步提高。特别是5—6月促发夏梢，应作为重点施肥期。7—8月促进秋梢生长，也是重要施肥时期。

2. 成年树

柑橘进入结果期后其栽培目的主要是继续扩大树冠，同时获得丰产和优质。这时施肥主要是调节营养生长和生殖生长的关系，它既能健壮树势，又能丰产优质。各柑橘产区成年树施肥时期各不相同，一般应每年施肥3次。

（1）催芽肥（春肥）。花期是柑橘生长发育的重要时期，这时既要开花，又要抽春梢，花质好坏影响当年产量，春梢好坏既影响当年产量也影响翌年产量。因此，催芽肥是柑橘施肥的重点时期，它主要为春梢抽生和开花结果提供养分。一般在春芽萌发前（2月下旬至3月上旬）施用，施肥量占全年的10%左右。

（2）壮果促梢肥（夏秋肥或秋梢肥）。一般在柑橘第二次生理落果后、秋梢萌发前10~15天（7月上中旬）施入。此时，正值果实迅速膨大，秋梢将要萌发，施肥有壮果促梢的作用。一般早熟品种可适当提早到6月下旬至7月初。晚熟品种或结果少、树势旺的柑橘树，可延迟到大暑前施入。施肥过迟会延迟果实成熟，枝梢生长不充实，甚至导致抽发晚秋梢而加重冻害。此时期的施肥量占全年的30%~40%。

（3）采果肥（冬肥）。柑橘挂果时间很长，消耗树体大量水分、养分，引起树势衰弱。因此，采果肥主要是恢复树势，提高抗寒力，减少落叶，促进花芽分化，并为翌年春梢抽发和开花结果贮藏养分。早熟品种可在采后施，中熟品种可边采边施，晚熟品种宜在采前7~10天施。施肥量占全年的40%~50%。

（三）施肥量

施肥量的多少，受品种、树龄、结果量、树势强弱、根系吸肥力、土壤供肥状况、肥料特性及气候条件的综合影响。一般瘠薄土多施，肥土少施；大树多施，小树少施；丰产树、衰弱树多施，低产树、强旺树少施。可用下列公式计算施肥量。

施肥量 =（肥料吸收量 − 土壤自然供肥量）÷ 肥料利用率

一般氮素土壤自然供肥量为吸收量的1/3，磷和钾分别是吸收量的1/2左右。肥料利用率氮素为40%~50%，磷为30%，钾为40%（表7-2）。

表7-2 城固柑橘不同树龄时期单株施肥参数表

树龄时期	柑橘树龄	目标产量（千克/亩）	纯氮（N）（千克）	纯磷（P）（千克）	纯钾（k）（千克）	农家圈肥（千克）
幼树期	第一年	0	0.1	0.05	0.05	5
	第二年	0	0.2	0.1	0.1	10
	第三年	0	0.3	0.15	0.15	15
初结果期	4~6年	500~1 000	0.4~0.5	0.2~0.3	0.3~0.4	25
盛果期	7~20年	2 000~3 000	0.6~0.8	0.3~0.5	0.4~0.6	50
备注	本表摘自城固县农业局2007年10月编印的"测土配方施肥技术应用指南"。本表列出的施肥量均为全年施肥用量。除"农家圈肥"适宜秋施基肥之外，其他各类速效肥均可在春季、夏季施入，但需依据商品肥有效含量换算为全年商品肥用量，然后再依全年施肥次数，换算出每次各类商品肥的施用量。					

（四）施肥方法

用什么方法施肥要视具体情况而定，既要省力省时，又要高效节本，应灵活运用，科学选择。

1. 土壤施肥

土壤施肥就是根据柑橘根系分布特点，将肥料直接施在根系集中分布的土壤里，便于根系吸收利用，发挥最大肥效。柑橘根系具有趋肥性，其生长方向常因施肥部位而转移，因此，将肥料施在距根系集中分布层稍深、稍远处，可诱导根系向深广生长，形成强大根系群，扩大吸收面积，提高根系吸收能力和树体营养水平，增强树体的抗逆性。

（1）环状沟施肥。又叫轮状施肥。是在树冠滴水线外围挖一条宽 30~40 厘米、深 20 厘米左右的环状或半环状沟施肥。此方法具有操作简便、经济用肥等优点。但易切断水平根，一般多用于幼树。

（2）放射沟施肥。距树干 30~50 厘米处，依树冠大小，向外开挖放射状沟 4~6 条，沟宽 30 厘米左右、长 50~60 厘米、深 10~30 厘米（里浅外深），将有机质肥料、绿肥与人粪尿和化肥混施。这种方法有利于根系外伸，扩大树冠，并且具有改土作用，该方法对进入结果期的成年柑橘园较为适宜。

图 7-6 条沟施肥

（3）条沟施肥。在树冠行、株间或隔行开深 20~40 厘米、宽 30~50 厘米、长为树冠 1/4 的平行沟，每年轮换开沟位置，并随着树冠的扩大而往外推移，直至全园。这种施肥方法伤根少，也有改土效果，适宜进入结果期的成年橘园深施有机肥和绿肥时使用（图 7-6）。

（4）盘状施肥。离树干 20~30 厘米处至树冠滴水线外缘范围扒开表土 10 厘米深左右，形成盘状，做到里浅外深，将肥料均匀撒施后，及时覆土。盘状施肥法适用于土层浅和地下水位高的成年橘园。优点是吸收面广，缺点是用工较多（图 7-7）。

（5）穴状施肥（图 7-8）。为减少磷、钾等肥料的流失和固定，避免伤根过多，在树冠滴水线周围，挖直径 20~30 厘米、深 30~40 厘米的施肥坑 4~6 个，挖坑位置逐次轮换。这种方法适合溶化和渗透性好的肥料施肥。

图 7-7 盘状施肥

图 7-8 穴状施肥

（6）全园施肥（图 7-9）。成年柑橘园，根系已布满全园时多采用此法，将肥料均匀地撒布全园，再全园浅锄。但因施入较浅，常导致根系上浮，降低根系抗逆性。此法若与放射沟施隔年更换，可取长补短，发挥肥料的最大效用。

2.叶面喷肥（图7-10）

又叫根外追肥，是将肥料用水溶解稀释成一定浓度，直接喷施或结合喷药喷施在树冠叶片上，使叶片迅速而直接地吸收营养元素（表7-3）。叶面喷肥比土壤施肥见效快，肥料用量省。在橘树发生缺素症或遇到冻害、水害、旱害等自然灾害时，为快速补充根系吸收养分的不足，可采取叶面喷肥法，随时补给养分，但不能取代土壤施肥。叶面喷肥的次数依树势和缺素情况而定，幼树、强旺树或结果少的树少喷或不喷，弱势树或花多、果多的树应多喷。在芽期和抽夏梢期间停止根外喷肥。微量元素在连喷2~3次后，如果缺素症状消失，就不必再喷。

图7-9　撒施肥料

图7-10　叶面喷肥

表7-3　柑橘根外追肥安全使用浓度

肥料种类	喷施浓度（％）	肥料种类	喷施浓度（％）
尿素	0.3~0.5	柠檬酸铁	0.1~0.3
过磷酸钙	0.5~1.0	硫酸亚铁	0.1~0.3
草木灰	2.0~3.0	硫酸锌	0.1~0.3
硫酸钾	0.5	硫酸锰	0.1~0.3
钼酸铵	0.01~0.05	硫酸铜	0.01~0.02
磷酸二氢钾	0.3~0.5	硫酸镁	0.1~0.3
磷酸氢二钾	0.3~0.5	硼砂、硼酸	0.1~0.2

3.微喷滴灌施肥

这是近年来采用的一项新技术，也是一种省力化的施肥方式。通过喷滴灌系统进行施肥，此种方法供肥及时，肥料分布均匀，既不伤根系，又保护耕作层土壤结构，节省劳力，肥料利用率高，还可提高产量和品质。此种施肥方法对树冠相接的成年树和密植橘园更为适合。

4.树干注射

该方法要对树干进行钻洞，会影响树体生长，所以只能在特殊情况下对树体作急救处理时应用。首先在树干上钻一小洞，购置注射用输液器，将玻璃瓶或塑料袋（内装有肥液）挂在树冠一定的高度上，把注射针插入钻好的洞内，利用高差造成压力缓慢滴入树体。

四、几种特殊情况的施肥

由于柑橘在全年生长过程中树体营养受外界环境因素的多种影响，从而导致树体营养失调，树势衰退，结果不稳，产量低，品质差等现象，因此，还要根据特殊情况调整施肥策略。

（一）大小年结果树的施肥

当年是大年结果的树在施足肥料的基础上，还要通过修剪和疏花疏果措施来控制结果量，不要使树体负担过重而引起早衰。

小年树结果少，肥料可以适当少施。在春季施肥的基础上，施好稳果肥，即夏肥。此时是柑橘第二次发根高峰期，根系对养分的吸收能力大大增强。此时施用速效氮肥和速效钾肥，能明显提高坐果率，促进果实膨大。

（二）衰老树的施肥

柑橘寿命可达百年有余，但有的柑橘树仅几十年就趋向衰老。有些是由于受自然灾害或病虫危害所致，绝大多数是由于肥水障碍或树体营养状况恶化造成。一株柑橘树几十年生长在同块土地上，由于管理不善，单施氮肥，很少施用有机肥料，土壤就会变得板结、酸化，土壤中有效养分趋向贫乏，每年柑橘树抽梢开花和结果消耗的养分与根系所吸收的养分失去平衡，就会出现未老先衰的"小老树"现象。在这种情况下，柑橘施肥就要从改土着手，逐年深翻增施有机肥料。改良根际土壤、促发新根、更新树冠。

（三）受灾树的施肥

柑橘遭受冻害、旱害、水害后，应采取各种抢救措施保护根系，其中科学合理施肥是促使受灾树体根系恢复正常生长的主要技术措施。

（1）冻害树的施肥。柑橘遭受冻害的程度因品种和个体差异有重有轻，采取施肥措施时应分别对待。对轻度受冻树，除春季提前施用热性腐熟有机肥料外，还可进行0.3%~0.5%尿素水溶液根外追肥。对冻害重的树，根外追肥的效果甚微，主要通过土壤施肥和覆盖，提高土温，促进根系对养分的吸收，促使春梢抽发，恢复树冠。

（2）旱害树的施肥。为提高土壤抗旱能力，确保柑橘根系生长良好，达到根深叶茂，平时要深施有机肥料，引根入深，间作套种绿肥。干旱来临时，除灌水、浇水抗旱外，还应进行根外追肥，弥补根系对养分吸收的不足。另外可在浇水时加少量人粪尿或尿素，促进根系对养分的吸收，增强树体抗旱能力。

（3）涝害树的施肥。对遭受涝害的柑橘树，除尽快排除积水，扒开树盘下的土壤晾根，使水分尽快蒸发外，及时施入腐熟的骨粉、过磷酸钙和焦泥灰等，促使新根发生；及时根外追肥，增加树体营养，用0.2%的磷酸二氢钾或0.3%的尿素，3~4天喷一次，对树势衰弱的，可喷布浓度为0.1%~0.2%的尿素和0.1%的磷酸二氢钾。

（四）设施栽培树的施肥

设施栽培施肥与一般露地栽培有其不同特点，不同施肥方法对产量和果实品质的影响虽无显著差异，但对叶片中氮、磷、钾的含量却有显著性的影响。施肥应以夏肥为重点，施肥量以低于基准量（氮为9~23克/株）为宜。由于设施栽培中土壤容重有限，土壤养分容易累积，化学肥料的施用量不宜过多，以防施肥过多烧根。

（五）生草柑橘园的施肥

生草柑橘园的施肥，多采取"以磷增氮"和"以菌增氮"的方法。就是说对绿肥增施磷肥，对豆科绿肥接种根瘤菌，促进绿肥的生长，提高绿肥产量，然后进行深翻压青，达到"以园养园"之目的。

总之，无论哪种施肥方法，都要科学合理，有些肥料可以混合施入，有些则不能混合（表7-4）。

表7-4　肥料可否混用查对表

肥料种类	碳酸氢铵	硫酸铵	氯化铵	尿素	过磷酸钙	钙镁磷肥	重钙	氯化钾	硫酸钾	磷酸一铵	磷酸二铵	石灰
碳酸氢铵	×	×	×	△	×	×	×	×	×	×	×	×
硫酸铵	×	O	O	O	O	△	O	O	O	O	O	×
氯化铵	×	O	O	O	O	O	O	O	O	O	O	×
尿素	△	O	△		O	O	△	O	O	O	O	
过磷酸钙	×	O	O	O		O	O	O	O	O		×
钙镁磷肥	×	△	O	O	△		O	O	O	O		O
重钙	×	O	O	△	O	△		O	O	O	O	×
氯化钾	×	O	O	O	O	O	O		O	O	O	O
硫酸钾	×	O	O	O	O	O	O	O		O	O	O
磷酸一铵	×	O	O	O	O	O	O	O	O		O	O
磷酸二铵	×	O	O	O	O	O	O	O	O	O		×
石灰	×	×	×		×	O	×	O	O	O	×	

注：O能混合使用；△混合后立即使用；×不能混合使用

第三节　柑橘缺素症的诊断与矫治

柑橘营养诊断，主要采用多点诊断，多年重复，以叶分析为主，配合土壤分析，进行田间肥料试验，并作生产上施肥及产量等有关调查。

一、柑橘营养诊断的标准

目前，世界许多柑橘主产国，已应用叶分析等手段，来诊断植株营养状况，以制订合理的施肥方案。在国内柑橘营养诊断的标准，大都参照美国R. C. J. Koo等1984年提出的柑橘营养诊断叶片分析标准（表7-5），进行柑橘营养诊断的叶片分析。

表7-5 柑橘营养诊断叶片分析标准

元 素	缺 乏	低	最 适	高	过 量
氮（%）	< 2.20	2.2~2.4	2.5~2.7	2.8~3.0	> 3.0
磷（%）	< 0.09	0.09~0.11	0.12~0.16	0.17~0.29	> 0.30
钾（%）	< 0.70	0.7~1.1	1.2~1.7	1.8~2.3	> 2.4
钙（%）	< 1.5	1.5~2.9	3.0~4.9	5.0~6.9	> 7.00
镁（%）	< 0.20	0.20~0.29	0.30~0.49	0.50~0.70	> 0.80
氯（%）	~	~	0.05~0.10	0.11~0.20	> 0.20
锰（毫克/千克）	< 17	18~24	25~100	101~300	> 500
锌（毫克/千克）	< 17	18~24	25~100	101~300	> 300
铜（毫克/千克）	< 3	3~4	5~16	17~20	> 20
铁（毫克/千克）	< 35	36~59	60~120	121~200	> 200
硼（毫克/千克）	< 20	21~35	36~100	101~200	> 250
钼（毫克/千克）	< 0.05	0.06~0.09	0.10~1.00	2.0~5.0	> 5.00

二、柑橘营养诊断的方法

柑橘营养诊断的方法，可以通过外形、土壤分析、植株分析或其他生理生化指标的测定等途径。主要有叶片分析、生物化学鉴定、微生物测定法、同位素测定法、植物显微镜鉴定和植物组织汁液速测等多种方法。其中叶片分析最为常用，叶片的采样要正确，有代表性、确保样品的正确处理、分析；叶片样品的采集方法，一般同一橘园采用对角线法选择20个样株，在每株橘树树冠外围中部的东西南北四个方位，各选取5~10张叶片，共选择100~200张叶片。叶龄应是生理成熟的叶片，大致为4~6个月叶龄春梢叶片。

三、缺素症的诊断和矫治（图7-11）

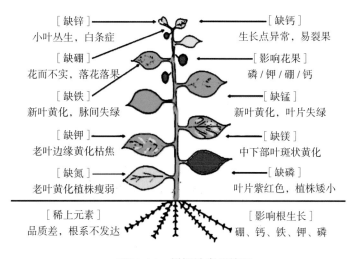

图7-11 柑橘缺素症简图

（一）缺氮

【症状】柑橘缺氮时，首先出现叶片均匀失绿，变黄，无光泽。初期表现为新梢抽生不正常，叶小，叶色淡绿色至黄绿色，枝梢停止生长早。严重缺氮时，生长减缓，基部叶片老化而凋落。小枝逐渐枯死，顶部枝条稀疏，呈丛生状黄色叶簇。花少，果实小，树势衰弱。

【原因】土壤瘠薄，肥力低下，氮肥供应不足；沙质土壤保肥力差，氮大量流失；多雨季节氮素易流失，橘园积水或干旱，都会导致缺氮症状的发生，土壤硝化作用不良，可给态氮减少；钾肥过多，会影响氮的吸收利用。

【矫治方法】

（1）根据柑橘生长发育需要，按每生产 1 000 千克果实，需纯氮 5~7 千克的标准，保证供应树体所需氮素营养。

（2）沙质土壤通过扩穴改土，增施有机肥料，改良土壤。

（3）在新梢叶片平展时和结果期，叶片追肥喷布 0.3%~0.5% 的尿素溶液，7~10 天一次，连喷 2~3 次。也可用 0.3% 的硫酸铵溶液喷布。

（二）缺磷

【症状】柑橘树缺磷时，初期表现为根系生长不良。枝梢细弱，叶片稀少，小叶密生呈青铜绿色，老叶呈古铜色，无光泽；开花前后，老叶大量脱落。花少，新抽春梢纤弱。严重缺磷时，新梢停止生长，小叶密生，老叶趋向紫色，果面粗糙，果皮增厚，果心较大，汁少，酸高糖低，采前常发生严重落果。

【原因】过酸的红壤和黄壤土果园，磷易被固定而引起有效磷的缺乏。在干旱的土壤中，磷不容易被吸收。在沙质土壤中，磷易流失。施肥不当，如氮肥、钾肥用量过高，会影响柑橘树对磷的吸收。

【矫治方法】

（1）对酸性红、黄壤地，每亩施入石灰 75~100 千克或钙镁磷肥 60~80 千克。同时结合扩穴翻埋大量有机肥改良土壤。

（2）果园施入矿溶性磷矿粉、骨粉和钙镁磷等磷肥，宜在施用前与有机肥堆、沤，待其腐熟后再挖穴深埋。

（3）柑橘展叶后，叶面追肥喷布 1% 的磷酸铵或 0.5%~1.0% 过磷酸钙。施用过磷酸钙时，要将其浸泡 24 小时后过滤喷施。进行叶面追肥，每 7~10 天一次，连喷 2~3 次。

（三）缺钾（图7-12）

【症状】柑橘缺钾时，初期表现为老叶叶尖和上部叶缘开始发黄，新梢短小细弱；花量减少，落花落果严重；果实小，皱缩果较多，果皮薄而光滑，着色快，裂果较

图7-12　缺钾老叶叶尖发黄

多，味淡酸少。严重缺钾时，叶片从叶尖、叶缘向下黄化扩展，叶片逐渐卷曲，皱缩呈畸形，叶中脉和侧脉变黄，叶面出现褐斑，炭疽病发生较重。

【原因】沙质土壤含钾量较低；土壤过多的使用钙、镁肥，因拮抗作用，易诱发缺钾症。

【矫治方法】

（1）当出现缺钾症状时，喷布0.5%~1.0%的硫酸钾，每5~7天喷一次，连喷2~3次。

（2）对缺钾植株，在早春即2月下旬至3月上旬，于每株柑橘树的根际施120~150克硫酸钾。

（3）增施有机肥，同时注意旱季灌溉和雨季排涝，提高钾素的有效性。

（四）缺钙（图7-13）

【症状】柑橘缺钙常发生在新生组织，初期在春梢嫩叶尖端处开始褪绿，呈黄色或黄白色，后逐渐扩大到叶面，大块黄化，产生枯斑。病叶窄小，不久脱落。枝梢从顶端向下枯死，侧芽发出的枝条也会很快枯死。病果较小，皱缩呈畸形，淡绿色，汁液少。植株根系萎缩，根尖坏死，生长衰弱。

【原因】在酸性红壤土上栽植的柑橘，叶片中钙含量较低；在山坡地栽植的柑橘，如果水土流失严重，也易产生缺钙；土壤中的交换性钠浓度太高，长期施用酸性肥料，也能诱发柑橘缺钙症。

图7-13　缺钙新叶叶尖发黄

【矫治方法】

（1）当柑橘园发生缺钙时，可用0.5%~1.0%的过磷酸钙或0.3%的磷酸二氢钙液，进行叶面喷施，还可喷布2%生石灰液。

（2）对柑橘园的酸性红壤土，施用石灰进行矫治，一般每亩施石灰60~120千克。土壤混施石灰与过磷酸钙，或混施石膏与石灰，效果亦很好。同时多施有机肥料，适当少施氮和钾等酸性化肥。对沙质土壤，挑培客土，适当改换肥沃黏性土壤。

（五）缺镁（图7-14）

【症状】柑橘缺镁症，主要发生在老叶上。缺镁叶片从叶缘向内逐步褪绿，渐渐扩及整个叶面，叶缘两侧中部出现不规则黄色条斑。然后在中脉两侧发生病斑，扩大连成不规则的条斑。最后仅主脉及基部保持三角形绿色区。严重缺镁时，叶片全部黄化，老叶侧脉或主脉往往出现类似于缺硼一样的叶脉肿大或木栓化，易大量落叶，症状全年均可发生，但以夏末或秋季果实成熟时发生最多。隔年结果现象严重。

【原因】沙性土壤和酸性土壤中镁易流失，常发生缺镁症；强碱性土壤中镁易变为不可给态镁，不能被吸收；过多施用磷、钾、锌、硼、锰肥，亦易妨碍镁的吸收利用。

【矫治方法】

（1）叶面喷布 0.5% 硫酸镁或硝酸镁液，每月喷一次，连喷三次。

（2）如果是酸性土壤橘园，每株柑橘根际施入 1 千克钙镁磷肥，或 1.5 千克氧化镁。中性稍酸土壤，每亩施入 30~50 千克硫酸镁。

（3）对钾含量较高的缺镁柑橘园可减少或停止钾肥的施用。

图 7-14　缺镁主脉以外发黄

（六）缺硫（图 7-15）

【症状】柑橘缺硫时，新叶全面发黄，而老叶仍保持绿色，形成明显的对比。病叶变黄变小，主脉比其他部位稍黄，尤以主脉基部和翼叶部位更黄，易提前脱落。枝梢易发黄，新梢生长纤细，多呈丛生状，易干枯。果小皮厚，橘瓣角质化。

【原因】硫在柑橘树体内移动性较差，新梢枝叶首先出现黄化；柑橘生长结果所需的硫元素，主要来自土壤有机质，土壤有机质缺乏的柑橘园，容易产生缺硫；土壤中钼元素过多，对硫产生拮抗作用，妨碍硫的吸收。雨水过多，硫离子流失较多，易缺硫；土壤干旱也会降低硫的吸收。

图 7-15　缺硫新叶全面发黄

【矫治方法】

（1）结合扩穴翻埋有机肥料，同时每亩施入石膏 60 千克和硫黄粉 20 千克，提高土壤有机质和硫的含量。

（2）叶面喷施硫酸盐溶液，如 0.3% 硫酸锌或 0.3% 硫酸铜溶液等。

（3）土壤中钼元素含量较高的柑橘园，要适当加大施硫量。

（七）缺锌（图 7-16）

【症状】嫩叶小而狭长，新梢叶片的叶肉部位出现淡绿色至黄色的斑点，后扩展成斑驳状，也称"花叶病"或"斑叶病"，枝叶僵化而丛生。枝条节间短缩，小枝易枯死，也称"小叶病"，果实变小，僵硬，果肉汁少味淡。

【原因】柑橘缺锌仅次于缺氮，发生较为普遍。这主要是土壤有机质缺乏，有效锌含量低所致。酸性红、黄壤土中有效锌含量较低；中性至碱性土壤，锌往往是难溶状态，不容易被吸收利用；春季雨水过多，有效锌易流失，秋季干旱易降低锌的有效性。

图 7-16　缺锌叶肉发黄

【矫治方法】

（1）春季叶面喷布 0.2% 的硫酸锌液加 0.1% 熟石灰液，每 10 天一次，连喷 2~3 次。

（2）严重缺锌的柑橘园，每 3 年根际施入硫酸锌一次，一般视树冠大小，每株施入 50~100 克。

（3）扩穴改土时，增施有机肥料，春季注意开沟排水，秋季干旱时及时灌水，防止旱涝灾害发生。

（八）缺铁（图 7-17）

【症状】幼嫩新梢叶片变薄，叶小，叶肉发黄，叶脉仍保持绿色。随着缺铁程度的加深，叶片除主脉近叶柄部呈绿色外，其余均为黄白色，有的变成橙色或古铜色，受害叶片提前脱落。缺铁植株新梢黄化，而老叶颜色正常。春梢缺铁较轻，而秋梢缺铁失绿黄化现象严重，缺铁症状冬季比夏季普遍。果实小而光滑，汁少味淡。

【原因】铁在树体内不易移动，在土壤中易被固定，碱性、盐碱性或含钙质多的土壤中，可溶性二价铁转化为不可溶性的

图 7-17　缺铁黄化

三价铁盐而沉淀，从而引起缺铁；土壤中缺锌、缺镁和缺锰，都会伴随发生缺铁；枳砧柑橘易表现出缺铁，而狗头橙砧柑橘却比较抗缺铁。

【矫治方法】

（1）叶面喷布 0.2% 柠檬酸铁或 0.2% 硫酸亚铁，效果较好。

（2）土壤施入螯合铁，用量为 15~20 克 / 株。

（3）对缺铁枳砧柑橘树，用狗头橙砧或香橙靠接，可减轻缺铁黄化程度。

（九）缺锰（图 7-18）

【症状】柑橘缺锰时，在幼叶和老叶上均出现症状。典型的缺锰叶片症状是，在浅绿色的基底上，显现绿色的网纹叶脉，叶色较深。随着叶片的成熟，叶片花纹自动消失。严重缺锰时，叶片中脉区常出现浅黄或白色的小斑点，呈灰白色或灰色的叶片背面症状更为

明显，部分小枝枯死。

【原因】在沙质土壤、酸性红壤和石灰性紫色土壤中，均会普遍的存在着缺锰和缺锌；水土流失严重的柑橘园，易产生锰的缺乏症；缺锌和缺锰等症状同时发生，凡缺锌严重的柑橘园也同样缺锰。

【矫治方法】

（1）嫩梢芽长10厘米左右时，用50升水加农用硫酸锰125克的溶液喷布植株。4—6月，每7~10天一次，对叶面喷布0.3%硫酸锰溶液，连续喷施2~3次。

（2）柑橘树根际施入磷肥和腐熟的有机肥，可提高土壤中锰的有效性。

（3）扩穴翻埋有机肥料，防止缺锰和缺锌。

图7-18　缺锰症状

（十）缺铜（图7-19）

【症状】柑橘缺铜时，初期病树幼枝略呈三角形，长而柔软，上部扭曲呈"S"形。叶较大，深绿色，凹凸不平，中脉弯曲成弓形。严重缺铜时，病枝长出许多不定芽，形成丛枝，新枝10厘米长时即从顶端往下枯死，有些小枝皮部发生红色瘤。老叶略畸形。病树结果少，果实萎缩、畸形，淡黄色，果皮光滑，幼果易裂果，果皮上发生不定形的红棕色瘤。

图7-19　缺铜症状

【原因】酸性土壤、沙质土壤和石灰性沙土、泥炭土中的铜素，容易淋溶流失。土壤过多的施用氮肥和磷肥，易影响铜的吸收，诱发缺铜。石灰施用量多的土壤，会使铜变为不溶性，不能被吸收而导致缺铜。

【矫治方法】

（1）叶面喷布0.2%~0.4%的硫酸铜溶液，或用1：1：100的波尔多液，每10天一次，连喷2次。

（2）在柑橘树根际施入铜肥，一般用0.5%硫酸铜溶液浇施柑橘树根际。

（十一）缺硼（图7-20）

【症状】幼叶出现透明水浸状斑驳，成熟叶片或老叶沿主脉和侧脉变黄，肿大，成木栓化。老叶往往较厚，革质，无光泽，卷曲和皱缩。枝条开裂，裂缝流胶，新梢易枯死，小枝顶部易枯萎，部分侧枝过早枯死，形成丛生枝。幼果果皮出现乳白色微凸小斑，严重时出现下陷的褐斑，果面粗糙起瘤，果皮增厚，果实小，畸形而坚硬。

图7-20 缺硼症状

【原因】土壤瘠薄，有机质含量低，使硼处于难溶状态；碱性钙质土和施石灰过多的柑橘园，硼易被钙固定而难以溶解；以酸橙作砧木的柑橘园容易缺硼；土壤干旱，老化的柑橘园也易缺硼。

【矫治方法】

（1）2月下旬至3月上旬施催芽肥时，在根际开沟施入0.1%~0.2%的硼砂或硼酸溶液，每株用硼量为10~20克。与有机肥混施，效果更好。

（2）在春季发芽期、花期和幼果期，对叶面分别喷布一次0.1%~0.2%的硼酸或速乐硼溶液。

（3）扩穴翻埋绿肥等有机肥，改良土壤，提高柑橘园土壤硼元素的有效性。

（十二）缺钼（图7-21）

【症状】柑橘树缺钼时，初期在春梢叶脉间出现水渍状褪绿小斑点，夏季发展成较大脉间黄斑，新叶呈现一片淡黄，且纵卷向内抱合。叶片背面流胶，并很快变黑。柑橘树缺钼严重时，叶片变薄，黄斑坏死，病斑破裂穿孔，叶缘焦枯。病树裂果，叶片易脱落。

图7-21 缺钼症状

【原因】酸性土壤的钼吸收易受阻，缺钼严重；土壤磷不足，过量施用生理酸性肥料，会降低钼的有效性；氮、锰量过高和低钙，也容易引起柑橘缺钼现象的发生。

【矫治方法】

（1）土壤中含钼量不足时，在幼果期对叶面喷布0.01%~0.05%的钼酸铵或钼酸钠溶液。在5月、7月和10月，各对叶面喷布一次0.1%~0.2%的钼酸铵溶液，叶色可以恢复正常。

（2）在柑橘树根际施入钼肥，一般每亩施入钼酸铵20~30克。最好与磷肥混合施用。

（3）对酸性红壤，每亩根际施入石灰 50~100 千克，调节土壤酸碱度，提高钼的有效性。

第四节　柑橘水分管理

一、水分对柑橘生长发育的影响

（一）水分对柑橘生长的作用

水分是柑橘生长发育的基础，是其各项生命活动的必要条件。柑橘光合作用、呼吸作用和柑橘对营养物质的吸收、运输等，都必须有水的直接参与才能正常进行。水是柑橘的重要组成部分，其根、枝、叶和果实中水分含量占 50%~85%，生长旺盛的幼嫩组织占 90%。

柑橘生长喜欢湿润的气候环境，理想的空气相对湿度为 75% 左右。柑橘是需水量较大的果树，在进行光合作用时，每制成 1 份干物质需耗水 300~500 份。比较适宜的降水量以年降水 1 000~1 500 毫米为好。在年降水量 600 毫米以下的地区，柑橘要获得丰产稳产，需要灌溉相当于 800~900 毫米降水量的水。柑橘比较耐干旱，但不耐涝，降水过多易发生涝害，损伤柑橘根系，诱发病害。

（二）水分代谢

柑橘树体内所含的水分，并非处于静止状态，其根系经常不断地从土壤环境中吸收水分，同时又不断地通过叶片将水分散失到环境中去。一株成年的柑橘树一年中要散失 9 立方米水分。树体通过蒸腾作用不断消耗水分，同时又通过根系不断吸收水分来补偿，以维持树体水分的平衡。

（三）水分对抽梢的影响

柑橘植株一年抽 3~4 次梢，必须有充足的水分供应。若水分缺乏，抽梢会延迟，影响枝梢质量，甚至抽不出新梢而影响树体生长和光合作用。

（四）水分对开花的影响

花期缺水，花蕾发育不良，开花不整齐，花期延长。若水分过多，又会造成大量落蕾落花，降低产量。

（五）水分对果实生长的影响

柑橘果实的生长发育离不开适量水分的供给，若水分不足，果实就得不到正常生长发育，还会严重影响果实的生长，使小果比例增多，产量下降，品质变劣。如果秋季久旱又突遇大雨，就会造成裂果，并使果实延迟成熟。宽皮柑橘还会增加浮皮果，影响其品质和贮藏性。

（六）水分对根系生长的影响

在根系生长季节，发生严重干旱，根系就会停止生长。但土壤水分过多，通气不良，根系呼吸困难，就会影响根系对养分的吸收。若缺氧严重时，根部进行无氧呼吸，会造成有毒物质的积累，导致根系腐烂甚至植株死亡。

二、柑橘需水规律

柑橘在年周期中各个不同的生长发育阶段对水分的需求不同，因此，在柑橘的整个生育过程中，水分要符合其不同时期的需要，水分过多、过少都不利于柑橘的生长发育。

（一）柑橘各生长期需水规律

1. 萌芽抽梢期

此时既是春季柑橘萌芽抽梢时期，又是花芽继续分化时期。这时气温不高，柑橘对水的需求量也不大。春季连续的阴雨和较高的土壤含水量会导致土壤温度回升慢，不利于柑橘根系的活动，花芽的分化质量也较差。适度的干旱或适度控制土壤含水量，有利于土壤温度的回升，也有利于花芽的继续分化。但如果土壤田间持水量太低，土壤过于干燥，则不利于柑橘根系的活动，不利于萌芽抽梢，也不利于柑橘花芽的分化。所以，萌芽抽梢期土壤应以湿润为好，以保持土壤田间持水量的 60%~65% 为宜。

2. 开花坐果期

柑橘开花坐果期对水分要求很严。花期土壤和空气干湿适宜，有利于开花坐果。但如果过于干旱，会造成开花质量差，开花不整齐，花期延长，落花落果严重。如果花期长期土壤含水量过大，土壤过湿，或长期阴雨，空气湿度过大，会导致大量新梢的抽发，果梢矛盾突出，会加剧生理落花落果，降低坐果率。此期的土壤湿度保持在田间持水量的 65%~75%，空气相对湿度在 70%~75% 为宜。

3. 果实膨大期

柑橘果实膨大期，也是夏梢、秋梢抽发期。此时正值夏、秋高温季节，是生殖生长和营养生长的高峰期，耗水量大，也是柑橘年周期中需水量最大的阶段。此期水分充足，则果实生长快，夏、秋梢抽发快而好。如果此时干旱缺水，则果实生长缓慢，果小产量低，甚至造成柑橘树萎蔫，叶落果掉。相反，如果此时雨水较多，土壤含水量过高，则果实退酸慢，果实含水量高，品质差，也不耐贮藏。如果干旱后又突然强降雨，会加剧柑橘裂果和果实脱落。因此，此期的土壤湿度保持在田间持水量的 75%~80% 为宜。

4. 果实成熟期

此期果实逐渐上色，酸度降低，糖分进行转化。土壤水分对果实品质影响很大，为提高果汁糖分，土壤可以略为干燥一些。此时土壤含水量过高，则会降低果实可溶性固形物含量，并易造成裂果；如果土壤含水量过低，满足不了柑橘生长要求，果实的品质也会降低，还影响秋梢抽发时间和抽发质量。因此，此期田间持水量应保持在 65%~70% 为好。

（二）昼夜需水规律

柑橘昼夜需水量呈现规律变化，一般是白天需水量较大，夜间需水量小。在温度较高的夏季白天，如果空气温度在 39℃ 以上，柑橘树光合作用会减弱或不再进行光合作用，蒸腾和呼吸作用会加强，会出现由于蒸腾消耗的水量大于土壤中根系的吸水速度，进而出现临时性的供水失调、叶片萎蔫、严重者叶死枝枯的现象。

（三）不同器官的需水规律

柑橘需要的水，主要来自于土壤的供给。生长活动越旺盛的组织或器官，获得的供水量越大，而且水分也得优先保证。通常柑橘树获得供水量大小的顺序是：果实 > 幼叶嫩枝 > 未成熟的枝叶 > 一年生枝 > 多年生枝 > 主枝 > 主干。所以，高温干旱时，首先出现萎蔫的是果实和幼叶嫩枝。

三、柑橘灌溉

（一）灌溉水质的要求和缺水判断

水源不同，水质也不一样。地面径流水，常含有有机质和植物可利用的矿质元素。雨水含有较多的二氧化碳、氨和硝酸。雪水中也含有较多的硝酸。因此，这一类灌溉水对果树是十分有利的。河水，特别是山区河流，常携带大量悬浮物和泥沙，也是一种好的灌溉水。来自高山的冰雪水和地下泉水，水温一般较低，需增温后使用。但灌溉水中，不应含有较多的有害盐类。一般认为，在灌溉水中所含有害可溶性盐类，不应超过 1~1.5 克/千克。灌溉水质所含可溶性盐总量达 500~700 毫克/千克时，柑橘叶片就有受盐害的危险。

果园是否缺水，不能仅以叶片是否萎蔫来判断，如叶片已经萎蔫卷叶，则旱灾已经很严重，灌水已为时过晚。目前比较准确的判断方法有 3 种：

（1）简易测定蒸腾量。在正常月份，用塑料袋套住一定量的叶片，12 小时后收集叶片的蒸腾水量并记录；在干旱季节再用同样的方法测定蒸腾量，当干旱季节所获得的蒸腾水量是正常月份的一半或更低时，则表明需要立即灌水。另外，还可借助专业仪器对叶片进行水分测定。

（2）测定土壤水分。土壤含水量下降到田间持水量的 60% 时，就是灌溉的适宜期。

（3）握拳法。如果是土壤没有板结的地区，可以将果园地里泥土挖松，再将泥土在手里握紧，如果能成团表示水分还可以，不用浇水。如果不能成团易散开，表示土壤缺水需要立刻进行浇水。

（二）灌水时期

1. 春季灌水

春季是柑橘大量萌芽、抽梢和开花时期，要有适量的水分，陕南地区常有春旱发生，应在春梢萌芽前，结合施催芽肥进行灌水，以促使抽梢整齐、开花正常，为保花保果打下良好基础。

2. 夏季灌水

从生理落果基本结束后到果实着色这段时期，是果实迅速生长时期，对养分、水分的需求量增大。这时若遇伏旱，则果实生长受阻，影响秋梢的正常抽发，对当年及来年的产量影响较大。该时期应根据土壤墒情，及时进行灌溉。

3. 秋冬季灌水

秋冬灌溉可弥补采果后树体内的水分亏缺，对恢复树势，增强树体的越冬抗寒能力，促进来年春梢抽发和开花坐果均有较大作用。秋季应结合施基肥进行灌水，以促进有机肥料的分解吸收。陕南属华西秋雨带，一般9—10月雨水较充足，但冬季易干旱，因此，应特别重视冬季灌水，特别是在寒潮来临前灌水，可有效缓解冻害。

总之，柑橘树开花坐果期（4—6月）、果实膨大期（7—8月）对水分敏感，如发生干旱需及时灌水。果实成熟前20天不可灌水。冬季（12月）如严重干旱，应及时灌水保温防冻。

（三）灌水量

适宜的灌水量，应是在一次灌溉中使柑橘树主要根系分布层的土壤湿度达到最有利于其生长发育的程度，即相当于土壤持水量的60%~80%则可。夏季灌水宜大水漫灌，灌足灌透；冬春季灌水宜速灌速退，或少量多次，严防积水。

（四）灌溉方法

1.浇灌

在水源不足或幼龄柑橘园以及零星栽植的果园，可以挑水浇灌。方法简便易行，但费时费工。为了提高抗旱效果，可以每担水（约40升）加4~5勺人畜粪尿。灌水后应盖土覆草，浇水宜在早、晚进行。

2.沟灌

利用自然水源或机电提水，开沟引水灌溉。这种方法适宜于平坝及丘陵坡地柑橘园。沿树冠滴水线开环状沟，在果树行间开一大沟，水从大沟流入环沟，逐株浸灌。坡地可用背沟输水，灌后应适时覆土或松土，以减少地面蒸发。

3.喷灌

利用专门设施，将水喷到空中散成小水滴，然后均匀地落下来，达到供水的目的。喷灌的优点是省工省水，不破坏土壤团粒结构，增产幅度大，不受地形限制，但喷灌设施投入较大。

4.滴管

滴管又称滴水灌溉。利用低压管道系统，使灌溉水成滴，缓慢地、不间断地湿润土壤的一种供水技术。滴灌省水，渗水效果好，不破坏土壤结构，但管道铺设麻烦，投入较大。

5.盘灌

以树干为圆心，在树冠投影以内以土埂围城圆盘，圆盘与灌溉沟相通。灌溉前疏松盘内土壤，使水容易渗透，灌溉后耙松表土，或用草覆盖，以减少水分蒸发。此法用水较为经济。

6.穴灌

在柑橘树冠滴水线外沿对称方位挖穴2~4个，穴的直径30厘米，穴深以达根系集中分布区为宜。在穴中填入杂草、稻草或秸秆等，上层覆土。干旱时将水灌入穴中，每穴灌水10~20千克。穴灌不会引起土壤板结，用水经济，在水源缺乏的地区，提倡采用此法。

四、柑橘园排水

（一）平地柑橘园排水

平地水田及黏重土壤建园，很容易出现积水烂根，建园时必须建立完整的排水系统，开筑大小沟渠。园内隔行开行间小沟，小沟通园周大沟，大沟通排水渠。条件许可时排水沟应以深沟为佳。深沟有利于降低水位和加速雨天排水。行间沟深度为30~60厘米，围沟深70厘米。每年需要进行维修，以防倒塌或淤塞。

（二）丘陵山地柑橘园排水

丘陵山地一般不存在涝害，只有山洪暴发，才有短暂的土壤积水，但黏重土质缓坡地果园遇长时间降雨，会出现果园积水，特别坡脚地更易积水，且积水很难流出，常造成烂根死树。因此应在柑橘园上方坡地开筑拦水沟，使洪水流出果园。

第八章

陕南柑橘病虫害防控

病虫害防控是指综合地使用各种防治技术措施，互相协调，取长补短，经济有效地把病虫害控制在不造成危害的程度，同时要求对生态系统内外的副作用减少到最低程度。柑橘是多年生常绿果树，病虫害种类繁多，一年四季都有发生和危害，因此，对柑橘病虫害实施综合防控尤为重要。

第一节　柑橘病虫害防控的基本途径

病虫害防控就是根据柑橘病虫发生发展规律和生活习性、生理特点，抓住最有利的时机，将植物检疫、农业防治、物理防治、生物防治、化学防治等措施有机结合，抑制或杀灭病虫害，将病虫危害控制在不能造成灾害的程度范围之内，将病虫的种群数量控制在经济允许水平以下。

一、防控原则

严格按照"预防为主，综合防治"的植保方针，根据经济、简便、安全、有效的原则，对柑橘病虫害做到重防轻治，防治结合，治早、治小、治少。

（一）加强预测预报

做好病虫的监测，准确把握病虫发生发展信息，为制订防控方案做好准备。

（二）针对性防治

有什么虫治什么虫，有什么病防什么病，专药专治或一药多治，不能"有病乱用药，无病也用药"。

（三）坚持预防为主

一方面要采取措施极早预防控制，避免泛滥成灾之后再防治；另一方面要将不同病虫害综合起来防治，一次用药兼收多项作用，减少用药次数，节省劳力，保护天敌。

（四）开展综合防治

就是将农业措施、生物措施、物理措施和化学防治等多种措施有机地结合起来，共同、有效地控制病虫危害。要求尽量避免或减少化学用药防治。

二、植物检疫

植物检疫就是一个国家或地方行政机构通过法律、行政和技术的手段，禁止或限制危险性植物病、虫、杂草和其他有害生物的人为传播，保障农林生产的安全，促进贸易发展的措施。当疫区病虫害传入一个非疫区以后，往往会引起严重的危害，因此，病虫害防控的首要任务就是做好植物检疫。检疫应在植物检疫机构监督下，按《植物检疫条例》严格依法进行。

植物检疫方法基本上有以下几个方面：对调运的种子、苗木和农产品等，在发送地点及到达站点进行消毒处理。对初期症状不易观察的病害，将输入的材料播种在隔离的温室或苗圃内进行观察。对带有危险性病虫、杂草的播种材料和农产品禁止调运。

三、农业防治

农业防治就是在掌握果树栽培管理措施与病虫发生危害关系的基础上，利用农业科学技术手段，有目的地改变某些生态环境因子，创造不利于病虫发生发展的环境，抑制病虫生长繁殖，直接或间接杀灭病虫，减轻病虫危害，提高果树抗病虫的能力，达到优质、高产的目的。具有经济、简便，对天敌安全，对环境友好，对生态无污染的特点。

农业防治的主要措施是选用抗病虫砧木和优良品种；抓好清园，减少病虫源，采取适当稀植或"密改稀"，科学修剪，合理负载，适时采收，以及优化施肥等措施，健身栽培，培强树势，提高树体抗病虫害能力。

四、生物防治

柑橘园是一个特殊的农业生态环境，它以多年生常绿的柑橘为主体，构成橘园的生物群落。生物防治是指利用生物之间的食物链或寄生关系，人为创造条件，保护或利用天敌，杀灭或抑制病虫害的方法。简单地说，生物防治就是以虫治虫，以一种生物防治另一种生物。它是降低杂草和害虫等有害生物种群密度的一种方法。具有安全保护，不污染环境，不影响人类健康，发展前景广阔的特点。

（一）以菌治虫（病）

就是用对树体无危害的真菌、细菌、病毒和能分泌抗生物质的抗生菌杀灭有害病虫的方法。如用细菌苏云金杆菌的各种变种制剂防治果树害虫；放线菌5406防治苗木立枯病；线虫泰山1号防治天牛；利用粉虱座壳孢菌（图8-1）防治柑橘粉虱等。

（二）以虫治虫

如利用捕食螨（图8-2）防治害螨；用日本方头甲和湖北红点唇瓢虫防治柑橘矢尖蚧；用大红瓢虫防治柑橘吹绵蚧；用玉米螟赤眼蜂防治卷叶蛾；用肿腿蜂防治天牛等。

（三）以植物防治害虫

如利用果园种植藿香蓟为螨类天敌提供寄生食料而防治螨类害虫。

图 8-1　粉虱座壳孢菌

（四）以禽（鸟）治虫

果园放养鸡、鸭等家禽捕食害虫；招引啄木鸟捕食星天牛等。

（五）生物农药防治

生物农药既可以有效地控制柑橘病虫害，又可大大减少化学农药的使用，保护果园天敌，延缓柑橘病虫产生抗药性，降低果品的农药残留，保护橘园生态环境。生物农药可分为矿物源农药和生物源农药两大类：

图 8-2　捕食螨挂树

（1）矿物源农药是指起源于天然矿物原料的无机化合物和石油的农药。如波尔多液、石硫合剂、柴油乳剂、机油乳剂等。

（2）生物源农药是指利用生物资源开发的农药。包括动物源农药、植物源农药、微生物源农药。

① 动物源农药。包括动物激素、昆虫激素、昆虫信息素和天敌等。

② 植物源农药。利用植物资源开发的农药，如除虫菊素、鱼藤酮、烟碱、苦参碱、印楝素等。

③ 微生物源农药。

农用抗生素：如井冈霉素、春雷霉素、多抗菌素等；

农药真菌：白僵菌、绿僵菌等；

农药细菌：苏云金杆菌（农抗 120）、枯草芽孢杆菌等；

农药病毒：颗粒体病毒、核多角体病毒。

五、物理防治

物理防治就是利用害虫所具有的某种趋性或习性，采用某些机械和各种物理因素

（光、热、电、温、湿度和放射能等）来防治病虫害的方法。包括利用害虫的趋性进行诱杀；利用物体阻隔；利用器械捕捉等。

（一）应用趋光性防虫（图8-3）

如利用有害生物抑制器、黑光灯、太阳能杀虫灯、频振式杀虫灯诱杀吸果夜蛾、金龟子、卷叶蛾等害虫。

（二）应用趋化性防虫（图8-4）

如利用糖醋液诱杀柑橘大实蝇、吸果夜蛾；用性诱剂诱杀柑橘大实蝇、拟小黄卷叶蛾等。

（三）应用色彩防虫（图8-5）

如用黄板诱杀柑橘粉虱、蚜虫等。

图8-3　新型太阳能杀虫灯

图8-4　性诱剂诱杀害虫

图8-5　黄色粘虫板

（四）人工捕杀

如用诱虫袋诱集叶螨类害虫、卷叶蛾、蚜虫等，集中捕杀；人工捕捉天牛、凤蝶、蚱蝉、金龟子等。

（五）种子、土壤处理

如浸种、冲洗种子和土壤深翻、浅耕。

六、化学防治

化学防治就是使用化学合成农药预防或直接杀灭病虫害的方法。具有效果明显、见效迅速、应用广泛、使用方便等特点。但在使用过程中要注意掌握农药类别、农药剂型，遵循使用适时、交替使用、喷雾均匀的原则。提倡使用生物制剂和高效、低毒、低残留农药，禁止使用高毒、高残留农药（表8-1）。

表 8-1 禁限用农药名录

一、禁止生产销售和使用的 42 种农药

1. 六六六、滴滴涕、毒杀芬、二溴氯丙烷、杀虫脒、二溴乙烷、除草醚、艾氏剂、狄氏剂、汞制剂、砷类、铅类、敌枯双、氟乙酰胺、甘氟、毒鼠强、氟乙酸钠、毒鼠硅、甲胺磷、甲基对硫磷、对硫磷、久效磷、磷胺、苯线磷、地虫硫磷、甲基硫环磷、磷化钙、磷化镁、磷化锌、硫线磷、蝇毒磷、治螟磷、特丁硫磷、氯磺隆、福美肿、福美甲肿、胺苯磺隆单剂、甲磺隆单剂

2. 胺苯磺隆、甲磺隆复配制剂产品自 2017 年 7 月 1 日起禁止使用。

3. 三氯杀螨醇；自 2018 年 10 月 1 日起禁止使用。

4. 百草枯水剂：自 2016 年 7 月 1 日起，停止在国内销售和使用。

二、限制使用的 24 种农药

中文通用名	禁止使用范围
甲拌磷、甲基异柳磷、内吸磷、克百威、涕灭威、灭线磷、硫环磷、氯唑磷、水胺硫磷、灭多威、氧乐果、硫丹、杀扑磷	禁止在蔬菜、果树、茶树、中草药材上使用，禁止用于防治卫生害虫。
三氯杀螨醇、氰戊菊酯	禁止在茶树上使用。
丁酰肼（比久）	禁止在花生上使用。
氟虫腈	除卫生用、玉米等部分旱田种子包衣剂以外，禁止在其他方面的使用。
毒死蜱、三唑磷	自 2016 年 12 月 31 日起，禁止在蔬菜上使用。
氟苯虫酰胺	自 2018 年 10 月 1 日起，禁止在水稻上使用。
克百威、甲拌磷、甲基异柳磷	自 2018 年 10 月 1 日起，禁止在甘蔗作物上使用。
溴甲烷	2019 年 1 月 1 日起禁止在农业上使用。

按照《农药管理条例》规定，任何农药使用都不得超出农药登记批准的使用范围。剧毒、高毒农药不得用于防治卫生害虫，不得用于蔬菜、瓜果、茶叶和中草药材生产。

（一）喷药前注意事项

（1）检查喷药器械是否清洁。

（2）仔细阅读理解农药包装标签上的安全注意事项。

（3）按照使用说明和使用方法计算出具体稀释浓度。

（4）采用二次稀释法配制药液（先用少量水稀释，再倒入药桶）。

（5）农药配好后立即喷施。

（二）喷药时注意事项

（1）不能漏喷。

（2）树冠里外叶片两面、果实、枝梢、枝干要均匀喷施。

（3）喷施过程中应持续搅拌药液，确保药液充分混合。

（4）喷药人员应注意安全。

根据柑橘的生物学特性和病虫害发生规律，采取农业、生物、物理、化学等多种措施，以农业措施为基础，生物防治和物理机械防治为核心，科学合理运用化学防治，对症下药，有主有次，综合发挥各防治措施之间的相互作用，做到措施及时得当，才能收到最佳防治效果。

第二节 陕南柑橘主要病虫害及防治

陕南是我国最北缘柑橘产区，其病虫害发生发展规律完全不同于南方主产区，病虫发生时间及发生代数也有很大差别，因此其防治措施也有差异。从病虫种类上看，陕南没有检疫性病虫害，如柑橘黄龙病、溃疡病、小实蝇等。所以，本节仅对陕南橘园中常见的病虫及防治方法进行阐述，同时对一些病虫害在陕南的发现、发生流行危害情况一并进行描述，目的是更具针对性。

一、主要病害及防治

（一）柑橘炭疽病（图8-6）

【危害症状】该病主要危害柑橘树地上部的各个部位，包括叶片、枝条、花及果梗、果实，也危害苗木。

叶片发病一般分慢性型（叶斑型）和急性型（叶枯型或叶腐型）。慢性型多发生于老熟叶片或老叶的叶尖或近叶缘处，病斑呈半圆形或近圆形，病部稍凹陷，初为黄褐色，后期灰白色，边缘褐色或深褐色，病、健部界限明显。在天气潮湿时，病斑上出现许多朱红色带黏性的小液点；在干燥条件下，病斑中部干枯，褪为灰白色，表面密生稍突起排成同心轮纹状的黑色小粒点，小黑粒点为分生孢子盘，病叶脱落较慢。急性型常在叶片停止生长而老熟前

图8-6 炭疽病叶

发生，多从叶缘和叶尖开始，初为暗绿色，像被开水烫过的样子，病、健部边缘处很不明显，后变为淡黄或黄褐色，叶卷曲，3~5天后叶片很快脱落。叶片已脱落的枝梢很快枯死，并且在病梢上产生许多朱红色带黏性液点。

枝梢症状亦可分为急性型和慢性型两种。急性型症状常发生在连续阴雨的天气，由梢顶向下枯死，多发生在受过伤的枝梢，初期病部褐色，以后逐渐扩展，终致病梢枯死。枯死部位呈灰白色，病、健部组织分界明显，病部上有许多黑色小粒点。慢性型症状发生在枝梢中部，从叶柄基部腋芽处或受伤皮层处开始发病，初为淡褐色，椭圆形，后渐扩大成长梭形，稍凹陷，当病斑环绕枝梢一周时，其上部枝梢很快全部干枯死亡。病斑较小或树势较壮时，则可随枝条的生长，其周围产生愈伤组织，在病皮干枯脱落后，形成大小不一的梭形或长条形斑疤。

大枝和主干遭冻害后，在受冻部位长满炭疽病菌子实体，由于病部周围产生愈伤组

织，病皮干枯爆裂脱落，俗称"爆皮病"。

花朵发病，雌蕊柱头受害，呈褐色腐烂，引起落花。果梗被侵染，初期褪绿成淡黄色，后成褐色干枯，流出胶液或无流胶，呈枯蒂状，俗称"梢枯病"。果实随之脱落，造成采前大量落果。

果实受害，多从果蒂或其他部位出现褐色病斑。在比较干燥的条件下，果实上病健部边缘明显，呈黄褐色至深褐色，稍凹陷，病部果皮革质，病组织只限于果皮层。在空气湿度较大时，果实上病斑呈深褐色，并逐渐扩大，终致全果腐烂，其内部瓤囊也变褐腐烂。幼果期发病，病果腐烂后，失水干枯变成僵果悬挂在树上。

苗木发病，常从嫩梢顶端第1~2片叶如烫伤症状，随后逐渐向下蔓延，或在离地面10厘米左右处和嫁接口处发病。病斑深褐色，向上下和四周扩散，病部以上枯死，病斑上散生黑色小点。

【病原】柑橘炭疽病是一种弱寄生菌引起的一种潜伏侵染性病害，病原菌为盘长孢状刺盘孢菌，属半知菌亚门，黑盘孢子目，刺盘孢属。有性世代为围小丛壳菌，属子囊菌亚门，球壳目，小丛壳属。

【发病规律】病菌属于一种典型的潜伏侵染菌，属真菌性病害，以菌丝体和分生孢子在病部组织内越冬，其中带病枝叶是病菌侵染的主要来源。柑橘炭疽病发病的基本要素是环境条件（温度、湿度）、寄主植物和病原菌。发病最适温度为21~28℃，分生孢子萌发适温22~27℃。春夏如遇高温多雨，越冬的菌丝体产生分生孢子，借风雨和昆虫传播，从伤口、气孔或直接穿透表皮侵染嫩梢叶片及幼果。如遇干旱、湿害和冻害或有机质缺乏等，容易发病。在陕南通常是春夏之交开始发病。夏季（6—7月）逐渐流行，7月上中旬及9月是防治的关键时期。二十世纪八十年代中期汉中产区曾大面积发生柑橘炭疽病，后经喷药防治，冬春彻底剪除病叶枯枝集中烧毁，加强柑橘肥水管理，增施钾肥，到1988年炭疽病基本得到控制。

【防治方法】

（1）增施有机肥，改良土壤，推行氮磷钾及微肥配方施肥技术，实施透光修剪，增强树势。

（2）果园种植绿肥，改善园区环境，培养强大根群，提高树体抗病能力。

（3）干旱季节及时淋水或灌水，保持土壤湿度；雨季则要及时开沟排水，防止积水烂根。

（4）易发生冻害地区，做好防寒抗冻，规避和减轻冻害发生。

（5）结合清园和周年管理，剪除病枝，清理枯枝落叶，集中烧毁，及时喷药清园，减少菌源基数。

（6）在花期、幼果期、每次新梢抽发期和秋冬季，根据树势强弱和原来病情基数，喷药保护1~2次。尤其要抓好秋梢抽发期至9月上旬及采果后的喷药防治。有效药剂有抗菌霉素120、甲基硫菌灵、多菌灵、代森锰锌、苯醚甲环唑、溴菌腈等。也可自己配制0.5%等量式波尔多液或0.3波美度的石硫合剂喷施叶面和枝干。

（二）柑橘疮痂病（图8-7）

【危害症状】主要危害叶片、新梢和果实的幼嫩组织，亦危害花萼和花瓣。叶片受害，初期产生油渍状黄褐色圆形小斑点，逐渐扩大，颜色变为蜡黄色，形成向一面突起直径为0.3~2毫米的圆锥形木栓化病斑，牛角状或呈漏斗状（图8-8）。早期受害严重的新梢叶片，常枯焦脱落。天气潮湿时，病斑表面长出灰褐色粉状物。有时很多病斑集合在一起，使叶片畸形扭曲。新梢受害，突起不明显，病斑分散或连成一片，枝梢短小扭曲。花瓣受害很快脱落，果实受害后，在果皮上长出许多散生或群生的瘤状突起。

图8-7　疮痂病叶及果

图8-8　病叶漏斗状症状

【病原】柑橘疮痂病病原为柑橘痂圆孢，属半知菌，具无性阶段和有性阶段。无性世代属真菌，病斑上灰色霉状物为分生孢子梗，密集排列，单生，圆柱形，顶端尖或钝圆。有性阶段在我国尚未发现。

【发病规律】病菌以菌丝体在病枝、病叶和病果上越冬。春季阴雨多湿，气温上升到15℃以上时，越冬病菌开始产生分生孢子，经风雨或昆虫传播到当年的新梢和嫩叶上，开花时能侵害花瓣和花萼，以后又侵害幼果。气温在15~24℃，多雨潮湿时容易发生蔓延；当气温超过24℃时，病菌生长受抑制，夏、秋梢一般发病轻。

【防治方法】

（1）新建橘园时，选用无病苗木，来自病区的接穗应仔细检查有无病斑，并用50%多菌灵可湿性粉剂800倍液浸泡30分钟，有良好的杀菌消毒效果。

（2）结合春季修剪，剪除病枝和病叶，并清除田间落叶，集中烧毁，减少病源。

（3）以保护幼嫩春梢和幼果为重点，一般喷药2次。第一次在4月上中旬，春芽长至1厘米前喷药保护春梢；第二次在5月中下旬，花落2/3时喷药保护幼果。药剂可选用0.5%~0.8%倍量式波尔多液、氢氧化铜、代森锰锌、多菌灵、百菌清等。但须注意连续多次喷波尔多液会加剧螨类的发生。

（三）柑橘树脂病（图8-9、图8-10）

图8-9　树脂病流胶

图8-10　枝梢树脂病

【危害症状】该病菌可侵染枝干、果实和叶片，因症状、受害部位和时期的不同又有蒂腐病、砂皮病、黑点病等名。树脂病常随危害部位及环境条件不同而有症状差异。

（1）流胶和干枯。流胶型的症状是枝干受害后，引起皮层坏死，初期呈现暗褐色油渍状病斑，皮层组织变软并有小裂纹，流出淡褐色至褐色胶液，并有酒糟气味。干枯型发病部位皮层变红褐色，稍凹陷，皮层虽有细小裂缝但不流胶。两种类型的共同特点是发病部位木质部变为浅灰色，发病部位与没有发病部位的交界处有一条黄褐色或黑褐色的带痕，在病部上可见许多小黑点。在温度不高而湿度较大时，干枯型也会变为流胶型。

（2）砂皮和黑点。新叶、嫩枝受害后，病部表面呈现许多突起来的黄褐色或黑褐色的硬质小粒点，隆起，手摸表面粗糙，有砂纸之感，称为"砂皮"。在果实上发病和叶片上症状相似，叫黑点病（图8-11）。

（3）蒂腐。在储藏条件下，主要特征为环绕果蒂部出现水渍状褐色病斑，革质，有韧性，病斑边缘呈波纹状，病果内部腐烂比果皮快，当外部果皮1/3~2/3腐烂时，果心已全部烂掉，称为"穿心烂"。

（4）枝枯。枝条顶部呈现明显的褐色病斑，病健交界处常有少量胶液流出，严重时整枝枯死，表面散生无数小黑粒点。

【病原】柑橘树脂病病原菌为真菌，是一种弱寄生菌，属子囊菌亚门。有性世代一般少见，通常见到的无性世代属半知菌

图8-11　黑点病

亚门，分生孢子器在表皮下形成，呈球形、椭圆形或不规则形，具瘤状孔口，黑色，分生孢子卵圆形或纺锤形，有透明油球，无色，单孢。

【发病规律】病菌以菌丝、分生孢子器和分生孢子在病部越冬，翌年环境适宜，水分充足，潜伏菌丝恢复生长，形成分生孢子器，溢出的分生孢子借风、雨、昆虫传播，侵染枝、干、叶、果，发病最适温度为20℃左右。树体有冻伤、虫伤及机械伤时易引起发病。多雨和适温条件有利于黑点和砂皮的发生。

【防治方法】

（1）加强栽培管理，增强树体抗病力。果园增施有机肥，改良土壤，防旱防涝，防寒防冻。

（2）清除病源。早春前结合修剪，剪除发病枝梢，集中烧毁，药剂清园。

（3）树干刷白。在盛夏前或采果清园后用涂白剂刷白树干。

（4）药剂防治。春芽萌发前喷1次0.8%倍量式波尔多液，花落2/3及幼果期各喷1次春雷霉素、甲托，以保护叶片和枝干。已发病的枝干，春季彻底刮除病组织，并用1%硫酸铜消毒伤口，外涂伤口保护剂；也可采用纵刻病部涂药治疗。涂药时期4—5月和8—9月，每周1次，连续涂药3~4次。有效药剂有石硫合剂、甲托、大生M-45、噻霉酮、多氧霉素、克菌丹、丙硫菌唑、1:4的食用碱或酒精等。

（四）柑橘脚腐病（图8-12）

【危害症状】柑橘脚腐病发生在柑橘主干基部，病斑大多数发生在根茎部，病部皮层为不定形，呈褐色，腐烂，水渍状，有酒糟味，常流出褐色胶液。在高温多雨季节，病斑不断纵横扩展，引起根系腐烂，造成主干"环割"，植株死亡。在干燥条件下病部开裂变硬，与健部界限明显。病树部分或全部叶片黄化，植株开花多结果少。病树或果大、皮厚而粗糙；或果小，提早着色，风味极差。

图8-12　脚腐病

【病原】柑橘脚腐病由多种真菌引起，有时是单一病原菌，有时是两种或两种以上的病原菌引起发病。大部分情况下由镰孢霉菌和疫霉菌引起。

【发病规律】病菌以菌丝体或厚垣孢子在病树和土壤中的病残体上越冬。生长发育温度为10~35℃，最适温为25~28℃。翌年气温升高，雨量增多时，旧病斑中的菌丝继续扩展危害健康组织，同时释放游动孢子，随水流或土壤传播，由伤口侵染新的植株，也可随雨滴溅到近地面的果实上，使果实发病。在高温多雨、果园低洼发生涝害、土质黏重、排水不良，橘树栽植过深、过密或间种高秆作物，吉丁虫、天牛等危害及其他原因使橘树基部出现伤口，果实下垂，接近地面等情况下都会导致此病发生。

【防治方法】

（1）采用抗病砧木。选用枳壳、酸橙等抗病砧木，适当提高嫁接部位，是目前防治此病的最经济有效的方法。对于采用感病砧木的幼龄病树，可在其主干基部靠接2~3株抗病的实生砧木苗。

（2）加强栽培管理。做好橘园排水和树干害虫的防治，在橘园操作时避免损伤基部树皮，稀植建园，间伐密园，使橘园通风透光，降低橘园湿度。

（3）药剂治疗。初夏前后，将每株橘树的根茎部土壤扒开，发现病斑时，将腐烂的皮层、已变色的木质部刮除干净，再在伤口处涂药保护，有效药剂有：石硫合剂残渣加新鲜牛粪及少量碎发、多抗霉素、1∶1∶10的波尔多液、2%~3%的硫酸铜液、三乙磷酸铝等。也可在病部纵划数条深达木质部的刻痕后再涂药。

（4）保护树冠下部果实。果实将转黄时，在地面铺草，防止土壤中的病菌被雨水击溅到枝叶及果实上。或用竹竿、木棍等将近地面的树枝撑起，使其距地面1米以上。涝害及大雨前后在地面及下部树冠喷洒0.7%的等量式波尔多液或甲霜灵。

（5）果农的经验。刮除病斑后及时涂药，挖除树干基部带菌泥土，填上河沙新土，经4~6个月，就会治愈，并长出新根。

（五）柑橘流胶病（图8-13）

【危害症状】主要危害柑橘的主干、主枝，也可在小枝上发生。发病初期皮层呈红褐色水渍状小点，肿胀变软，中央有裂缝，流出露珠状胶液，以后病斑扩大，长宽达（6~14）厘米×（3~6）厘米，圆形或不规则形，流胶增多，组织松软下陷。后期症状因致病原因不同有差异。树干上病部皮层变褐色，流胶点以下的病组织黄褐色，有酒糟味，沿皮层纵横扩展，但不及木质部（区别于树脂病流胶）危害。病皮下产生白色菌丝层。后期病皮干枯卷翘脱落下陷，剥去外皮层可见菌丝层中有许多黑褐色钉头状突起（即子座），在突起周围有一圈白色菌丝环。潮湿时子座顶部滴出淡黄色、卷曲状的分生孢子角。树冠上叶片黄化，枯枝落叶，树势衰弱。当病斑扩展包围主干时，病树死亡。苗木多在嫁接口、根茎部发病，病斑周围流胶，流胶多在根茎部以上，使树皮和木质部腐烂，导致全株死亡。

图8-13　流胶病

【病原】柑橘流胶病是由多种真菌引起的，属子囊菌亚门。以疫菌感染的病斑扩散最快。

【发病规律】病菌在病组织中越冬，是翌年主要侵染源。菌丝块和孢子都能侵染致病，从伤口入侵后36天便可在病组织内产生子座，伤口愈重发病率愈高，无伤不成病。病菌借风雨传播，在高温多雨季节有利于发病，菌核引起的流胶在冬季发生最盛。冬季低温和盛夏高温，病势发展缓慢。3—6月和9—11月日均温15℃以上时发病重，树势衰弱和树龄愈大发病愈重。果园积水、土壤黏重、树冠荫蔽发病重。

【防治方法】

（1）加强栽培管理。重视排灌和平衡施肥，园内禁种玉米等高秆吸收肥水量大的间作物，使橘园通风透光良好，减少发病。

（2）结合冬季清园。剪除病虫害枝条和枯枝，清洁园地落叶残枝，减少越冬病源。

（3）彻底防治吉丁虫、天牛等枝干害虫和涂刷树干，保持主干清洁卫生，以减少病害发生。

（4）选用枳、枳橙和酸橙等抗病砧木，并适当提高嫁接部位。

（5）选地势较高、排水好、灌溉方便的坡地建园。在平地或水田上建园时，采用深沟高畦或筑墩种植。

（6）药剂治疗。采用"浅刮深刻"涂药法。5—7月先用利刀把病皮刮除干净，再纵切深达木质部的裂口数条，然后选用下列药剂涂抹：甲霜灵锰锌、多抗霉素、春雷霉素、843康复剂原液、高脂膜、晶体石硫合剂等，在发病期每20天1次，连续涂抹2~3次。

（六）柑橘煤烟病（图8-14）

【危害症状】发生在枝梢、叶片和果实表面。发病初期，表面出现暗褐色点状小霉斑，后继续扩大成绒毛状黑色或灰黑色霉层，后期霉层上散生许多黑色小点或刚毛状突起物。因不同病原种类引起的症状也有不同，煤炱属的煤层为黑色薄纸状，易撕下和自然脱落；刺盾属的煤层如锅底灰，用手擦时即可脱落，多发生于叶面；小煤炱属的霉层则呈辐射状、黑色或暗褐色的小霉斑，分散在叶片正、背面和果实表面。霉斑可相连成大霉斑，菌丝产生吸胞，能紧附于寄主的表面，不易脱离。

图8-14 煤烟病

【病原】柑橘煤烟病病原菌有刺盾炱、柑橘煤炱和巴特勒小煤炱等，多达30种，均属子囊菌门真菌。

【发病规律】病菌以菌丝体及子囊壳或分生孢子器在病部越冬，翌年孢子由风雨、昆虫等传播。病菌大部分种类以蚜虫、粉虱、蚧壳虫等害虫的分泌物为营养，并随这些害虫的活动消长、传播与流行，而小煤炱菌与害虫的关系不密切。栽培管理不良，尤其是荫蔽、潮湿条件与该病害发生有一定相关。5—6月和9—10月发病严重。

【防治方法】

（1）加强栽培管理，合理修剪，改善果园通风透光条件，降低湿度，有助于减轻该病发生。

（2）休眠期喷波美3~5度的石硫合剂，杀灭越冬病源。

（3）采集和向橘园释放昆虫天敌，有橙黄蚜小蜂、黑刺粉虱黑蜂等。座壳孢菌对柑橘粉虱幼虫的寄生率高。

（4）及时防治柑橘粉虱、黑刺粉虱、蚧壳虫、蚜虫等害虫是杜绝和减少煤烟病发生的关键。煤烟严重覆盖树体时，可喷布矿物油乳剂，或雨后对叶面撒石灰粉清洁煤烟。

（5）化学防治可在6月中下旬及7月上旬喷施甲基硫菌灵、代森锰锌、代森铵或灭菌丹等，可抑制蔓延。

（七）柑橘轮斑病（图8-15）

柑橘轮斑病是陕南柑橘产区新出现的一种真菌性病害，国内其他产区尚未发现。该病于2008年12月由城固县果业站丁德宽首次发现，2010年由国家柑橘产业技术体系岗位科学家、浙江大学李红叶教授及其团队鉴定命名，由于病斑形状圆形，病菌子实体在病斑中央排成圈，故命名为"轮斑病"。

图8-15 柑橘轮斑病

【危害症状】柑橘轮斑病主要危害柑橘的叶片和部分嫩枝，以树冠中下部叶片受害较重。叶片受害后，初期叶片背面出现针尖大小水浸状暗褐色斑点，一般7天左右病斑迅速扩大至近圆形，病斑中心为黄褐色且散生黑色小粒点，排成2~5个轮纹状圈，最大病斑可达1.6厘米，不规则分布于叶脉两侧。在潮湿环境和适宜温度下黑色小点萌发出白色菌丝；单叶病斑数多为2~10个，有的可达40多个。3月初以后，随着气温的逐渐升高，病斑较多的叶片干枯脱落，病斑少的叶片病斑部位不再扩大，逐渐变成灰白色并穿孔。一年生嫩枝受害后，被病害侵染部位呈椭圆形病斑，病枝后期枯死。

【病原】柑橘轮斑病病原是一种真菌，属拟球壳孢菌。

【发病规律】柑橘轮斑病主要在冬季发病，一般12月中下旬开始发病，发病高峰期在1月中下旬，3月中旬不再发病，传染速度快。轮斑病潜育期较长，发病需要低温条件；不仅能感染温州蜜柑，还可侵染金橘、椪柑。侵染循环目前暂不清楚。

【防治方法】

防控措施尚处于试验研究中，各地可按照真菌性病害的防治措施积极应对。在发病较重的果园应做好果园枯枝干叶的清理，减少病源。培育健壮树势，秋季重视开沟排水，冬季加强抗寒防冻，积极探索试验化学防治措施。

（八）脂点黄斑病（图8-16）

【危害症状】主要危害柑橘成熟叶片，使光合作用受阻，树势削弱。有时也可侵害果实和小枝，果实受侵害后，常在向阳部位果皮出现褐色小斑点，病菌不侵入果内。枝梢受害，僵缩不长。在田间表现症状有三种类型：

图8-16 脂点黄斑病

（1）脂点黄斑型。叶背先出现针头大小的褪绿点，半透明，后扩展成大小不一的黄斑，叶背病斑上出现疤疹状淡黄色突起小粒点，随病斑扩展老化，变为暗褐色至黑褐色的脂斑，与脂斑对应的叶面可见到不规则的黄斑，边缘不明显。该类型主要发生在春梢叶片上，常引起大量落叶。

（2）褐色小圆星型。初期叶片表面出现赤褐色芝麻粒大小的近圆形斑点，后扩展成直径1~3毫米的圆形或椭圆形病斑。灰褐色，边缘颜色深且隆起，中间色泽稍淡且凹陷，后期呈灰白色，其上布满黑色小粒点为分生孢子器。该类型主要发生在秋梢叶片上。

（3）混合型。在同一片叶上有脂点黄斑型病斑，也有褐色小圆星型病斑。该类型主要出现在夏梢叶片上。

【病原】脂点黄斑病是柑橘球腔菌侵染所致，属子囊菌亚门，座囊菌科，球腔菌属。

【发病规律】病菌多以菌丝体在树上病叶或落地的病叶中越冬，也可在树枝上越冬。病菌生长的温度范围为10~35℃，适宜温度25~30℃，当春季气温回升到20℃以上，病叶经雨水湿润，产生大量子囊孢子，借风雨传播引起初侵染。

【防治方法】

（1）加强栽培管理。增施有机肥、合理稀植、深翻改土，增强树势，以提高柑橘抗病力。

（2）搞好冬季清园。结合修剪改善果园通风透光条件，清除园内落叶残枝，集中烧毁，以减少侵染源。

（3）及时喷药防治。春梢叶片展开初期、谢花2/3时开始喷第1次药剂，以后隔20天再喷1次，病害发生严重的连喷3次。有效药剂可选多氧霉素、百菌清、苯醚甲环唑、多菌灵、甲基硫菌灵、嘧菌酯、吡唑醚菌酯、肟菌酯，或肟菌酯·戊唑醇、吡唑醚菌酯·代森联复配制剂等。注意在喷药时一定要从下往上喷，在杀菌剂中添加适量矿物油可以增加防效。

（九）柑橘赤衣病（图8-17）

【危害症状】主要危害枝干，也可以危害叶片和果实。病部初生白色菌丝，而后黏附在枝干背面。菌丝老熟后呈深褐色，从枝干蔓延至枝梢，并布满叶片和果实。枝干受害，可见分泌树脂，干时开裂。叶片受害，菌丝覆盖正反面，而后凋萎。菌丝包裹果实时，使果实停止发育，成僵果挂于树上。严重发病时会整株枯死。

【病原】柑橘赤衣病病原菌为鲑色伏革菌，属担子菌亚门真菌。

图8-17 赤衣病果

【发病规律】病菌以菌丝或白色菌丛在病部越冬。翌年，随柑橘树萌动菌丝开始扩展，并在病疤边缘或枝干向阳面产出红色菌丝，孢子成熟后，借风雨传播，经伤口侵入，引起发病。担孢子在橘园存活时间较长，3—11月均可发生。此病在高温、潮湿的季节发展快，尤其夏秋季遇高温多雨，发病重。

【防治方法】

（1）加强栽培管理。开沟排湿，改良土壤，增施有机肥，合理修剪，有助于减轻该病发生。

（2）清园和修剪。在冬季清园时将病枝彻底剪除，并刮净主干及大枝上的菌衣集中烧毁。在夏秋雨季来临前，修剪枝条或徒长枝，剪除带病枝梢，使橘园通风透光，减少发病条件。

（3）药剂防治。春季萌芽时，用80%~10%的石灰水涂刷树干。生长期间及时检查树干，发现病斑立即刮除菌衣，然后涂抹10%硫酸亚铁或石硫合剂原液保护伤口。抢在发病期前及时喷药，药剂可选用代森锰锌、苯菌灵、戊唑醇、氢氧化铜等。严重的每15天一次，连喷2~3次。

（十）柑橘灰霉病（图8-18）

【危害症状】主要危害花瓣，也可危害嫩叶、幼果和枝条。花瓣首先受害，出现水渍状小圆点，逐步扩大为黄褐色病斑，使花瓣腐烂，并长出灰黄色霉层，干燥时变为淡褐色干枯状。嫩叶受害，呈水渍软腐，干燥时病斑呈淡黄褐色，半透明。果实病斑常木栓化，隆起，形状不规则，幼果受害易脱落，小枝受害后常枯萎。

【病原】柑橘灰霉病病原菌为灰葡萄孢霉，属半知菌亚门真菌。有性世代为富氏葡萄孢盘菌。

【发病规律】病菌以菌核及分生孢子在病部和土壤中越冬，由气流传播，进行反复侵染。影响发病的关键因素是天气，花期天气干燥时，发病轻或不发病，而阴雨连绵则常严重发病。

【防治方法】

（1）清园。冬季或早春结合修剪，剪除病枝病叶集中烧毁，及时喷清园药剂，减少菌

图 8-18　灰霉病危害幼果

源基数，降低初次浸染机会。

（2）花期发病时，及时摘除病花，剪除枯枝，集中烧毁。

（3）药剂防治。开花前喷药防治，有效药剂可选用甲基硫菌灵、代森锰锌、腐霉利、啶酰菌胺等。

（十一）柑橘黑斑病（图 8-19）

【危害症状】主要危害果实，也可危害枝梢、叶片。果实病症分黑星型和黑斑型两类。

（1）黑星型。在近成熟的果面上初生成圆形、红褐色小斑点，后期病斑边缘隆起，呈红褐色至黑色，中央凹陷，其上着生黑色粒状分生孢子器小粒点。病斑不深入果肉，严重时引起落果。贮运期间病斑继续发展，湿度大时引起果实腐烂。叶片病斑与果实上的相似。

（2）黑斑型。果面上初期病斑为淡黄色或橙黄色斑点，油胞间皮部稍凹入，而后形成圆形或不规则的黑色大病斑，直径可达 1~3 厘米，其上散生许多黑色小粒点，严重时病斑可多个相连成大斑，中部开裂。贮藏期的病果腐烂后囊瓣僵化，呈黑色。

【病原】柑橘黑斑病病原是一种真菌。具无性世代和有性世代，无性世代属半知菌亚门真菌。

【发病规律】病菌以子囊壳、菌丝体或分生孢子器在病斑处越冬。病菌发育适温为 15~38℃，最适温度 25~28℃，翌年 4—5 月环境条件适宜时，病原物萌发繁殖，通过风雨和昆虫传播。病原菌有潜伏侵染的

图 8-19　黑斑病

特点。高温多湿、果园郁闭、遭受冻害均有利于发病。

【防治方法】

（1）加强栽培管理。实施"密改稀"，增施有机肥和磷、钾肥，深翻改土，增强树势，以提高抗病力。

（2）做好冬季清园。剪除病枝叶，清除园区落叶、落果集中烧毁，然后喷1%等量式波尔多液，以减少菌源基数。

（3）药剂保护。首先在谢花后15天内及时喷药，每隔15天复喷1次，连喷3次；其次应在7月和10月喷药防治。谢花后喷布甲基硫菌灵、代森锰锌、苯醚甲环唑、溴菌腈等。7月以后喷布代森锰锌、松脂酸铜、络氨铜、氢氧化铜等。

（4）采果时防止剪刀伤，运输时轻拿轻放，贮藏库温度保持在5~7℃，可减轻病害在贮藏期的发展。

（十二）柑橘立枯病（图8-20）

【危害症状】该病是柑橘幼苗期的重要病害，主要危害刚出生的幼苗，引起砧木大量死亡。常见症状有三种。

（1）病苗在地表或靠近土表基部的皮层腐烂，病部缢缩褐色，叶片凋萎不落，形成枯顶病株。

（2）幼苗顶部叶片染病，产生圆形或不定形淡褐色病斑并迅速蔓延，叶片枯死，形成青枯病株。

（3）感染刚出土或尚未出土的幼芽，使病芽在土中变褐腐烂，形成芽腐。

图8-20 立枯病苗

【病原】柑橘苗期立枯病病原为多种真菌，其中以立枯丝核菌为主，病菌不产生分生孢子，菌丝有横隔，多油点，呈锐角分枝。菌核无定型，大小不一，且可相连成壳状。

【发病规律】病菌主要以菌丝体及菌核在土壤中或病残体上越冬。病菌在土壤中营腐生生活，可存活2~3年以上，寄主有数百种。春季菌丝体生长蔓延，侵染寄主幼苗，1~2片真叶展开时发病，形成发病中心，并由雨水及农事活动传播。高温多湿、土质黏重、排水不良、播种过密、苗床连作等均有利于病菌侵染和发生。

【防治方法】

（1）选择地势高、排灌方便的沙壤土育苗；苗床用杀菌剂消毒；播种不宜过密；实行轮作，精细整地。

（2）育苗时改作秋播，避开发病高峰季节。

（3）药剂防治。播种前用棉隆粉剂进行土壤消毒。发病期可用氧氯化铜、三乙磷酸铝、甲霜灵、0.5%等量式波尔多液等喷布，5天1次，连续3次。

（十三）柑橘根结线虫病（图8-21）

图8-21 根结线虫寄生根

【危害症状】主要危害柑橘须根，寄生在皮层与中柱间，刺激根组织细胞过度分裂，形成大小不一的根瘤。新生根瘤开始为乳白色，以后逐渐转为黄褐色，最后变为灰褐色。根瘤主要发生在须根根尖上，感染严重时出现次生根瘤，并能长出许多次生小根，结成须根团，最后根瘤与根坏死腐烂。一般地上部无明显症状，受害严重时树冠矮小，枝短梢弱，树势衰退，叶片呈缺素状，开花少，坐果率低，易受旱卷叶、枝枯以致全株死亡。

【病原】柑橘根结线虫病是一种由线虫引起的病害，且引起病害的线虫有几种。

【发病规律】根结线虫以卵和雌虫随病根在土壤中越冬。温度在20~30℃时，线虫孵化、发育及活动最盛。根结线虫一年可发生多代，能进行多次侵染。带病的土壤、肥料和病根是主要侵染来源。水流、农具以及人、畜的活动，均是此病近距离传播的重要媒介。土壤过分潮湿，有利于线虫生活。

【防治方法】

（1）实行检疫制度。对无病区及新区，首先要进行检疫，禁止带有线虫病的苗木传入。

（2）培育无病苗木。选择在无病区育苗，苗圃地应选前作为禾本科或水稻田的土地。播种前应用杀线虫剂进行土壤灭虫。

（3）病苗处理。发病的苗木用48℃热水浸根15分钟，可杀死根部和根瘤内的部分线虫，再用40%克线磷乳油100倍液蘸根，效果较好。

（4）药剂防治。定植前15天用杀线剂进行消毒。成年树2月中旬至3月上旬施药防治。有效药剂有阿维菌素、噻唑磷、螨虫清、杀螟松、氟吡菌酰胺、异菌脲、解淀粉芽孢杆菌等。施药剂并覆回土壤，干旱天气应淋水。

（十四）附生绿球藻（图8-22）

图8-22 附生绿球藻

附生绿球藻属藻类植物，在柑橘园中是常见的一种藻类。

【危害症状】附生在树冠下部老枝叶上，严重时主干、大枝全被附着。藻体在老叶叶面形成一层茂密的粉绿色物，阻碍叶片光合作用，影响树势和树冠下部开花结果以及产量和果实品质。

【发生条件】发生在湿度大、树冠交叉郁闭的果园，一旦发生则逐渐加重，扩大蔓延，树势较差的园区，整株树的中下部树冠叶片都被附着。柑橘园管理粗放，偏施氮素，少施或不施有机肥，树势衰弱等因素，也给附生绿球藻的发生提供了条件。

【防治方法】

（1）正常管理果园，多施有机肥，实行氮磷钾及微肥的配合施用，增强树势；正确排灌和透光修剪，降低果园湿度和增加通透性，可减少危害。

（2）药剂防治。树干和大枝上可周年用水牛尿或石灰水洗刷，叶面用 1%~5% 醋酸液喷雾，醋酸液浓度超过 5% 对嫩梢会产生药害。

（3）采取综合性防治和持续性防治的做法，可以收到良好效果。

（十五）柑橘青霉病（图8-23）、绿霉病（图8-24）

图 8-23　青霉病

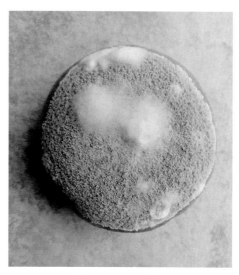

图 8-24　绿霉病

这是柑橘果实在采后贮藏期间发生最普遍的严重病害。果园内，有伤口的果实，在一定气候条件下也可发生。

【危害症状】柑橘青、绿霉病的症状基本相同，主要危害果实，引起果腐。受害果实初期为水渍状软腐，2~3 天后病部中央长出许多气生菌丝，形成一层白色霉状物，以后病部不断扩大，致全果腐烂。

【病原】青霉病的病原为青霉属意大利青霉菌。绿霉病病原为青霉属的指状青霉菌。均属于半知菌亚门。

【发病规律】青霉菌及绿霉菌可以在各种有机物质上营腐生生长，并产生大量分生孢子扩散到空气中，靠气流传播。病菌萌发后必须通过果皮上的伤口才能侵入危害，引起腐果。以后在病部又能产生大量分生孢子进行再侵染。青霉菌生长的最适温度为 18~26℃，绿霉菌生长最适温度为 25~27℃。

【防治方法】

（1）防止果实受伤。在果实采收、装运及贮藏过程中要防止果实机械损伤。

（2）适时采果。适当提早采果能预防多种贮藏病害的发生。

（3）改进包装方法。用塑料薄膜单果包装可减轻病菌的传播。

（4）清洁果园。采果前喷布1次药剂杀菌，从而减少病源。

（5）选用药剂浸果处理。有效药剂有咪鲜胺、双胍三辛烷基苯磺酸盐等。

（6）贮藏库消毒。果实进库前，库房用硫黄粉或熏蒸。

（十六）柑橘蒂腐病（图8-25）

柑橘蒂腐病是柑橘在贮藏期发生的重要病害。由于引起病害的真菌种类不同，又分为黑色蒂腐病和褐色蒂腐病两种。

【危害症状】 柑橘黑色蒂腐病除危害果实外，也危害柑橘枝干。果实发病，最初在果蒂或果蒂周围的伤口处，数日内病部就扩展到整个果实。病部水渍状，柔软，暗褐色，无光泽，边缘呈波纹状，油胞易破，常溢出黏液。蒂部腐烂后病菌很快进入果心，并穿过果心引来脐部腐烂。在高温、潮湿条件下病果表面长出气生菌丝，初时灰污色，渐变近黑色并长出黑色小粒点。在干燥条件下，则成黑色僵果。枝干发病，一般从枝条顶部开始发病，迅速向下蔓延至枝干。被害枝条暗褐色，无明显病斑，树皮开裂，木质部变黑，发生流胶现象，最终枯死，其上密生黑色分生孢子器。

图8-25 蒂腐病

柑橘褐色蒂腐病从果蒂开始发病，逐渐向果肩、果腰扩展，初成水渍状，黄褐色圆斑，后变为褐色至深褐色。病部果皮革质，通常没有黏液流出，病斑边缘呈波纹状，病菌在果实内部扩展比在果皮快。病部松软有韧性，当果皮色变扩大至果面一半时，果心已腐烂至脐部，最后全果腐烂，俗称"穿心烂"。

【病原】 柑橘蒂腐病的两种症状都是由真菌引起的。柑橘黑色蒂腐病病原菌属半知菌亚门腔孢纲真菌；柑橘褐色蒂腐病病原菌为子囊菌亚门核菌纲。

【发病规律】 发病最适温度为27~28℃，以28~30℃时腐烂最快，在20℃以下或35℃以上时腐烂较慢，5~8℃不腐烂。黑色蒂腐病病菌以菌丝体和分生孢子器在枝干及其病残体组织上越冬，通过雨点溅散到果实上，病菌潜伏在果萼与果皮之间，通过伤口特别是果蒂剪口侵入。褐色蒂腐病病菌以菌丝体和分生孢子器在枯枝和死树皮上越冬，枯枝上的分生孢子器为初侵染源。终年可产生分生孢子。分生孢子借风雨、昆虫等传播，暴风雨使病害大大扩散。贮运期间的病果，多来自田间已被侵染的果实和交叉接触传染。

【防治方法】

（1）加强栽培管理。以有机肥为主，配合氮磷钾及微肥施用，增强树势，提高植株抗病力；结合修剪将树上的病枝、枯枝剪除，以减少初侵染源。

（2）药剂防治。嫩梢期结合其他病害进行防治；采果前喷代森锰锌、甲基硫菌灵等，可有效防治果实贮藏期该病的发生；果实采后 1 天内，用抑霉唑或噻菌灵咪鲜胺浸果，可减轻发病；在果实采后 3 天内，用 2,4-D 涂抹果蒂部，可促进伤口愈合，使果蒂保持较长时间不干枯，从而减少发病。

（十七）柑橘酸腐病（图 8-26）

【危害症状】柑橘酸腐病只危害果实，多发生在成熟的果实，尤其是贮藏较久的果实。果实染病后，在果皮伤口处产生水渍状病斑，软化，橘黄色至褐色，果皮易脱落。后期出现白色黏状物，流出酸臭汁液，表面长有致密的白色霉层，为气生菌丝及分生孢子。

【病原】柑橘酸腐病病原菌属半知菌亚门丝孢属地霉科。

【发病规律】病菌为腐生菌，从伤口侵入，传染力强，由果蝇传播及接触传染。青果期较抗病，果实成熟度越高越容易感病。

图 8-26 柑橘酸腐病

窖藏和薄膜袋贮藏发生较多，贮藏时间越长，发病越多，在高温密闭条件下也容易发病。高温、高湿、缺氧及伤口都有利于该病发生。刺吸式口器昆虫危害越烈，发病率越高。

【防治方法】

（1）适时采收能预防发病。

（2）防止果实受伤。选择晴天和露水干后采果，在采收、装运及贮藏过程中严防果实遭受机械损伤，贮藏前剔除受伤果实。

（3）加强对吸果夜蛾等刺吸式口器害虫的防治。

（4）药剂浸果。选用干净无污染的水配制浸泡液，药剂可选抑霉唑或噻菌灵。

二、主要虫害及防治

（一）柑橘螨类

1. 柑橘红蜘蛛（图 8-27）

【危害症状】成螨、若螨、幼螨均以口针刺吸柑橘叶片、绿色枝条和果实表皮中汁液，破坏叶绿体。以叶片受害最重，在叶片正、背两面危害、栖息。叶片被害后，出现许多灰白色小斑点，严重时叶片灰白色或白绿色，失去光泽，引起落叶、落花、落果，甚至枯梢，影响树势和产量。果实受害后果皮灰白色，无光泽，商品价值下降，不耐贮藏。

【形态特征】雌成螨体长 0.39 毫米，卵圆形，紫红色，体背有瘤状突起，共 13 对，每一瘤突上生有白色刚毛 1 根，足 4 对。雄成螨体长 0.33 毫米，后端略尖，呈楔形，鲜红色，足较长。卵圆球形，略扁，直径 0.13 毫米，鲜红色，顶部有 1 垂直卵炳，柄端有

10~12条细丝，呈放射状向四周斜伸，把卵固定在叶片、树梢或果实上。幼螨初孵出时淡红色，足3对。若螨形状、色泽均与成螨相似，只是个体较小，足4对。

【生活习性】柑橘红蜘蛛主要以卵和成螨在枝梢凹陷处、树皮的裂缝和叶片背面越冬。陕南地区一年发生15~20代，世代重叠，生长繁殖适温20~28℃，喜光趋新，在树冠外围中上部。向阳面部位一般无发生或少发生。靠风、昆虫、动物等传播，自身可吐丝飘飞。据观察，凡橘园周边种

图8-27 柑橘红蜘蛛

植油菜对红蜘蛛的繁殖和传播有利，高温干旱时节严重发生。

【防治方法】

（1）农业防治。做好冬季清园，结合修剪剪除虫害枝，减少越冬虫源；采果后至春芽萌发前，认真喷药消灭越冬虫口及螨卵。加强栽培管理，实施生草栽培，改善果园生态环境，有效利用天敌。定点定株检查，做好预测预报。

（2）生物防治。释放捕食螨，可在4月下旬、6月中下旬、8月中旬进行集中投放捕食螨，橘园可配套种植藿香蓟，为捕食螨提供生存场所。

（3）化学防治。虫口基数达到2~3头/叶时，进行喷药防治。用药主要有：阿维菌素、石硫合剂、炔螨特、哒螨灵、四螨嗪、苯丁锡、噻螨酮、氟虫脲、季酮螨酯、丁氟螨酯、乙螨唑、联苯肼酯等，用药时应注意交替使用，区分高温杀螨剂和低温杀螨剂。

2. 柑橘黄蜘蛛（图8-28）

图8-28 柑橘黄蜘蛛

【危害症状】主要危害柑橘嫩叶、嫩梢、花蕾及幼果等，以春梢嫩叶受害最重。成螨、幼螨、若螨喜群集在叶背主脉、侧脉、叶缘处危害。受害叶片变成畸形扭曲，被害部位呈

黄色斑块，凹陷处常有丝网覆盖，螨常在网下活动产卵。猖獗年份会造成大量落叶、落花、落果及枯枝，影响树势和产量。

【形态特征】雌成螨体长 0.35~0.42 毫米，近梨形，淡黄色至橙黄色，体背有白色长刚毛，共 13 对，足 4 对。雄成螨体长约 0.3 毫米，近楔形。卵圆球形，光滑，直径 0.12~0.14 毫米，壳上有 1 根稍粗的柄。幼螨体近圆形，初孵时淡黄色，足 3 对。若螨形状、色泽均与成螨相似。

【生活习性】一年发生 15 代以上，世代重叠。黄蜘蛛喜阴湿，主要分布在树体绿叶层中下部，以树冠内的阴枝、下垂枝最多。潜叶蛾危害的秋梢卷叶是其越冬的主要场所，常寄生于叶的反面，多集中于主脉与侧脉的两侧。生长繁殖适温 20~25℃，25℃以上虫口下降，30℃以上死亡率高。陕南多在初夏和秋季危害严重。

【防治方法】

（1）加强栽培管理，增强树势。合理稀植，适时修剪，使果园通风透气良好。

（2）利用和保护天敌。保护好食螨瓢虫、捕食螨、草蛉等天敌，有条件的可人工释放或引移天敌。

（3）药剂防治。采果后到次年春芽萌发时，喷 1~2 波美度石硫合剂 1 次；在柑橘生长季节，柑橘黄蜘蛛严重发生时，可用药剂防治，用药种类同柑橘红蜘蛛。

3. 柑橘锈壁虱（图 8-29）

【危害症状】以成、若螨群集在果面、叶片及绿色嫩枝上危害，刺吸植物表皮细胞，吸食汁液。被害果实因油胞层遭到破坏而出现锈色斑点，然后由锈色发展成为黑褐色，故称"油橘"。果实受害后发育减慢，果皮失去光泽、木栓化、粗糙，布满龟裂状细纹，品质变劣。被害叶初为黄褐色，后变黑褐色，似被烟熏过引起叶片卷缩、粗糙，以致落叶，影响树势和次年结果。

图 8-29　柑橘锈壁虱

【形态特征】成螨体长 0.1~0.15 毫米，前大后小，胡萝卜形，淡黄色至橙黄色，具 2 对颚须和 2 对足。若螨初为乳白色半透明，蜕皮后变为淡黄色，形似成螨。卵圆球形，极微小，表面光滑，灰白色，半透明。

【生活习性】一年发生 18 代以上，世代重叠。以成螨越冬，成螨和若螨均喜阴，叶片上集中在叶背，果实上多集中在背阳面先行危害，5 月中旬上果危害，6 月下旬黑皮果出现，7—10 月为发生盛期，7—9 月高温、干燥条件下常猖獗成灾。

【防治方法】

（1）加强管理。合理修剪，科学施肥，间种绿肥，增加植株抗虫能力和改善生态环境，减少发生数量。

（2）保护利用天敌。人工繁殖和释放天敌（捕食螨、蓟马），创造有利于天敌生长的生态环境，抑制害螨种群基数，减轻危害。

（3）做好虫情测报工作，及时进行药剂防治。当田间有虫叶率达20%~30%或每视野有虫3~5头，或果上出现黄白灰尘似薄层，或个别果出现"黑皮"时，均作为防治适期。可选用华光霉素、丁硫克百威、阿维菌素、苯丁锡、多毛菌菌粉、代森锌、洗衣粉400倍稀释液等药剂，均有良好的效果。

4. 柑橘瘤壁虱（图8-30）

【危害症状】主要危害柑橘春梢的腋芽、花芽、嫩叶和新梢的幼嫩组织。春芽受害形成胡椒状的虫瘿，初为淡绿色，后变棕黑色。害螨在虫瘿内继续生长繁殖。受害腋芽失去萌芽和抽生能力。受害枝梢变为扫帚状，叶片稀少，不能开花结果。

【形态特征】雌成螨体长0.18毫米，宽0.04毫米，橙黄色，头胸部宽而短，腹部细长，有环纹65~70环，背腹面环距离相等。雄成螨体稍小，体长0.12~0.13毫米，形似雌成虫。卵呈长圆形，长0.05毫米，宽0.03毫米，乳白色，透明，有光泽。幼

图8-30 柑橘瘤壁虱

螨体粗糙短，近于三角形。若螨体长0.12毫米，背面有65条环纹，腹面有46条环纹。

【生活习性】柑橘瘤壁虱个体发育均在虫瘿中进行，故世代不详。主要以成螨在虫瘿内越冬。柑橘春芽萌发时开始危害，受害部位因愈合而产生新的虫瘿，潜居繁殖其中。3月中旬形成在虫瘿外活动的高峰期，繁殖盛期在4月下旬至6月下旬，10月上旬停止出瘿，进入越冬。树龄愈老受害愈重，幼树受害较轻，苗木较少受害。

【防治方法】

（1）加强检疫。禁止到疫区调运接穗和苗木，预防调运传播。

（2）物理防治。苗木调运时，将接穗和苗木用46~47℃的热水浸10分钟，能杀死在瘿内的活螨。

（3）农业防治。夏季重剪有虫枝梢，集中烧毁，并结合重施肥料，促进夏、秋梢抽生，以恢复树势。

（4）生物防治。天敌主要是捕食螨，5—6月虫瘿内有不少捕食螨，应加以保护。

（5）化学防治。柑橘萌芽至开花期进行树冠喷药。有效药剂有0.5~1波美度石硫合剂、浏阳霉素、哒螨灵、螺螨酯等，每15天1次，连续2~3次。

5. 侧多食跗线螨（图8-31）

【危害症状】以幼螨和成螨危害柑橘幼芽、嫩叶、嫩梢和嫩果。受害的幼芽不能抽出展开，芽节肿大，甚至黄化脱落；嫩梢被害生长衰弱，表皮灰白色，龟裂，湿度大时可诱发炭疽病；嫩叶受害后纵卷，增厚变窄，成为柳叶状；幼果受害，果皮呈细线状裂开，

后期愈合成龟裂状疤痕，呈灰白色至灰褐色，直至脱落。

【形态特征】雌成螨体长 0.2~0.25 毫米，宽椭圆形，淡黄色至橙黄色，半透明，具光泽。足 4 对，第 4 对足退化变细。雄成螨近六角形或菱形，体长 0.12~0.19 毫米，乳白色至淡黄色或黄绿色，半透明。卵椭圆形，底部扁平，灰白色，表面具 6~8 列整齐的乳白色突瘤。幼螨初孵时近椭圆形，乳白色，取食后为淡黄色，足 4 对。雌若螨体形瘦长。

图 8-31 侧多食跗线螨

【生活习性】以成螨在杂草根部或绵蚧卵囊下和盾蚧类残存的蚧壳内越冬。5 月下旬开始活动，夏、秋梢抽发时，繁殖最盛，危害最重。阴暗潮湿的环境最有利于其发生，在棚式育苗地常严重发生。卵产在嫩叶背面、叶柄和嫩芽缝隙处。主要借风力、苗木、昆虫和鸟类传播。雌成螨活泼，爬行迅速，交尾时常背着雄成螨不断爬行。

【防治方法】

（1）农业防治。合理修剪，使橘园通风透光。加强枝梢管理，集中放梢，使枝梢抽发整齐，缩短危害期。合理间作，不套种茄科蔬菜，切断其食料源，降低虫口密度。

（2）生物防治。保护利用天敌，特别是捕食螨、若尼氏钝绥螨、食螨瓢虫、长须螨等。

（3）化学防治。新芽萌发时即喷药防治，有效药剂有 0.2~0.3 波美度石硫合剂、硫磺胶悬剂、印楝素、代森锌、炔螨特等。

（二）柑橘蚧类

1. 矢尖蚧（图 8-32）

【危害症状】主要危害柑橘的枝、叶、果实。被害处四周变黄绿色，严重时大部分叶片卷曲，枝条干枯，削弱树势，诱发煤烟病，甚至引起植株死亡，影响柑橘产量和果实品质。陕南柑橘产区曾于 20 世纪 80 年代大发生，导致许多橘园死树毁园。

图 8-32 矢尖蚧

【形态特征】雌成虫蚧壳长 2.8~3.8 毫米，黄褐色或棕褐色，边缘灰白色，中央有一纵脊，两侧有向中脊斜伸的斜纹，形成屋脊状，似箭羽形。雄成虫蚧壳狭长，长 1.3~1.6 毫米，粉白色，棉絮状。蛹长形，长约 0.4 毫米，橙黄色，尾节的交尾器突出。

【生活习性】在陕南一年发生 2~3 代，世代重叠。多以受精雌成虫越冬为主，少数以 2 龄若虫越冬。生殖方式为两性生殖，繁殖力强。第 1 代若虫高峰期为 5 月中下旬，多在老叶上寄生危害。第 2 代若虫高峰期在 7 月中旬，大部分寄生在新叶上。第 3 代若虫高峰期在 9 月上中旬。成虫于 10 月下旬出现，次年 3 月下旬为成虫高峰期。

【防治方法】

（1）加强栽培管理，增强树势。结合春季清园，剪除受害枝叶集中烧毁，保证果园通风透光良好。

（2）保护和引进天敌。如日本方头甲瓢虫、蚜小蜂、桃小蜂和寄生菌等，可在一定程度上抑制虫口密度。

（3）药物防治。矢尖蚧第 1 代发生比较整齐，初孵 1~2 龄幼蚧抗药能力较差，此时天敌虫口也较低，是药剂防治的关键时期。喷药适期为当年第 1 代幼蚧初见后 21~25 天即 5 月中下旬喷第 1 次，再隔 7~10 天喷第 2 次。用药主要有：矿物油乳剂、石硫合剂、毒死蜱、噻嗪酮、噻虫嗪、螺螨酯、螺虫乙酯、氟啶虫胺腈等。另外用 0.3% 印楝素乳油 150 倍液混合 50 倍机油乳剂防治雌成虫效果好；适期喷 2.5% 甘薯淀粉液，防效可达 95%。

2. 吹绵蚧（图 8-33）

【危害症状】若虫和雌成虫群集在寄主的枝干、叶背中脉两侧和果实上危害，吸食汁液，使叶黄枝枯，皮层粗糙，引起落叶、落果，甚至全株枯死，并排泄大量蜜露，诱发煤烟病。陕南柑橘曾于 20 世纪 50 年代末至 60 年代初暴发成灾，大量果园死树毁园。

【形态特征】雌成虫体椭圆形，长 5~7 毫米，宽 3.7~4.2 毫米，橘红色，分泌白色蜡质粉状物及细长、透明、长短不一的蜡丝，覆盖表体，形成腹部橘红色。触角 10 节。雄蛹体长 3.5 毫米，眼褐色，茧白色，椭圆形，由疏松的蜡丝组成，自外可透视蛹体。

图 8-33　吹绵蚧

【生活习性】在陕南一年发生 2~3 代，世代重叠，以成虫、卵和各龄若虫在主干和枝叶上越冬。雌虫均为雌雄同体，卵在体内可自行受精，生殖方式为孤雌生殖，繁殖力强。气温 20℃ 左右，湿度高，为产卵的适宜条件，15℃ 以下产卵量显著减少。此外，霜冻、干热、大雨也不利于其发生繁殖，可借助风力或苗木，接穗和田间农事操作等传播。

【防治方法】参照矢尖蚧防治方法，但应重视生物防治，特别要保护和引进澳洲瓢虫和大红瓢虫，以虫治虫。局部发生时用刷子或稻草刷除枝干上的越冬成虫和若虫，或剪除有虫枝梢。

3. 糠片蚧（图8-34）

【危害症状】成虫和若虫群集在枝条、叶片及果实上危害。果实受害处出现绿色斑，蚧体紧贴在微凹处，极难清除，使柑橘失去商品价值。枝叶受害严重时，枝枯叶落，树势衰退，产量减少。

【形态特征】雌成虫蚧壳形状和色泽似糠壳，多为不端正的长圆形或椭圆形，长1.5~2毫米，灰褐色或淡褐色，第一壳点极小，椭圆形，暗绿褐色或暗黄绿色；第二壳点较大，近圆形，略隆起，暗黄褐色。雌成虫体略呈椭圆形，长约0.8毫米，紫

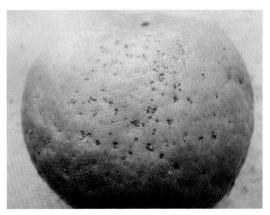

图8-34　糠片蚧

红色。雄成虫蚧壳细长，长约1毫米，白色或灰白色。虫体淡紫色，具触角和翅各1对，足3对，腹末有针状交尾器。卵椭圆形，淡紫色，长约0.3毫米。若虫初孵时体扁平，长0.3~0.5毫米，足3对，触角和尾毛各1对。雌若蚧锥形，雄若蚧椭圆形，均为淡紫色。固定后足和触角退化。雄蛹淡紫色，略呈长方形，体长0.55毫米，宽约0.25毫米，腹末有1对尾毛和发达的交尾器。

【生活习性】在陕南一年发生3~4代，世代重叠。除雄成虫外，其他各虫态均可越冬，但以雌成虫及其腹下的卵为主在柑橘的枝叶上越冬。借风雨、苗木运输传播。雌成虫有两性生殖和孤雌生殖两种方式。初孵幼蚧4—11月均可见到，但1年中有3个相对高峰期，分别出现在5月中旬至6月上旬、7月下旬至8月上旬和9月上中旬。第一代主要在叶片上，其中正面明显多于背面，第二代以后大量上果危害。糠片蚧喜欢寄生在荫蔽或光线不足的枝叶上，尤以植株下部内膛，或有尘土的枝叶上更密集。寄生果实者，多固定在油胞凹陷处，尤以果蒂附近最多。温暖、潮湿、光照不足、管理粗放的橘园受害较重，同一株树上中下层受害依次加重，在田间分布极不均匀，往往是点片成灾。

【防治方法】参照矢尖蚧防治方法。把握好幼蚧上果前喷药防治，新种植区不能购买带虫苗木。

4. 褐软蚧（图8-35）

【危害症状】成虫和若虫在叶片、枝干及果实上刺吸汁液，主要危害叶及果实。叶片受害后叶绿素减退，出现淡黄色斑点，影响光合作用；枝干受害，表皮粗糙，树势减弱，枝枯叶落；嫩枝受害后生长不良。

图8-35　褐软蚧

【形态特征】雌成蚧蚧壳半球形，紫褐色，边缘淡褐色，中央隆起，向边缘斜低，略呈圆笠状，蚧壳直径3~42毫米。卵长椭圆形，扁平，淡黄色。初孵若虫体长椭圆形，扁平，淡黄褐色，长1毫米左右。

【生活习性】在陕南一年发生2~5代，后期世代重叠。以雌成虫和2龄若虫越冬。初孵若虫盛发期第1代5月中下旬，第2代7月中下旬，第3代10月上旬，每头雌成虫产卵1 000~1 500粒，经数小时即可孵化。

【防治方法】参照矢尖蚧防治。

5.红圆蚧（图8-36）

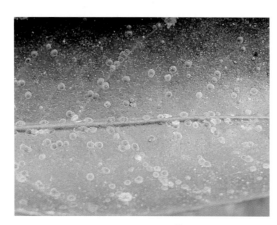

图8-36 红圆蚧

【危害症状】成虫和若虫群集在叶片、果实及枝条危害。苗木自主干基部到顶叶均有寄生。大树多寄生在顶部枝条及叶片正、背面，严重时层叠满布于枝条、叶片上，导致落叶、枝条干枯，影响树体生长。

【形态特征】雌成蚧蚧壳扁圆形，直径1.8~2.0毫米，橙红色至红褐色。虫体长1.0~1.2毫米，肾形，淡橙黄色，臀部3对。雄成虫长1.0毫米，橙黄色，眼紫色，触角和翅各1对，足3对，尾部交尾器针状。卵宽椭圆形，淡黄色至橙黄色。若虫橙黄色，阔卵形。1龄若虫体长0.6毫米，长椭圆形，橙黄色，2龄时触角和足消失，体渐圆，橙黄色，后渐变橙红色，蚧壳逐渐扩大变厚。

【生活习性】在陕南一年发生2~4代。以受精雌成虫和2龄幼蚧在枝叶上越冬。生殖方式为两性生殖，繁殖力强。各代幼蚧分别于5月、8月和10月出现3次高峰。5月上旬开始产卵，若虫分散转移，喜于茂密背阴处的枝梢、叶片和果实上群集固着危害，8月上中旬发生第1代成虫，10月中旬发生第2代成虫，交配后雄成虫死亡，雌成虫越冬。初孵幼蚧借风力、昆虫和鸟类等传播。

天敌优势种有岭南黄金蚜小蜂、双带巨角跳小蜂和红头菌等。

【防治方法】结合修剪，剪除虫枝；利用和保护天敌。生长期抓第1代防治，5—6月幼蚧爬出母体游荡取食期，连续喷药2次。喷机油乳剂或松脂合剂。其他药剂选用参见矢尖蚧防治。

6.黑点蚧（图8-37）

【危害症状】若虫和成虫常群集固定在叶片及新枝上危害，枝条上较少，形成黄

图8-37 黑点蚧

斑，影响光合作用。严重时枝干叶枯，影响果实的外观和品质。

【形态特征】雌成蚧蚧壳漆黑色，长椭圆形，长 1.6~1.8 毫米，宽 0.5~0.7 毫米。虫体倒卵形，淡紫色，前胸两侧有耳状突起。雄成蚧蚧壳狭小，长约 1 毫米，宽约 0.5 毫米，黄白色，周缘有白色边。虫体紫红色，翅 1 对，腹末有针状交尾器。卵椭圆形，紫红色，长 0.25 毫米。若虫初孵时近圆形，灰色，固定后体色加深，并分泌白色棉絮状蜡质。雄蛹淡红色，腹部略带紫色，腹末可见淡色交尾器。

【生活习性】在陕南一年发生 3~4 代，田间世代重叠，发生极不整齐。多以雌成虫和卵在柑橘叶片和枝条上越冬。生殖方式为孤雌生殖，繁殖力强。借苗木和风力传播，风力是其主要传播媒介。各代 1 龄若虫盛发期分别为 5 月上旬、7 月中旬及 9 月上旬。阴暗园地生长衰弱的植株，有利于其繁殖。

【防治方法】越冬雌成蚧在每叶 2 头以上时，应注意及时防治。重点抓住 5—8 月的 1 龄幼蚧高峰期进行药剂防治，每 15~20 天 1 次，连喷 2 次，药剂选用同矢尖蚧。同时要保护天敌。

（三）粉虱类

1. 柑橘粉虱（图 8-38）

【危害症状】主要以若虫危害春、夏、秋各次新梢叶片。成虫群集、若虫固定在新叶背面吸食汁液，成虫危害时分泌一薄层蜡粉在叶背，同时交尾产卵。叶片因若虫排泄物诱发煤烟病，使枝叶污黑，阻碍光合作用，导致树势衰弱，果实生长缓慢，以致脱落。留存果实表面覆盖煤烟，影响果实外观品质。

【形态特征】雌成虫体长 1.2 毫米，体黄色。复眼红褐色。触角 7 节。雄成虫体长约 0.96 毫米。卵长 0.2 毫米，椭圆球形，淡黄色，散生于叶背。若虫共 4 龄。

图 8-38 柑橘粉虱

【生活习性】在陕南一年发生 3~5 代，世代重叠。以 3 龄若虫和蛹在秋梢叶背越冬。翌年 3 月中旬越冬代羽化为成虫。4、7、9 月为发生盛期。成虫飞翔力不强，遇惊作短暂飞舞，即返回树上。阳光强、气温高时迁入树冠隐蔽处。该虫害在荫蔽潮湿果园发生多。

【防治方法】剪除密集的虫害枝，使果园通风透光。应用黄板粘杀成虫。药剂防治的关键时期是各代 1~2 龄若虫盛发期，特别是第 1 代。药剂可选吡虫啉、啶虫脒、毒死蜱、烯啶虫胺、螺螨酯、呋虫胺等。虫口基数较大的橘园，冬季清园时可喷布机油乳剂 150~200 倍液或石硫合剂 1 波美度，杀死越冬若虫及清除煤烟病。喷药时要注意喷射树冠内膛和树叶背面，受害重的果园应间隔 7~10 天连续用药 2 次。陕南许多果园可见粉虱座壳孢菌，是柑橘粉虱的寄生性天敌，应注意识别和保护。

图8-39　黑刺粉虱

2.黑刺粉虱（图8-39）

【危害症状】以幼虫密集在叶片背面刺吸汁液，形成黄斑，并分泌蜜露诱发煤烟病，枝叶发黑脱落，树势衰弱，产量剧减，果实质量差。

【形态特征】雌成虫体长1~1.7毫米，橘红色，复眼红色，触角7节。雄成虫体长约1毫米。卵长0.2毫米，长圆形，产在叶背，散生或密集成圆图状，初产时乳白色，后变为淡黄色，将孵化时紫黑色。若虫共4龄。

【生活习性】在陕南一年发生4代，世代重叠。以2~3龄若虫在叶背越冬。成虫有趋嫩性，每代盛发与新梢抽生密切相关。卵的发育温度为10.3℃，卵期在平均温度22℃时为15天，若虫在平均温度24℃时为13天左右。在温度21~24℃下，成虫寿命6~7天。

【防治方法】

（1）加强栽培管理，及时中耕施肥，增强树势，剪除密集的虫害枝，使果园通风透光。

（2）保护和利用天敌。黑刺粉虱的天敌主要有寄生蜂、瓢虫、草蛉、寄生菌等，应注意保护和利用。

（3）药剂防治。注意监测虫情，在各代1~2龄若虫盛发期喷药防治效果最好。当1龄若虫量占总虫量约70%时，为最佳防治时期。可用矿物油乳剂、毒死蜱、晶体敌百虫、噻嗪酮、吡虫啉、啶虫脒、氯氰菊酯等防治。喷药时一定要均匀喷至叶背才有良好效果，受害重的果园应间隔10~15天连续用药2次。由于黑刺粉虱成虫具有一定的移动性，四周果园应同时用药。

（四）蚜虫（图8-40）

【危害症状】主要以成虫和若虫群集在新梢花蕾上吮吸汁液，被害的新梢嫩叶卷曲、皱缩，节间短缩，不能正常伸展，严重时引起落果及大量新梢无法抽出，不但当年减产，还会影响翌年产量。蚜虫排泄的"蜜露"能诱发煤烟病，影响叶片光合作用，削弱树势。其中橘蚜、棉蚜和绣线菊蚜是传播柑橘衰退病的媒介。

【形态特征】陕南主要以橘蚜危害为主。橘蚜有无翅型和有翅型。无翅孤雌蚜，体椭圆形，长2.0毫米，宽1.3毫米，虫体黑色有光泽，或带黑褐色，复眼红褐色，触角灰褐色，共6节。有翅孤雌蚜，体长卵形，

图8-40　蚜虫

长 2.1 毫米，宽 1.0 毫米，虫体黑色有光泽。卵黑色，有光泽，椭圆形，长约 0.6 毫米。

【生活习性】一年发生 10 余代，世代重叠十分严重。以卵越冬。高温干旱条件有利于种群繁殖，一般以无翅蚜聚集危害。柑橘园春梢和秋梢抽生期为发生的高峰期。

【防治方法】

（1）农业防治。结合修剪剪除被害枝梢、有卵枝，清除越冬虫卵。

（2）保护利用天敌。如七星瓢虫、月瓢虫等多种瓢虫、草蛉、食蚜蝇等。

（3）药剂防治。在嫩梢上发现有无翅蚜危害时应进行喷药，可选吡虫啉、啶虫脒、吡蚜酮、烯啶虫胺、烟碱乳油等药剂防治。

（五）柑橘潜叶蛾（图 8-41）

【危害症状】主要以幼虫潜入寄主嫩叶、嫩茎及幼果皮下取食，形成白色弯曲虫道，使叶片卷曲硬脆脱落，造成新梢生长差，影响树势和结果。

【形态特征】成虫体长约 2 毫米，翅展约 5 毫米，银白色。卵长约 0.3 毫米，扁圆形，乳白色，透明。幼虫体黄绿色，长约 4 毫米，体扁平。蛹体长约 2.8 毫米，纺锤形，初呈淡黄色，后转深褐色。

【生活习性】以蛹或少数老熟幼虫在叶缘卷曲处越冬，世代重叠。4 月下旬越冬蛹羽化为成虫，5 月下旬夏梢萌芽时幼虫开始危害，夏、秋梢抽发期危害最烈，尤以晚秋梢、苗圃和幼树抽梢多而不整齐时受害较重，7—9 月危害最盛。

图 8-41 潜叶蛾

【防治方法】

（1）冬季清园。结合修剪剪除被害枝叶，清除虫源。

（2）配合肥水管理。抹芽控梢，使抽梢整齐一致，做好预测预报，严格控制夏、秋梢零星抽发，集中喷药防治。

（3）药剂防治。当新梢吐出 5~10 毫米或新叶受害率达 5% 左右时开始喷第 1 次药，每隔 7~10 天 1 次，连喷 2~3 次。药剂可选用丁硫克百威、氯氰菊酯、氟氯氰菊酯、甲氰菊酯和啶虫脒、吡虫啉、阿维菌素乳油等。

（六）凤蝶类

1. 柑橘凤蝶（图 8-42）

【危害症状】以幼虫危害柑橘嫩叶、新梢，初龄幼虫咬食嫩叶，造成缺刻，严重发生时，可将幼年树新梢叶片全部吃光。

【形态特征】成虫分春型和夏型。春型雌虫体长 21~28 毫米，翅长 70~95 毫米，翅黑色，斑纹黄色。夏型个体较大，体长 27~30 毫米，翅展 91~105 毫米。黄斑纹较大，黑色部分较少。卵直径约 1.5 毫米，圆球形。淡黄至黑色。老熟幼虫体长 38~42 毫米，绿色至深绿色，头小。蛹体长 30~32 毫米，初化蛹时淡绿色，后转为黄绿色。

图 8-42　柑橘凤蝶

【生活习性】一年发生 3~6 代。以蛹在枝梢上越冬。卵产于嫩叶叶背、叶缘或叶尖、幼虫随虫龄增长而食量增加，老熟幼虫选在易隐蔽的枝条或叶背，吐丝作垫，固定尾端和胸腹部系丝围圈固定在枝条上，头斜向外悬空化蛹。

【防治方法】

（1）捕捉成虫。在成虫羽化盛期于早晨露水未干时，在柑橘树冠下部或周边进行人工捕捉；幼年果园可人工抹除卵粒，查捉幼虫或清除虫蛹。

（2）保护和利用天敌。主要有赤眼蜂、凤蝶蛹寄生蜂以及多种小雀。

（3）药剂防治。主要有苏云金杆菌、苦参碱水、氯氰菊酯、毒死蜱、仲丁威等。要对幼龄期的幼虫进行喷药，防效最好。

2.玉带凤蝶（图 8-43）

【危害症状】以幼虫咬食新梢叶片为主，将叶片咬食成缺刻和只剩主脉，严重发生时嫩梢可被食光，严重影响枝梢的抽发和树冠的形成。

图 8-43　玉带凤蝶

【形态特征】成虫体长 25~32 毫米，翅展 90~100 毫米，体、翅黑色。卵直径约 1.2 毫米，球形，表面光滑，初产时淡黄白色，后变为深黄色，近孵化时灰黑色，体色多为绿色，老熟幼虫体长 34~44 厘米，深绿色，第 2 腹节前缘有一黑色条带。

【生活习性】一年发生 4~5 代。均以蛹在枝梢、叶片隐蔽处越冬，世代重叠。3—4 月成虫出现，4—11 月均有幼虫发生，以夏、秋季为危害高峰，对幼苗、幼树和嫩梢危害极大。幼虫在被害的枝梢下方或枯枝、树干上吐丝垫固尾部，再系丝于腰间，蜕皮化蛹。

【防治方法】

（1）人工捕杀。傍晚成虫栖息之后，在园内和园边捕捉成虫；幼年果园提倡人工抹除卵粒和捉除幼虫、蛹。

（2）生物防治。保护利用卵和蛹寄生蜂，凤蝶赤眼蜂和凤蝶蛹寄生小蜂分别寄生于凤蝶卵和蛹体，对夏、秋季凤蝶的控制有一定的作用。

（3）药剂防治。在幼虫大量发生时进行喷药，防效最好。药剂有苏云金杆菌、溴氰菊酯、甲氰菊酯、晶体敌百虫、仲丁威等。

（七）柑橘蓟马（图8-44）

【危害症状】以成虫、幼虫吸食嫩叶、嫩梢、花和幼果的汁液，引起落花、落果，叶片皱缩畸形，果实斑疤。

【形态特征】成虫体长约1毫米，淡橙黄，纺锤形，体有细毛。卵肾形，长约0.18毫米，极细。幼虫共2龄，淡黄色，老熟时为琥珀色，椭圆形。

【生活习性】一年发生5~7代，以卵在秋梢新叶组织越冬。翌年3—4月孵化为幼虫，在嫩叶和幼果上取食。以谢花后至幼果直径4厘米期间危害最烈。

【防治方法】

（1）花期和幼果期应加强田间检查，一般每7天检查1次，当发现谢花后有5%~10%的花或幼果有虫时，或幼果直径达1.8厘米后有20%的果实有虫时，应立即喷药防治。

（2）药剂可选用阿维菌素、晶体敌百虫、呋虫胺、吡蚜酮、噻虫嗪、乙基多杀菌素等。

图8-44　蓟马

（八）吉丁虫（图8-45）

【危害症状】以成虫咬食叶片造成缺刻，幼虫蛀食枝干皮层，被害处有流胶，危害严重时树皮爆裂，严重影响树势甚至造成整株枯死，故又名"爆皮虫"。

【形态特征】成虫体长6~9毫米，古铜色，有金属光泽。触角锯齿状，11节。卵长0.5~0.6毫米，椭圆形，初为乳白色，后变为土黄色，末端有1对黑褐色的钳状突。蛹扁圆锥形，体长8.5~10毫米，化蛹初期为乳白色，柔软多皱褶，逐渐转为黄褐色，羽化前变为蓝黑色，有金属光泽。

【生活习性】一年发生1代，以老熟幼虫在木质部越冬，也有少数低龄幼虫在韧皮部内越冬。由于虫龄不一，发生极不整齐。成虫在白天活动。幼虫蛀食抵达形成层后即向上或向下蛀食，出现不规则蛀道，排泄粪便于其中。二十世纪六十年代初在陕南被发现，六十年代末七十年代初开始蔓延。西

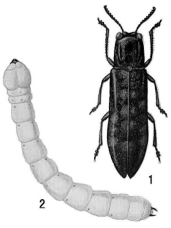

图8-45　吉丁虫

北农学院昆虫专家周尧教授"文革"前到城固县橘园进行柑橘病虫害调查，专题研究吉丁虫的发生发展规律，总结出应在5月8日左右成虫出洞前，结合修剪，剪除虫枝、枯枝烧毁；或涂刷泥浆阻隔成虫出洞，或在成虫即将出洞时涂药毒杀成虫。当然，随着气候变化和时间推移，此虫生活规律及防治时间也会随之变化。

【防治方法】

（1）冬季清园。结合冬剪，彻底清除死树死枝，集中烧毁，消灭越冬幼虫。

（2）加强栽培管理。做好柑橘树施肥、抗旱、防冻与防病虫等项工作，保持树体光洁，减少产卵机会。

（3）药杀成虫。成虫羽化出洞之前，先刮除树干虫害部分的翘皮，然后用80%敌敌畏乳剂1份加泥浆20份混合涂刷树体，将成虫堵死在树体内。另外，抓住幼虫在皮层危害阶段，在6—7月树干出现芝麻状分散油滴和流胶时，用小刀刮出初孵幼虫，用80%敌敌畏乳剂1份加煤油10份混合后涂刷被害部位，毒杀幼虫。或在6—7月用小刀刺死幼虫。

（九）恶性叶甲（图8-46）

【危害症状】成虫和幼虫均咬食嫩叶、嫩茎、花和幼果，造成叶片缺刻或枯焦，幼果脱落。春梢期危害极严重，可造成树势下降，产量减少。

图8-46 恶性叶甲

【形态特征】雌虫体长3~4毫米，体宽1.7~2毫米，雄虫体略小，长椭圆形，蓝黑色，有金属光泽。卵长约0.6毫米，长椭圆形，初为白色，后变黄白色。老熟幼虫体长约6毫米，黄白色。蛹体长约2.7毫米，椭圆形，由黄色渐变为橙黄色，腹部末端有1对色泽较深的尾叉。

【生活习性】一年发生3~4代，多以成虫在树干的地衣、苔藓下或霉桩、树穴、杂草、枯枝卷叶和松土中越冬。成虫能飞善跳，有假死性，寿命约2个月，羽化2~3天后开始取食。3月中下旬成虫开始交尾产卵，第一代幼虫4—5月盛发，危害最重。

【防治方法】

（1）清除成虫越冬、幼虫化蛹场所，彻底清除树干上霉桩、地衣、苔藓，进行树干涂白。

（2）捕杀成虫和幼虫。利用成虫假死性，可摇落捕杀；根据化蛹习性，可在主干捆扎稻草诱集幼虫化蛹，集中烧毁。

（3）喷药防治。第1代幼虫孵化率达到40%时开始喷药保护春梢，可用溴氰菊酯、氰戊菊酯、联苯菊酯、氯氟氰菊酯等药剂。受害严重的果园相隔7天再喷1次。

（十）柑橘花蕾蛆（图8-47）

【危害症状】成虫产卵于未开放的花蕾中，幼虫危害花器，受害花蕾膨大缩短，形成钟形花，花瓣上多有绿点，不能正常开花、授粉，被害花蕾脱落，严重影响产量。

【形态特征】雌成虫体型似小蚊，体长1.5~1.8毫米，翅展4.2毫米，灰黄色或黄褐色，头偏圆，复眼黑色。卵长0.16毫米，长椭圆形，无色透明。老熟幼虫体长3.0毫米，长纺锤形。蛹体长1.6毫米，纺锤形，体表有一层胶质透明的蛹壳。

图8-47　柑橘花蕾蛆

【生活习性】一年发生1代，以幼虫在土中越冬。柑橘现蕾期，成虫羽化出土后，白天潜伏于地面，夜间活动和产卵。花蕾直径2~3毫米，顶端松软时，最适于产卵。幼虫孵化后在花蕾子房周围危害，生活10天即显出花蕾，弹入土中做土茧越夏、越冬。至第二年化蛹羽化出土。幼虫抗水能力强，可随水传播。阴雨有利于成虫出土和幼虫入土，低洼阴湿果园、阴面果园和荫蔽果园、沙土园均有利于发生。

【防治方法】

（1）地面喷药。橘现蕾初期和谢花初期用10%二嗪农颗粒剂1千克，与15千克细土混匀后撒施地面。

（2）树冠喷药。柑橘现蕾初期，及时对树冠喷药，可选用辛硫磷、毒死蜱、溴氰菊酯、氯氟氰菊酯、仲丁威等。每5~7天喷1次，连续喷2次。

（3）摘除被害花蕾。在柑橘花蕾期及时摘除被害花蕾，集中处理，杀死幼虫。

（4）冬春翻土。结合冬季深翻或春季浅耕园土，可降低次年虫口基数。

（十一）柑橘大实蝇（图8-48）

【危害症状】成虫产卵于幼果内。幼虫蛀食果肉，以致溃烂，不堪食用，果实未熟先黄而大量脱落。

图8-48　柑橘大实蝇

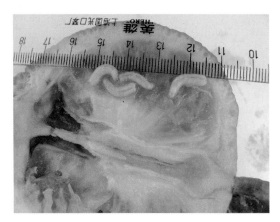

图 8-49　大实蝇蛆果

图 8.50　柑橘大实蝇幼虫

图 8-51　稳粘粘杀成虫

【形态特征】成虫体长 12~13 毫米（不包括产卵管），翅展 20~24 毫米，体淡黄褐色，头大，复眼金绿色，触角茫状黄色，角茫很长。卵长 1.4~1.5 毫米，长椭圆形，乳白色。老熟幼虫体长 15~18 毫米，乳白色或淡黄色。蛹长 9~10 毫米，宽约 4 毫米，椭圆形，黄褐色，羽化前略带金绿色光泽（图 8-49）。

【生活习性】一年发生 1 代，以蛹在土中越冬。5 月上旬成虫羽化出土，一周后开始舐食昆虫分泌的蜜露或杂树上的花蜜和嫩叶汁液，成虫迁飞能力强，居栖不定。6 月上旬至 7 月下旬，果实长至 2~4 厘米时，成虫开始交配产卵，成虫一般在早晨、傍晚及夜间活动较多，多数在下午 5 点以后至第二天中午 10 点之前。产卵部位大多在果腰及果顶皮下白色层内，卵期 40 天左右，8 月下旬至 9 月上旬卵开始孵化，孵化的幼虫蛀食果肉，受害果 9 月下旬开始脱落，幼虫随落果入土化蛹越冬（图 8-50）。

【防治方法】

（1）摘除受害果和捡拾落果。在 9—11 月巡视果园，及时摘除受害果或捡拾落地果，并集中深埋，埋果坑深应大于 1 米，以 1~1.5 米为宜，或用塑料袋闷杀。这是最根本最有效的防治措施。

（2）物理防治。6 月上旬至 7 月下旬，用"稳粘"喷瓶挂树粘杀成虫，或用诱蝇球诱杀成虫（图 8-51）。

（3）药剂防治。常用的方法包括地面封杀和树上诱杀，防治效果甚佳。

①地面封杀。在柑橘大实蝇重发区，4 月下旬至 5 月上旬，成虫开始羽化出土时，每亩用 90% 晶体敌百虫 2~4 千克，参细土或细绵沙，均匀撒在橘园土壤表层，浅锄整实，封杀未出土的羽化成虫，或每亩用毒死蜱 800~1 500 倍液喷洒橘园表土。同

时，还可杀死越冬后即将羽化出土的花蕾蛆成虫。

② 树上诱杀。6月上旬至7月下旬在成虫羽化出土、交配产卵期，用果瑞特或90%晶体敌百虫800倍或35%杀虫双1 000倍加5%红糖、2%食用醋和0.5%白酒，于晴天上午和下午成虫开始取食前，喷洒树冠。每隔10~15天喷一次，连喷3~4次。在树冠喷杀的同时，采用挂瓶、放盆、置罐等容器盛晶体敌百虫或杀虫双加糖醋液诱杀其成虫。糖醋液配方是：红糖5份，食用醋3份，白酒1份，水100份，加入90%晶体敌百虫或35%杀虫双0.5份。

（十二）拟小黄卷叶蛾（图8-52）

【危害症状】蛀食花蕾，取食叶片，危害果实，导致大量落果。

【形态特征】成虫体黄褐色，雌虫体长8毫米，翅展18毫米。卵及卵块椭圆形，覆盖胶质薄膜。老熟幼虫体长17~22毫米，淡黄绿色。

【生活习性】一年发生7~9代，田间世代重叠，多以幼虫在柑橘幼树上吐丝卷叶苞藏其中过冬，无滞育和真正越冬现象。4月中下旬卵开始孵化成幼虫并危害花果，幼虫常吐丝将叶片及果实缀和在一起，取食其中。5—8月幼虫危害幼芽、嫩叶。9月又转至果实危害致大量落果。

图8-52 拟小黄卷叶蛾

【防治方法】

（1）冬季清园。结合修剪彻底清除病虫枝叶，铲除园内园边杂草，消灭越冬幼虫和蛹。

（2）摘除卵块，捕捉幼虫。

（3）生物防治。在拟小黄卷叶蛾产卵前释放松毛虫赤眼蜂，每代放蜂3~4次。也可在4—5月和9月幼虫蛀果盛期前，用苏云金杆菌或青虫菌进行防治。

（4）药剂防治。在盛花期、幼果期和夏、秋梢抽发期应及时喷药。药剂有：晶体敌百虫、溴氰菊酯、甲氰菊酯、敌敌畏、仲丁威等。

（十三）麻皮蝽（图8-53）

【危害症状】成虫和若虫以刺吸式口器插入叶片和果实中吸取汁液，被害叶片黄化枯萎，果实品质变劣或引起落果。

【形态特征】雌成虫体长19~23毫米，雄成虫体长18~22毫米。头长，有粗刻点，渐向前尖；侧片和中片等长；前胸背板、小盾片均为棕黑色，有粗刻点，散布许多黄白小斑点。革质部深棕褐色，有时稍现红色，刻点更细；膜质部棕黑色，稍长于腹；腹部背面深黑色；侧接缘黑白相间，白中带有黄色，或微红色。

【生活习性】一年发生1~2代，以成虫在温暖隐蔽的缝隙中越冬。翌年春暖后外出活动取食。成虫飞翔力强，喜于树体上部栖息危害，交配多在上午。具假死性，受惊扰时会喷射臭液，但早晚低温时常假死坠地，正午高温时则逃飞。有弱趋光性和群集性。初龄若虫常群集叶背，2、3龄才分散活动。卵多成块产于叶背，每块约12粒。

【防治方法】

（1）人工铺杀。5—9月摘除叶上卵块并查捉若虫；雨天或清晨露水未干时捕捉栖息于树冠外面叶片上的成虫。

（2）保护利用天敌。利用黄京蚁捕食成、若虫，或在5—7月将人工繁殖寄生蜂在果园释放。

图8-53 麻皮蝽

（3）药剂防治。1~2龄若虫盛期选用联苯菊酯、敌敌畏、辛硫磷、溴氰菊酯等药剂进行喷雾。

（十四）吸果夜蛾类

1.鸟嘴壶夜蛾（图8-54）

【危害症状】成虫吸食果实的汁液，受害果实表面有针刺状小孔，被害后伤口很快腐烂，导致果实脱落，严重影响当年产量。

【形态特征】成虫体长23~26毫米，翅展49~51毫米。卵高约0.6毫米，径约0.76毫米，球形，黄白色，卵顶稍隆起，乳黄色。老熟幼虫体长46~58毫米，全灰褐色或灰黄色。蛹体长18~23毫米，红褐色。

【生活习性】一年发生3~4代，世代重叠。以蛹或老熟幼虫在背风向阳的寄主植物基部或杂草丛中越冬。成虫9—11月危

图8-54 鸟嘴壶夜蛾

害柑橘果实，以9—10月最重。成虫白天潜伏，黄昏入园取食，趋光性弱，有假死性，在柑橘成熟期，一般夜间10:00前活动最盛。闷热、无风的夜晚大量上果危害。

【防治方法】

（1）果园规划与设置。在山区建立果园时要尽可能连片种植同一熟期的品种。并选择当地适栽又能避过吸果夜蛾类危害高峰的品种。

（2）铲除幼虫寄主。每年9月将橘园及其四周的木防已、汉防已等寄主植物连根铲除。也可种植木防已、汉防已等寄主植物，引诱成虫产卵，再药杀成虫。

（3）灯光驱蛾和灯光诱杀。每10亩柑橘园中，设40瓦金黄荧光灯等6盏，能有效减少吸果夜蛾危害数量，或安装黑光灯诱杀。

（4）药剂诱杀成虫和喷药防治。用已被危害的落地果去皮后，浸泡在有红糖、醋和晶

体敌百虫混合的液体中，晚间挂在园边树上，进行诱杀。喷杀幼虫的药剂可选用拟菊酯类农药，如甲氰菊酯、氯氟氰菊酯等。

（5）果实套袋。在果实转入成熟期前，进行果实套袋，套前先喷药防治螨类。

2. 嘴壶夜蛾

【危害症状】被害果刺孔周围组织外表变色，轻的仅有一小孔，内部果肉呈海绵状或腐烂，重的果实软腐脱落。幼虫食叶。

【形态特征】成虫体长16~19毫米，翅展34~40毫米，头部和足棕红色，腹部背面灰白色，其余大部分为褐色。口器深褐色，角质化，先端尖锐，有倒刺10余枚。卵扁球形，底稍平，直径0.7毫米，黄白色，1天后呈暗红花纹，壳表面有较密的纵向条纹。幼虫共6龄，老熟时长30~52毫米。蛹红褐色，长18~20毫米，常有叶片包着。

【生活习性】一年发生3~5代，以蛹和老熟幼虫越冬，世代重叠。田间发生极不整齐，幼虫全年可见，但以9—10月发生量较多。成虫略具假死性，对光和芳香味有显著趋性。白天分散在杂草、间作物、篱笆和树干等处潜伏，夜间进行取食和产卵等活动。幼虫的寄主有木防已和汉防已。温度在17℃以上的无风夜晚危害严重。卵散产。

【防治措施】参照鸟嘴壶夜蛾防治方法。

3. 枯叶夜蛾（图8-55）

【危害症状】成虫危害果实。柑橘果实被害后，初为小针孔状，并有胶液流出，后扩展为木栓化、水渍状的椭圆形褐色斑，最后全果腐烂，发出酒糟味。幼虫食叶，常将叶片吃光，仅剩叶脉。

【形态特征】成虫体长35~40毫米，翅展96~110毫米，头、胸部棕褐色，腹部杏黄色。触角丝状。卵扁球形，乳白色，直径0.9~1.0毫米。老熟幼虫体长60~70毫米，头部褐色，体黄褐色或灰褐色。蛹红褐色或灰褐色，长30~32毫米。臀棘4对，外有黄白色丝将叶片粘连在一起包裹蛹体。

【生活习性】一年发生2~3代，以成虫越冬，田间从4—10月均可见成虫。成虫略具假死性，昼伏夜出、有趋光性。喜危害香甜味浓的果实。7月下旬开始危害早熟

图8-55 枯叶夜蛾

温州蜜柑，8月中旬至9月上旬危害最烈。幼虫寄主有木防已、木桶和通草等植物。

【防治措施】参照鸟嘴壶夜蛾防治方法。

（十五）金龟子类

1. 铜绿金龟子（图8-56）

【危害症状】成虫食性杂，大量食叶，还取食柑橘花粉和花蜜，造成花器残缺，影响授粉，引起果实花斑。

【形态特征】成虫体长约20毫米，铜绿色有光泽，边缘黄绿色。卵长约2毫米，黄白

色。老熟幼虫体长约 30 毫米。蛹体长约 18 毫米，长卵圆形，淡黄色。

【生活习性】一年发生 1 代，以幼虫在土壤中越冬。5 月下旬至 7 月中旬是成虫危害盛期。成虫白天潜伏土中，傍晚飞至树上整夜取食，次晨飞离树冠。成虫有趋光性和假死性，寿命平均达一个月。幼虫在表土中危害苗木根茎，10 月以后钻入土中越冬。

图 8-56　铜绿金龟子

【防治方法】

（1）人工捕杀。通过翻耕土壤或对堆积有机肥堆进行翻转，拾除蛴螬集中处理，减少羽化成虫；晚上人工捉虫，盛发期可利用黑光灯诱杀。

（2）生物防治。果园中养鸡捕食潜藏的成虫和土壤中的幼虫。

（3）喷药防治。成虫盛发期，在树冠喷布农药有防和杀的效果。药剂可选用马拉硫磷、辛硫磷、晶体敌百虫等。

2. 花潜金龟子（图 8-57）

图 8-57　花潜金龟子

【危害症状】以成虫取食柑橘花粉和花蜜，以及花丝、子房，造成花器残缺，影响授粉或子房皮部损伤，从而引起果实花斑。

【形态特征】成虫扁椭圆形，体长 12~15 毫米，宽 6~9 毫米，头黑褐色。卵白色，球形，长约 1.8 毫米。老熟幼虫体长 22~23 毫米，头部暗褐色，上颚褐色，腹部乳白色。蛹体长约 14 毫米，淡黄色，后端橙黄色。

【生活习性】一年发生 1 代，以幼虫在泥土中越冬。3 月下旬至 4 月中旬羽化出土。成虫飞翔力较强，多在白天活动，尤以晴天最为活跃，有群集和假死性。上午 10 时至下午 4 时危害最严重。成虫喜在土中、落叶、草地和草堆等有腐殖质处产卵，幼虫在土中生活并取食腐殖质和寄主植物的幼根，在土中筑室化蛹。

【防治措施】参照铜绿金龟子防治方法。

3. 中华齿爪金龟子（图 8-58）

【危害症状】成虫取食叶片，尤其是柑橘当年的春梢叶片，造成叶片缺刻。

【形态特征】成虫体长 22~23 毫米，棕褐色，头部和前胸背板颜色较深，背面密生许多小颗粒。头部前缘微上翘，前胸背板侧缘扩突呈角状，后角钝圆。

【生活习性】一年发生 1 代，以幼虫在土壤中越冬。翌年春化蛹，于 3 月中旬陆续羽

第九章

陕南柑橘自然灾害及生理障碍

自然灾害经常影响到柑橘果树，轻者影响树体生长、降低产量、降低果实品质，重者死树毁园。陕南最常见的自然灾害有冻害、旱害、涝害、热害、冰雹、风害和环境污染等，其中冻害对柑橘威胁最大。

柑橘果树在生长发育过程中，如遇不适宜的生态气候条件和农业栽培措施，就会出现生理障碍。如日灼（烧）、裂果、果实干疤、异常落叶和落花落果等均属柑橘的生理障碍。

第一节　陕南柑橘冻害

柑橘是热带、亚热带的常绿果树，其栽培范围之广，历史之久为其他果树所不及，对低温的敏感性超过落叶果树。当气温下降至 0 ℃以下时，植物内部组织脱水结冰受害的现象即为冻害。因此，柑橘果树的冻害从古至今、从外国到中国都常有不同程度的发生，是当代柑橘生产中应该引起高度重视并进行重点研究的课题。特别是甘肃武都、陕西汉中、安康，河南南阳、信阳，安徽安庆、徽州，江苏苏州，浙江中、北部及湖南、湖北、江西的偏北地区等产区，柑橘冻害的预防就显得更加重要。

一、陕南柑橘冻害回顾

由于陕南柑橘种植处在全国种植分布区的最北缘，因而低温冻害常有发生。仅新中国成立以来的 60 多年里，就多次出现较大面积的低温冻害，给柑橘生产造成了严重损失。

第一次大冻害发生在 1955 年 1 月 10 日。当时汉中地区柑橘面积大约 2 000 亩，主要以汉中城固为主；安康、商洛仅有少量或零星分布。汉中绝对低温达到 −9℃。在全区橘园中，未受冻害橘园仅占 12.3%，仅叶片枝梢受冻且能恢复树势的占 55.6%，橘树主侧枝受冻占 27.3%，整株冻死占 4.8%。当年城固县有 200 多亩朱红橘几乎全部冻死，占橘园面积的 7.8%。汉中地区当年柑橘产量比 1954 年减产 84.5%。

第二次大冻害发生在 1975 年 12 月 15 日。汉中绝对低温 −9.3℃，全区 7 个县 23 个区 87 个乡，34 516 亩柑橘受冻，占总面积的 90.7%，其中，冻死 7 587 亩，占 19.1%；

主侧枝受冻 11 957 亩，占 31.4%；叶片枝梢受冻能恢复的 14 933 亩，占 39.3%，未受冻的 3 512 亩，占 9.2%；柑橘产量从 1975 年的 203 万千克，下降到 1976 年的 51 万千克，减产 74.98%。

第三次大冻害发生在 1991 年 12 月下旬。由于受西伯利亚强冷空气和青藏高原西南暖湿气流的共同影响，12 月 25 日至 26 日陕南降了罕见大雪，28 日傍晚出现了 −11.8~−9.9℃ 的低温，而且降温持续了近 48 小时，大大超过了温州蜜柑（时年主栽品种）−7℃ 的冻害低温指标。1992 年 1 月 4 日积雪才基本融化，造成柑橘严重冻害。当年汉中的城固、汉台、南郑、洋县、勉县、西乡、宁强等 7 县区共有橘园 155 750 亩，受冻面积达 155 200 亩，占总面积的 99.87%。其中，受冻较轻且能恢复树势的仅有 39 092 亩，占总面积的 25.08%；主侧枝受冻的 77 483 亩，占总面积的 49.92%；受冻致死或基本无法恢复的达 38 647 亩，占总面积的 24.9%。1992 年柑橘产量下降 98.7%（此组数据由原汉中地区农牧局 1992 年 12 月提供）。当年仅城固一个县，在 3.84 万亩橘园中，就有近 9 000 亩被冻死，占 23.4%。这次冻害是陕南柑橘史上有记载以来所罕见的、造成损失最大的一次冻害。这次降温是全国性的大降温，寒潮同时袭击了甘、陕、豫、皖、苏、浙、赣、川、闽、鄂、湘、沪 12 个省市的柑橘产区，受冻面积达 800 万亩以上。

第四次较大冻害发生在 2012 年 12 月 30 日前后。极端低温 −8℃。这次低温极值虽然不高，但持续时间较长，而且是反复出现，也给陕南部分柑橘产区造成了一定损失，局部冻害还比较严重。特别是对平地或水田柑橘影响极大，水田橘园死树毁园面积达到 50% 以上，次年产量减幅达到 70%。此次冻害也警示陕南柑橘谨慎在平地或水田建园，使广大果农形成了"果树上山，粮油下川"的共识。

第五次大冻害发生在 2016 年 1 月下旬。以汉中市城固县为例，1 月 22 日出现低于 0℃ 的低温，从 1 月 23 日开始出现强降温，首次降至 −5℃；24 日早晨和晚间该县果业站所设的 30 个气象监测点低温平均值达 −7.5℃ 左右，最低温度达到 −12.6℃；1 月 25 日开始出现突破历史极值的最低温度，25 日零时至早晨 9 时，各观测点低温达 −15.3~−10.1℃，极端低温平均达 −11.9℃，位于县城郊区的县气象站监测点最低温度 −9.8℃。1 月 27 日温度开始回升，强降温持续时间约 5 天（表 9-1）。汉中市其他几个柑橘产区同样出现了低温寒潮天气，其中，洋县、汉台、勉县和南郑等县（区）25 日最低气温分别达到 −11℃、−7℃、−8℃ 和 −9℃。据统计，截至 2016 年 3 月底，全市柑橘受冻面积约 250 800 亩，占汉中市柑橘总面积的 66%。其中，一、二级冻害面积 74 406.5 亩，占受冻柑橘面积的 29.7%；三、四级冻害面积（绝收面积）17 3740 亩，占 69.2%；五级冻害面积 2 653 亩，占 1.1%。从各县区柑橘受冻情况看，南郑、勉县和汉台等 3 个县（区）冻害较轻，仅部分幼树及挂果量大、晚秋梢抽生过多的柑橘植株受冻；城固、洋县冻害较重，受冻植株叶色泛黄，叶片失水卷曲，秋梢失水干枯，部分春梢也受冻干枯，部分品种主枝、主干皮层受冻开裂。总的来看，这次大冻害与以往几次冻害所不同的是：极端温度低，持续时间长，局部损失大，涉及面较窄。沿秦岭南麓，从勉县周家山镇、汉台区河东店镇、武乡镇、汉王镇到城固县文川镇、老庄镇、橘园镇、原公镇，再到洋县谢村镇、戚氏镇，冻害大致表现为自西向东逐渐加重，其中，城固县橘园和原公两个柑橘主产镇冻害最为严重（表9-1）。

表9-1　城固县2016年1月22—28日天气状况表

日期	天气情况		最低气温（℃）	
	预报	实况	县气象站	橘园监测点
1月22日	阴，气温 -4~5℃	多云间晴	-4	-4.3
1月23日	阴，气温 -8~5℃	晴，大风	-5.4	-8.5
1月24日	晴，气温 -12~5℃	晴，大风	-7.9	-12.6
1月25日	晴，气温 -10~4℃	晴	-9.8	-15.3
1月26日	晴，气温 -8~6℃	晴	-7.4	-8.9
1月27日	多云转阴，气温 -2~6℃	多云间晴	-3.8	-3.5
1月28日	阴有小雨，气温 0~7℃	多云	0	-1.9

注：此表2016年8月由陕西省城固县果业技术指导站提供

此外，1968年和2008年还发生过两次一般性冻害，低温极值虽一度达到 -8.4℃，但极端低温持续时间很短，冻害程度较低，只造成局部等级较低的冻害，仅部分叶片枝梢受冻且都能很快恢复，对当年产量有一定影响，未造成较大损失。

二、影响柑橘冻害的因素

柑橘冻害发生与否，受多种因素的影响。国内外气象和农艺专家、学者，有过不少探索研究，并取得很多成果。归纳起来，分为两大类，即植物学因素和气象学因素。植物学因素包括柑橘的种类、品种、品系的耐寒性、树龄、秋梢停止生长的迟早、晚秋梢抽发数量多少、结果量的多少及采果早晚、植株长势、有无病虫危害、肥水管理水平、晚秋到初冬喷布药剂的种类和次数等。气象学因素主要是指低温强度和低温持续的时间、土壤和空气的干湿程度、低温前后的天气状况、低温出现时的风速风向、光照强度、地形、地势等。

柑橘的冻害是内、外因共同作用的结果，不可独立看待。植物学因素是内因，气象学因素是外因。在植物学因子相同的条件下低温强度越大、低温持续时间越长，柑橘的冻害就越严重。反之，在气象因子相同的条件下，植物学因子对柑橘的冻害就起决定性作用。

（一）低温强度

据研究认为，温州蜜柑 -7℃时叶片受冻，-9℃时骨架受冻，-11℃时可能整株冻死。汉中地区1955年、1975年、1991年的3次大冻害（表9-2），都是蒙古高原冷气流与北冰洋寒潮合并南下，剧烈降温，绝对低温超过橘树本身耐寒力范围而遭受冻害。各县（区）橘园的受冻程度，与绝对低温极值呈正相关（图9-1）。

图9-1　低温冻裂树干

表 9-2　汉中地区柑橘 3 次大冻害（1955—1991）低温极值表

项目 县 名	1955 年			1975 年			1991 年		
	低温 极值 （℃）	出现 时间 （月／日）	0℃以下 低温天 数（天）	低温 极值 （℃）	出现 时间 （月／日）	0℃以下 低温天 数（天）	低温 极值 （℃）	出现 时间 （月／日）	0℃以下 低温天 数（天）
汉中市 （现汉台区）	−9.0	1/10	41	−8.2	12/15	47	−10.0	12/28	27
城固县	−8.8	1/10	42	−9.3	12/15	48	−10.0	12/28	
南郑县				−8.0	12/15	47	−8.9	12/28	
洋 县				−9.2	12/15	53	−11.8	12/28	
勉 县				−8.4	12/15	51	−10.2	12/28	
西 乡				−9.4	12/15	53	−10.8	12/28	
宁 强							−11.6	12/28	

注：1992 年汉中地区园艺站高级农艺师何钦智提供

从表 9-2 可以看出，1991 年 12 月 28 日的降温强度最大，汉台、城固、洋县、勉县、西乡、宁强的绝对低温极值多数达到或低于 −10℃。

另外，极端低温出现时间的早晚及持续时间均会影响冻害程度。一般在 12 月发生的冻害会较 1 月冻害的危害大，且冻害发生越早受冻越重。

（二）寒潮前后的天气状况

陕南柑橘几次大冻害，都因冻前的不良天气而加重了冻害。以汉中地区为例，1955 年和 1975 年两次大冻害为阴冷型，1991 年为干冻型。在 1954 年有一个较长的淋雨期，9—11 月累计降雨 45 天，其中连续降雨 27 天，降水 251.6 毫米；1975 年冻害之前，同样有个淋雨期，9—11 月累计降雨 44 天，其中连续降雨 28 天，降水量 443.3 毫米。由于雨天多，且多为连续降雨，光照严重不足，不仅影响橘树营养物质积累，同时又促使晚秋梢徒长，细胞液浓度下降，抗寒性减弱，遇极端低温而加剧冻害。1991 年，冻前天气持续干旱，秋季未下透雨，土壤水分严重不足，不仅影响柑橘对无机盐的溶解吸收，也影响到光合物质积累，致使橘树遭到旱害。城固县气象资料显示，1991 年 4 月 19 日至 5 月 23 日近 35 天中，只有零星降雨，秋、冬季又是长期干旱，降水极少，土壤干裂，全年降水不到 600 毫米，比常年几乎减少 1/3。12 月下旬降温时空气相对湿度仅 45%，较常年同期低得多，同时又出现了严重的雪后霜，干冷和雪后霜都加剧了冻害程度，因而称之为干冷霜冻。又据南郑县调查，1991 年全年降水量 718 毫米，比正常年份偏少 2.7 成，在 8—11 月果实膨大成

图 9-2　树冠积雪

熟期，仅降雨118毫米，比正常年份偏少6~8成，加之寒潮侵袭降温，形成旱害加冻害，从而加重了柑橘的受冻程度。特别是一些无灌溉条件的橘园，如洋县纸坊乡、城固县陈家湾乡、汉台区白庙乡的橘园因干旱加冻害致死的比例更大。1991年冻害严重的另一个重要因素是冻前几天普降大雪，极端低温出现一周左右积雪才逐步融化，雪后霜和结冰又十分明显，对柑橘树可谓"雪上加霜"（图9-2）。

多次冻害调查还发现，冻后若遇突然天气放晴，迅速升温会加重冻害程度。冻后若遇多日阴天，且气温缓慢回升，会减轻冻害的危害程度。

（三）地理环境的影响

陕南柑橘主要分布在秦岭南麓，秦岭是陕南与关中之间的一道天然屏障。秦岭山脉最高峰3 400多米，平均高度2 500米，冬季寒潮冷空气的厚度一般为2 000~3 000米，因有秦岭所阻，一般寒潮冷空气难以入侵。即使蒙古高原的干冷气团与北冰洋的寒潮合并南下，由于受到秦岭阻挡，降温强度也大大降低。新中国成立以来，多次发生全国性柑橘冻害，受冻范围遍及全国13个省区，尤以长江中下游地区比较严重。从冻害出现的频率看，湖南、江苏、湖北、浙江、闽北、川北等均比陕南的汉中、安康要高。在1955年至1975年全国柑橘大冻害的绝对低温中，汉中地区的汉台区是－8.2℃、城固－9.3℃、南郑－8℃；湖北的武汉－18.1℃，宜昌－12℃，恩施－12.7℃；湖南的溆浦－13℃，黔阳－11℃，邵阳－11℃。1991年12月至1992年1月，全国范围大寒潮，汉中地区的汉台出现－10℃，南郑－8.9℃，洋县－11.8℃，而江西省南丰县是－15℃。据全国柑橘技术学会报告，1991年12月下旬的柑橘冻害，袭击全国12个省市柑橘产区，江西省有125万亩柑橘受冻，35万亩橘园冻死，南丰县的7.2万亩橘园，死树率达83.3%以上。由此看来，1991年汉中、安康柑橘冻害虽重，但与长江中下游地区相比还是比较轻的，很明显，这是秦岭山脉影响的结果。因此，园区周边的高山、森林、大水体等具有调节气候的作用，能缓和寒潮强度，减轻柑橘冻害。

（四）地势与冻害（图9-3）

历次冻害表明，平地橘园受冻重，坡地橘园受冻轻；阴坡橘园受冻重，阳坡橘园受冻轻；河边橘园受冻重，山脊橘园受冻轻。也就是说，冻害轻重与橘园立地条件相关。比如1991年12月的大冻害中，柑橘主产县城固县，秦岭南坡，汉江以北的区域小气候条件好，柑橘冻害较轻，而巴山北坡汉江以南的区域则相反，柑橘冻害就较重（表9-3）。地

图9-3　低洼处易受冻害

处汉江河边的汉中市南郑县示范园艺场，由于寒潮入侵时，冷气流由山顶下滑，壅塞河道，出现强度降温。1991年12月28日，绝对低温达到-11℃，比县气象站所测-8.9℃低2.1℃，全场20亩橘园全部冻死。据汉中市汉台区园艺站1992年4月调查，汉台区汉王乡汉王村第6组的平地温州蜜柑园，冻害指数为99.09%，汉王乡汉明村第5组的坡地温州蜜柑园，冻害指数为59.07%（表9-4）。

表9-3　立地条件与柑橘冻害轻重比较表

调查地点	调查株数（株）	冻死株数（株）	所占比例（%）	备注
橘园区	4999	696	13.9	秦岭南坡
龙头区	624	117	18.8	汉江以北至秦岭南坡
文川区	449	87	19.4	汉江以北至秦岭南坡
南乐区（莫爷庙乡）	667	356	53.4	汉江以南至巴山北坡

注：1992年4月城固县蚕茶果技术指导站调查

表9-4　地势对温州蜜柑冻害的影响

项目 乡村组	地势	小地名	调查株数（株）	冻害级别					冻害指数（%）
				0	1	2	3	4	
河东店1组	浇洼地	水库沟	100	0	0	34	43	23	72.23
汉明村5组	缓坡	南坡盖	113	0	4	72	29	8	59.07
汉王村6组	平地	四岭梁	133	0	0	10	64	59	99.09

注：1992年4月汉台区园艺站调查

（五）土质与冻害

橘园的土质不同，受冻程度也不一样。据南郑县蚕茶果站调查，沙质土橘园冻害重，黄泥巴橘园冻害轻。在-8.9℃低温条件下，沙质土橘园死亡率85%，黄泥巴橘园死亡率仅16%。其原因在于沙质土白天增温快，夜间散温也快，温差较大，绝对温度低。黄泥巴土黏性大，白天温度不易升高，夜间降温较慢，温差较小，绝对最低温高于沙质土，冻害程度较小。

（六）柑橘品种与冻害

柑橘的耐寒性，包括砧木在内，因品种、品系不同而有差异。1991年12月28至29日发生柑橘大冻害之后，根据汉中各地冻后调查[1]（表9-5至表9-7），以本地早、城固冰糖橘、温州蜜柑、朱红橘比较耐寒，甜橙（橙类）耐寒力最弱。

---

[1] 表9-5、表9-6、表9-7均按当时陕南地方柑橘分级规范进行分级。

表 9-5　1992 年 4 月城固县蚕茶果站调查"不同品种与冻害"

项目\品种	调查株数（株）	各级冻害情况					冻害指数（%）
		0	1	2	3	4	
朱红橘	519	0	17	43	389	70	71.9
城固冰糖橘	77	0	10	25	29	13	64.6
温州蜜柑	7 935	0	71	409	5 548	1 907	79.2
甜橙	48	0	0	0	29	19	84.9

表 9-6　1992 年 4 月南郑县蚕茶果站调查"不同柑橘品种冻害调查"

项目\地点	品种	调查株数（株）	各级冻害情况					冻害指数（%）
			0	1	2	3	4	
程碥橘园	温州蜜柑	957	0	35	593	329	0	57.5
弥陀橘园	温州蜜柑	3 350	150	310	987	1 879	24	59.3
程碥橘园	城固冰糖橘	55	0	37	13	5	0	35.4
弥陀橘园	脐橙	45	0	0	4	27	14	78.4
权家湾橘园	本地甜橙	42	0	0	0	15	27	84.5

表 9-7　1992 年 4 月汉台区园艺站调查"温州蜜柑不同品系与冻害"

项目\地点	小地名	地势	品系	调查株数（株）	各级冻害情况					冻害指数（%）
					0	1	2	3	4	
河东店村一组	欧家梁	平梯地	米泽	30	21	9	0	0	0	7.5
望江村一组	十七斗房后	平地	宫川	85	0	0	11	47	27	79.5
五庄村六组	窑沟	平地	尾张	30	0	0	6	13	11	79.1

　　城固县蚕茶果站调查的结果：甜橙冻害指数为 84.9%，城固冰糖橘冻害指数为 64.6%。南郑县蚕茶果站调查，弥陀橘园的脐橙冻害指数为 78.4%，城固冰糖橘为 35.4%。汉台区园艺站调查，在温州蜜柑各品系中，米泽温州蜜柑表现突出，冻害指数仅为 7.5%。

　　1992 年 4 月中旬，城固县柑橘研究所会同西北农业大学[①]园艺系对陕南最早的柑橘生产专业场和规模最大的定点保种育苗示范推广基地——城固县柑橘育苗场柑橘种类、品种（品系）的受冻情况进行了调查。截至 1991 年年底，场内共保存各类柑橘品种 78 个，

---

　　① "西北农业大学" 1999 年 9 月并入"西北农林科技大学"。

涉及柑类 31 个，橘类 21 个，橙类 20 个，柚类 2 个，枸橘 2 个，金柑 1 个，枸橼类 1 个。通过对 78 个品种（品系）的调查，蕉柑，升仙蜜柑，福橘及枸头橙，血橙，明柳橙，桃叶橙，城固 1 号、3 号橙，马尔它斯血橙，五月红夏橙，佛手等 15 个品种基本冻死，约占全部品种的 19.23%。全场共冻死柑橘树 600 多株，约占全部株数的 10%（表 9-8）。

表 9-8　不同柑橘品种（品系）冻害情况调查表

品种编号	品种名称	树龄	砧木	调查株数（株）	各级冻害情况						冻害指数（%）	备注
					0	1	2	3	4	5		
1	特早温柑	4	枳	160	90	61	7	1	0	1	9.7	10 个品种
2	国庆温柑	7	枳	150	105	25	10	10	0	0	16.7	5 个品种
3	兴津	8	枳	465	55	203	87	111	9	0	41.7	
4	宫川	10	枳	69	2	23	25	9	0	0	56.0	
5	尾张	25	枳	9	0	0	2	6	1	0	72.0	
6	池田	15	枳	11	0	0	2	8	1	0	72.7	
7	龟井	15	枳	3	0	0	0	2	1	0	83.0	
8	皱皮柑	27	枳	16	0	1	8	6	1	0	80.8	
9	蕉柑	25	枳	2	0	0	0	0	1	1	90.0	
10	升仙蜜柑	30	枳	13	0	0	0	0	3	10	96.4	
11	朱红橘	20	枳	95	10	49	25	10	1	0	35.0	
12	黄岩早橘	3	枳	40	2	24	0	4	0	10	46.0	
13	南丰蜜橘	25	枳	23	0	3	10	6	3	1	50.4	
14	本地早	25	枳	39	0	2	15	19	2	1	52.3	
15	满头红	26	枳	6	0	0	5	0	1	0	58.3	
16	槾橘	27	枳	14	0	3	1	6	2	2	58.67	
17	城固黄冰糖	27	枳	11	0	4	4	3	0	0	63.6	果皮黄色
18	城固红冰糖	6	枳	300	10	9	45	92	123	20	64.5	果皮红色
19	漳州椪柑	5	枳	320	0	0	50	70	125	75	74.0	
20	衢州椪柑	7	枳	317	0	0	16	206	96	0	81.3	
21	瓯柑	25	枳	5	0	0	0	3	1	1	72.0	
22	克里迈丁	16	枳	7	0	0	0	3	2	2	77.1	
23	大红袍	15	枳	8	0	0	0	2	5	1	77.5	
24	乳橘	27	枳	5	0	0	1	2	2	0	80.0	
25	粤橘	27	枳	26	0	0	0	12	8	6	75.0	
26	威尔金柳叶橘	15	枳	4	0	0	2	1	1	0	68.75	

（续表）

品种编号	品种名称	树龄	砧木	调查株数（株）	各级冻害情况						冻害指数（%）	备注
					0	1	2	3	4	5		
27	福橘	27	枳	2	0	0	0	0	0	2	100.0	死亡
28	汤姆逊脐橙	15	枳	7	0	0	0	4	2	1	71.4	
29	华盛顿脐橙	15	枳	17	0	0	0	3	12	1	74.1	
30	克拉斯顿脐橙	15	枳	8	0	0	0	3	4	1	75.0	
31	罗伯逊脐橙	20	枳	10	0	0	0	9	1	0	77.5	
32	路比血橙	15	枳	7	0	0	0	4	2	1	71.4	
33	马尔它斯血橙	20	枳	5	0	0	0	0	0	5	100.0	死亡
34	锦橙	15	枳	4	0	0	0	1	3	0	75.0	
35	新会橙	15	枳	9	0	0	0	3	5	1	76.6	
36	城固甜橙	25		26	0	0	1	6	15	4	76.8	实生
37	伏令夏橙	25	枳	3	0	0	0	0	1	2	93.3	
38	城固1号橙	20	枳	6	0	0	0	0	0	6	100.0	死亡
39	城固3号橙	20	枳	5	0	0	0	0	0	5	100.0	死亡
40	雪柑	15	枳	3	0	0	0	1	2	0	91.7	
41	酸橙	15	枳	8	0	0	1	2	3	2	76.0	
42	枸头橙	25	枳	3	0	0	0	0	0	3	100.0	死亡
43	五月红夏橙	25	枳	2	0	0	0	0	0	2	100.0	死亡
44	明柳橙	7	枳	1	0	0	0	0	0	1	100.0	死亡、高换
45	桃叶橙	7	枳	1	0	0	0	0	0	1	100.0	死亡、高换
46	沙田柚	30		3	0	0	0	0	2	1	86.7	实生
47	葡萄柚	7	枳	1	0	0	0	0	0	1	100.0	未死
48	宁波金弹	27	枳	1	0	0	0	0	1	0	100.0	未死
49	佛手	5	枳	3	0	0	0	0	0	3	100.0	死亡
50	柠檬	10	枳	24	0	0	0	0	0	24	100.0	死亡

注：西北农业大学园艺系研究生李映凡、应届本科毕业生周世斌，城固县柑橘研究所所长周社成，城固县柑橘育苗场技术员伊沁莉共同调查

　　从表9-8中可知，在环境条件和栽培管理水平基本相同的情况下，不同品种间的抗寒性差异很大。有的品种严重受冻或濒临绝迹；有的品种是中等受冻或受冻程度较轻；但也有抗冻性强、枝青叶秀的品种（品系），这对进一步进行抗冻性鉴定和确定今后的品种发展对象是十分重要的。通过分类比较，冻害指数在20%以下的有国庆温州蜜

图9-4 大冻后的大分四号

柑（16.7%），特早熟温州蜜柑（9.7%）等16个品种；40%以下的有朱红橘（35.0%）系列3个品种；60%以下的有黄岩早橘（46.0%）、南丰蜜橘（50.4%）、本地早（52.3%）、榠橘（58.67%）、满头红（58.3%）、宫川（56.0%）、兴津（41.7%）等8个橘、柑品种；其余29个品种冻害指数均在80.0%以上。

同一种类不同品种的冻害情况大致是：柑类品种特早熟及国庆系、兴津、宫川等早熟种抗寒性强，南柑、林、尾张等中晚熟品种次之；麻柑（皱皮柑）、蕉柑、龟井、升仙蜜橘等冻害最重，有的已经绝迹。橘类以朱红橘、黄岩早橘、南丰蜜橘、本地早等受冻较轻，几乎无死树，榠橘，满头红，红、黄城固冰糖橘次之，其他品种较重，如粤橘、瓯柑等最重，福橘基本死绝。橙类仅脐橙相对稍好一些（图9-4）。

砧木不同抗寒力各异。凡是进行嫁接的柑橘植株，都是接穗和砧木的有机结合体。因此，其耐寒力（或冻害程度）不仅与接穗品种本身的抗寒力有关，而且也与砧木的抗寒力及其与接穗的亲和力有密切关系。国际国内对砧木抗寒力的报道是枳砧最强，枳橙砧次之，酸橙和香橼再次。陕南柑橘产区多以枳砧为主，也有少量选用其他砧种的。笔者在多次柑橘冻害调查结果中发现，枳抗寒性最强，枳橙次之，与其他试验研究结果基本吻合。需要强调的是，同一砧穗组合的柑橘，也会因砧木的繁殖方法和嫁接高度不同，引起抗寒性的差异。如以扦插枳作砧木的柑橘比用实生枳作砧木的柑橘耐寒性差。因为辐射霜冻，一般根茎部较易受冻，嫁接部位太低时受冻更加严重。近年来陕南许多地方在柑橘生产上已用提高嫁接部位的方法来减少辐射冻害增强树体抗寒程度。

（七）树龄树势和结果数量不同抗寒力各异

一般来说，青壮年结果树，组织器官健壮，树体营养物质积累较丰富，其抗寒力比幼树和衰老树都强。1991年12月柑橘大冻之后，据汉中农校教师张顺玉、沈海明对校农场橘园调查，成年树受冻轻，冻害指数为32.3%；幼树较重，冻害指数为50.9%；初结果树最重，受冻指数为51.7%。

图9-5 秋梢受冻

结果量有时会引起抗寒力的降低。挂果多，采收迟，树体营养消耗大，还阳肥跟不上，营养得不到补充，树势不能及时恢复，抗寒力下降。相反，结果少，营养生长旺盛，抽生晚秋梢反而容易受冻（图9-5）。生产上出现大小年现象时，往往是大年树受冻比小年树重。据原汉中地区农牧局资料，1991 年汉中地区产柑橘 1 600 万千克，比 1990 年增产 52.1%，属大年结果，造成树体衰弱，抗寒能力明显降低，遇极端低温袭击，使冻害更加严重。

（八）栽培管理与冻害

栽培措施不同，抗寒力各异。柑橘的施肥、灌溉、结果量、果实采收期、病虫害防控质量以及土壤管理方式等栽培管理，均对树体的养分状况、树势和生长有很大影响，导致柑橘抗寒能力不同。

改土彻底，营造疏松深厚的土层，柑橘根深叶茂树壮，抗寒力就会增强。柑橘根系深广，不仅能获得树体所需的营养元素，使树体健壮、抗寒，而且还能在严寒季节使根系处在土温较稳定的环境之中。冬季地面气温大幅度下降时，土温的下降随土层深度增加而变小。1 米左右深的土层温度始终保持在 10℃ 以上。根系在深厚土层环境中的良好生长，有利树体抗寒力的提高，即使在地面枝叶受冻后，由于根系能继续吸收水分而起到减轻叶片解冻时蒸腾失水。因此，如何给果树安全生存、健壮生长创造良好的土壤条件，应引起柑橘生产者、科技工作者的高度重视。

柑橘植株抗寒力与肥料种类、多少、施肥时期和方法关系密切。氮、磷、钾三要素配合得当，树体抗寒力可增强；氮肥过多，引起徒长，抗寒力减弱；钾肥过量，会出现铁、镁、锌等元素不足，导致细胞液浓度减低。另外，钙和镁、铁、锰、锌、硼等元素不足，则更易减弱树体抗寒力。

施肥时期和方法不当，也会减弱树体的抗寒力。如秋施氮肥会促发晚秋梢，使植株受冻。施肥方法不当，如采后肥浅施、晚施易将根系引向地表而受冻害。

果园排灌与冻害关系十分密切。水是肥的载体，又是热的调节者，当排则排，当灌则灌，能增强树势，提高树体的抗寒力。土壤中的水分过多，氧就会减少，导致根系吸收力减弱，甚至死亡。洪涝季节或地下水位高，排水不良的橘园，要注意及时排水。遇到干旱，根系吸收水分受阻，也影响树势。秋旱后的突然降雨，会促发晚秋梢，不利于树体抗寒。

在冻害年份，管理粗放的橘园受冻重，管理精细的橘园冻害轻。汉中市南郑县石门村陶永录、陶忠明承包的 1 450 株橘树，1991 年施肥 4 次，采果后及时灌水、施肥，冻害指数仅 15.2%。反之，中所乡宋家山村橘园，管理跟不上，不灌水、不施肥，冻害指数达 75.2%。城固县许家庙乡下街村陈保章的 2.8 亩橘园，由于精心作务，1991 年施肥 3 次，秋冬灌水 3 次，树势健壮，冻害较轻，几乎没有死树。在 457 株橘树中，2 级冻害的有 53 株、3 级的有 400 株、4 级仅 4 株，分别占总株数的 11.6%、87.5% 和 0.9%。而该乡上街村林场 20.5 亩 1 600 株柑橘树，因管理粗放，没有灌水，冻死 420 株，冻害指数为 87.6%。橘园乡杨家滩苟保芳 0.6 亩 6 年生平地橘园，管理水平高，在大冻的情况下，冻害指数仅为 18.75%。

遇到干旱型冻害，冻前和冻后灌水，可减轻冻害损失。同样在 1991 年，汉中市汉台区河东店村一组橘园在采果后灌了一次透水，并施过冬肥，树势得到恢复，冻害轻微，老叶和嫩梢都未受冻；而相邻的三组橘园，虽采果后施了冬肥，但未灌水，肥料不能溶解吸收，树势没有恢复，致使叶片、嫩梢全部受冻。南郑县王坪乡杨沟橘园，有 26 株温州蜜柑，冻后灌水一株一次一担，冻害指数为 42.2%；另外 40 株冻后灌水，一株二次二担，冻害指数为 28.3%。该乡新丰村橘园，冻后连续灌水三次，每次一担，冻害指数仅为 20.5%，并且开春后发芽早，抽梢整齐，较未灌水橘园的发芽率提高 32%。

三、陕南柑橘冻害分级

陕南地处我国北缘柑橘产区，柑橘冻害常有发生。为了在冻后能够有效地进行救护和恢复生产，首先应分清植株的受冻程度，即冻害分级，然后，再按受冻程度进行分类管理。从全国现有分级标准来看，柑橘冻害可分 0、1、2、3、4、5 等 6 级（表 9-9）。而陕南与全国柑橘主产区稍有差别，在柑橘冻害分级上，以 1、2、3、4、5 等 5 级为宜（表 9-10）。

陕南柑橘冻害分级规范由陕南柑橘专家、推广研究员丁德宽主持，招集多年从事柑橘冻害研究的科技人员研究提出。与全国柑橘冻害分级标准比较，更简单明了，更有针对性，更具操作性，更符合陕南柑橘冻害调查分级的实际。

表 9-9　全国柑橘冻害分级标准

级别	树体表现
0	枝叶基本无冻，无落叶现象，一年生枝无冻伤，主干无冻害，树势正常
1	叶片因冻脱落量小于 40%，除个别晚秋梢略有冻斑外，其余枝梢无冻害，对当年树势、结果基本无影响
2	40%~70% 叶片因冻脱落，一年生枝部分冻伤、冻死，影响树势和当年产量，但两年生枝无损害，树势易恢复
3	70% 以上叶片枯死脱落或宿存，大部分一至三年生枝条冻死，当年无产量或严重减产，树势受严重影响
4	叶片全部冻伤枯死，秋梢、夏梢均冻死，主枝、主干受冻，树势伤害严重，冻后培管不善有死亡可能
5	全株冻死，丧失萌发能力

表 9-10　陕南柑橘冻害分级规范

级别	树体表现
1	50% 以内的叶片卷曲，秋梢轻微受冻。对当年树势、结果影响小
2	50% 以上的叶片卷曲或脱落，秋梢枯死。对树势和当年产量有一定影响
3	当年新梢（春梢、夏梢、秋梢）全部受冻枯死。当年无产量或严重减产，树势受严重影响
4	多年生侧枝（主侧枝）受冻枯死。树势伤害严重，冻后培管不善有死亡可能
5	嫁接口以上主干部分全部冻死，丧失萌发能力

四、柑橘冻害指数计算

在柑橘冻害调查中，先是按照有关规范或标准进行冻害分级，同时计算出柑橘冻害指数，准确反映柑橘受冻轻重程度，为制定柑橘冻后管理措施提供科学依据。柑橘冻害指数常按如下公式进行计算：

$$\text{冻害指数} = \frac{\sum（\text{各级冻害株数} \times \text{相应级数}）}{\text{调查总株数} \times \text{冻害最高级数}}$$

五、陕南柑橘防冻栽培措施

根据全国柑橘区划协作组 1988 年制定的全国柑橘生态适宜性区划，陕南汉中、安康等柑橘产区，是北缘地带北亚热带区域，纬度高达北纬 32°~33°，属盆地北亚热带边缘气候，处于柑橘经济栽培北界，划在次适宜区。2006 年陕西省气象局会同相关地区农业部门，根据陕南柑橘产区气候生态条件，在分析研究的基础上，拟定了陕南柑橘生产区域划分方案（详见第二章第四节：陕南柑橘气候生态分区）。为此，陕南柑橘栽培尤其要做好应对和防范低温冻害诸方面工作。

（一）选择适地建园（图 9-6）

在"合适的区域发展合适的柑橘品种"是减少柑橘冻害损失的根本措施，柑橘产业布局要根据国家和当地的柑橘产业发展规划，避免盲目上马，一哄而上。陕南是较容易出现冻害的地方，要充分利用秦岭屏障、丘陵山地南坡、山地逆温层、大水体周边等有利的地形小气候区域或理想的橘园小气候

图 9-6　沟槽地不宜建园

区域发展柑橘生产，减少冻害损失。正因如此，这里许多县区已成为柑橘的主产区，不仅技术力量雄厚，而且群众已有栽培传统，实践经验丰富，涌现出了不少优质高产的典型，柑橘产业越来越成为产区农民脱贫致富奔小康的主导产业。比如汉中市的城固县，柑橘主要分布在以橘园镇升仙村为中心的秦岭南麓东西 20 多千米的丘陵地区，此区域在北纬 33° 9′~33° 16′。该县柑橘栽培不仅历史悠久，而且早在 1985 年就创造了 4 亩 15 年生温州蜜柑丰产园平均亩产 5 000 千克的高产记录，其主要原因是该县具有一个独特的橘园小气候区。即围绕橘园镇升仙村，从斗山以北，升仙谷口以南，东至垣山，西至郭家山的区域。此区域大体可代表秦岭南麓丘陵地区的气候特点。这一地区经长期的生产实践，从清代以来逐渐形成该区域乃至陕西省独一无二的热带亚热带作物——柑橘、生姜、姜黄的集中产地。升仙谷口（汉江支流湑水河由北向南通过谷口）两旁为大山坡、前坡梁，太阳照射早，山石裸露，早晨增温快，夜晚降温快。出谷口的阶地，因光照、土质和河水的调节作用，早晨增温慢，夜晚降温慢。这样就形成山坡与河谷阶地小范围内同一时间温压系统不同的温压变化流动，而形成不同方向的风。加上升仙谷口"狭管效应"，终年吹"山

谷风"。白天，山岭太阳直射早，增温快，气压低；谷地太阳直射迟，增温慢，气压高，从谷地吹向山坡的南风统称"入山风"。夜间山岭降温快，气压高，谷地降温慢，气压低，从山岭吹向谷地的北风，统称"出山风"。风向变化在"子"时和"午"时，又称"子午风"。天气越晴风速越大，阴天、下雨天几乎无风。风使升仙村谷口地少霜。有规律性的出、入山风，使柑橘叶摆频率及空气中二氧化碳（CO_2）的含量处于最适状态。这些都十分有利于柑橘的生存生长、开花结果。其实，这就是有利的小区域气候所具有的独特作用，也是选择适地建园的意义所在。

（二）选择抗冻品种和耐寒砧木

不同的柑橘品种和砧木，其抗寒能力差异很大。陕南发展柑橘时，要根据当地气候条件，选择适合的柑橘品种和砧木，并注意品种和砧木的亲和性，以及砧木对当地土壤的适应性。汉中、安康等相关地区在长期的柑橘栽培实践中，通过各种途径，也获得了不少抗寒性强、适宜北缘柑橘产区种植的品种（详见本节二"影响柑橘冻害的因素"）。比如城固县的果树技术人员和橘农发现并选育出的天然杂交变异种城固冰糖橘，品质优于母系朱红橘，适应性强、抗寒性较强，树势旺盛，稳产。从福建引进的漳州椪柑经过数十年的栽种驯化，在城固表现良好，能耐 −10℃冬季低温，比引进地的椪柑品种抗寒性强。四川甜橙也通过在城固长期的实生驯化，其抗寒性得到增强。

当前陕南产区栽培的特早熟、早熟和中熟温州蜜柑，城固朱红橘、紫阳金钱橘、城固冰糖橘等即被实践证明是抗寒性强、综合性状较好的品种。但杂柑、椪柑、脐橙等可在小气候条件较为优越的区域适当栽种，不宜大面积发展。抗寒砧木有枳、枳雀、红橘、酸橙等，但从嫁接亲和力及嫁接苗综合性状考虑，一般选用枳砧为好。在特殊土壤条件下也可选用不同的砧木，如土质贫瘠、盐碱地可选用枳雀或酸橙作砧木。

（三）加强栽培管理

柑橘树体抗寒性的强弱与栽培管理水平关系密切。

1. 改良土壤

土是柑橘树的立足之本，土层的深浅、肥沃或贫瘠对柑橘树体抗寒力影响极大。根深叶茂，抗寒力增强。陕南柑橘产区常有冻害发生，只有很好地改善土壤条件，才能有效预防冻害或减轻冻害程度。操作上主要通过深翻耕作层，实现根系深扎的目的，同时增强土壤通透性，增加土壤肥力，提高对土壤中营养元素的吸收。经翻耕的柑橘园能较好地发挥保墒的作用，也便于培土防冻措施的实施。因此，凡有条件的柑橘园要坚持每年冬前翻耕，特别是土层浅、肥力差的无灌溉条件的坡地橘园更应重视园地翻耕。

2. 合理排灌

柑橘喜湿润，怕干旱，但也忌土壤中水分过多。凡地下水位高于1~1.5米的平地柑橘园，要注意雨季排水，最好是起垄栽植。适时合理灌溉也能增强柑橘树体的抗寒力。伏旱和秋旱不仅严重威胁柑橘的生长和产量，而且会引起树体冬季抗寒力的减弱（详见：本节二"影响柑橘冻害的因素"）。因此，要做好抗伏旱、秋旱的工作，有灌溉条件的橘园务必及时灌溉，解除旱情，无灌溉条件的橘园注意土壤深耕，多施绿肥和有机肥，干旱出现之前对树盘进行覆盖，以保持土壤一定的水分。晚秋要做好果园控水，以免秋梢旺长、组织不充实或大量抽生晚秋梢，降低抗寒力。这一点在陕南尤为重要。冻前灌水可利用水分释放的潜热来改善柑橘园内的温度环境。但鉴于柑橘是常绿树种，冬季仍进行各种生理活动，如果柑橘园处于过湿状态，反而会加重冻害，因此，冬季灌水须速灌速退，切忌大水漫灌。

3. 科学施肥

科学施肥是柑橘防冻的重要环节。陕南多数柑橘园提倡合理施用有机肥，有助于树体抗寒。施肥时期对柑橘的防冻也非常重要，采果后以及时提早施肥为宜，应以有机肥与化肥相结合，既利于柑橘根系吸收，采后恢复树势，又利于花芽分化和安全越冬。同时采后喷施2次以上复合型叶面肥，也可快速补充营养，提高抗寒性能。对于幼树，更应注意施肥时期，使枝条在晚秋前停止生长，切忌过多的施用氮肥。施用有机肥的方法宜深不宜浅，深施能诱导根系深扎，增强树体的抗寒性。

4. 合理负载

柑橘树结果过多，容易导致树势衰弱，抗寒力下降。而适量结果，合理负载，既可克服大小年现象，又能稳定树势，提高树体抗寒能力。柑橘大小年结果现象，是某些品种本身存在的不良特性，如脐橙、本地早等品种，生产上应采取措施，从施肥、灌水等方面，使结果适量，增强树体抗逆性。在陕南立地条件和栽培技术水平情况下，盛果树每亩产量调控在2 000~2 500千克（黏土、丘陵区）或2 500~3 000千克（壤土、平坝区）较为适宜。不能盲目追求高产。特别是进入衰老期的果园，更要控制产量，以免树势过早衰退。像20世纪八九十年代出现的温州蜜柑亩产超万斤的典型不宜提倡。

5. 适时采收

柑橘果实成熟后，应当分期分批适时或适当提早采收，使树体不致消耗过多的营养而衰弱。南方柑橘主产区有成熟果实留树保鲜增糖的做法，但在陕南不宜，如果成熟果实长期挂树，不及时采收，会造成树体营养亏空，树势衰弱，抗寒力下降。

6. 适度修剪

适度修剪是围绕树体防冻而进行的修剪，重点是适时控制秋梢。通过摘心、抹芽、放梢等技术措施，促进秋梢的充分成熟，及时抹除在冬前不能充分成熟的晚秋梢，对已经形成的晚秋梢要尽早剪除。进行冬前轻剪，剪除病害虫枝和衰弱枝。在汉中、安康柑橘产区，一般坡地橘园7月中旬放梢，平地橘园7月下旬放梢，对8月30日以后抽发的晚秋梢应及时剪除，避免其受冻后殃及春夏梢受冻。

7. 防治病虫

认真防治好危害柑橘叶片、枝干的病虫害。如树脂病、炭疽病、脚腐病、红蜘蛛、天牛、吉丁虫、介壳虫、潜叶蛾、粉虱等。

8. 壮苗建园

由于陕南常有春旱发生，因而在发展柑橘时多以秋季栽植建园为主，春季为辅。这就应充分考虑新园的越冬防冻问题。秋栽时间应尽量提早到"国庆节"或"中秋节"之前，以利于幼树新根发生和拓展，吸收土壤养分，增强幼树树势，提高其越冬抗寒能力。同时要选用无病虫、生长健壮的柑橘大苗，最好是带土移栽或采用容器苗定植，减少缓苗期，提高栽植成活率，增加幼树抗逆性。

（四）冬季树体保护

做好冬季柑橘树体保护，是抵御寒流的重要举措。各地在生产实践中总结出不少行之有效的方式方法，归纳起来主要有以下几种。

1. 物理御寒

（1）覆盖保温。有条件的情况下冬季在果园地面覆盖15~30厘米的稻草、秸秆、杂草等材料，可减少土壤水分蒸发、保持地温，对增强柑橘抗寒能力有良好效果。在全园覆盖有困难时，仅对树盘进行覆草或覆膜，也有减缓冻害的作用。除地面覆盖外，还可以对树冠进行覆盖，包括草帘围裹树冠，草帘三角棚覆盖，或用稻草、遮阳网等笼住树冠，但开春后应及时解除包裹物。也有在农历"大雪"来临之前，用遮阳网对树冠或整个橘园进行覆盖的，既能预防霜冻侵袭，又能减少地面辐射散热，可收到透气、保温、防霜冻危害的效果（图9-7）。

图9-7　各种树冠防霜措施

（2）根茎培土。冷空气下沉时，柑橘根茎部位的气温最低，往往柑橘植株根茎部，尤其是幼树容易受冻，通常采用培土的办法保温。在培土保蔸时，结合施一些有机腐熟物，抗寒效果更好。一般根茎处用土杂肥壅蔸30~40厘米，能明显提高土温，还可保持水分，可有效预防根茎冻害。培土和去土时间，要根据当年气候条件而定。一般年份，陕南宜在11月下旬或12月上旬培土，翌年3月上旬或萌芽前去土。

（3）树干包扎。用稻草、杂草、破旧衣物、棉絮等物，在低温来临前，将主干和大枝包扎起来，包扎厚度应尽可能厚些，如有条件，外面再用薄膜包紧，能很有效地保护枝干免受冻害。包扎树干防寒，对幼树既简便易行且效果又好。

（4）主干涂白。就是以石灰和水为主调成稀浆，用专用喷布设备或人工涂刷在树干上。也可在石灰水中加入适量黄泥、硫黄粉、杀菌剂、牛粪等涂刷，对预防主干冻害有较好效果。一般涂白剂配方是生石灰5千克、石硫合剂原液0.5千克、食盐0.5千克、植物油0.1千克及水20千克配成涂白剂，在秋末冬初涂白树干效果很好。

2. 生态御寒

（1）冻前灌水。柑橘果树冬灌不但能提高果树抗寒能力，保证果树安全越冬，又能加快土壤有机质的分解，提高土壤肥力。冬灌时间一般在果实采收后至土壤封冻前进行，但以5厘米土层内平均地温5℃、气温3℃时为最佳时期。灌水量：以灌水后的当天水分能全部渗入地下为宜。水渗至根系分布层，即幼树渗到20~60厘米，成年树渗到70~100厘米，土壤湿度保持在田间最大持水量的60%~80%。在水源充足、灌溉设施齐全的果园，可采用畦灌或环状沟灌法；在水源不足、条件差的果园可在树盘打起盘状土埂再灌水；有条件的果园，采用滴灌和喷灌效果最好。

（2）熏烟防冻。在极寒天气出现时，熏烟是一个传统有效的好方法。熏烟可有效减轻霜冻对柑橘的影响，因为浓密的烟雾可以减少地面辐射热的散发，同时烟粒可使空气中的水蒸气凝成液体而释放热量，提高气温，在无风情况下，对防止辐射霜冻有良好效果。熏烟一般可使温度升高2℃左右。熏烟方法应根据天气预报，如果晴天无风或风小的夜晚，可能发生冻害之前，在橘园内堆积潮湿的稻草、枝叶、杂草、木屑、草皮等物，分层交互堆积成堆，外覆薄层泥土，中间埋入一捆扎的稻草，以方便点火和出烟。每亩果园4~6堆，每堆用料20~30千克。发烟堆设置在果园四周和内部，上风口方向的烟堆要多些、密些，以利烟雾向果园扩散。从晚上11—12时开始，点燃烟堆，一直持续到第二天上午8—9时。近年有人发明了专用的烟雾发生器，冬天放于果园，设定起燃温度，低温来临时可自动点燃熏烟，非常方便实用。

（3）营造防风林。即利用防风林，改良果园的小气候，减弱风速，减轻冻害。

3. 化学御寒

在低温来临前，对树冠喷布抑蒸保温剂等防冻保温制剂或具有一定功能的化学制剂，使之在柑橘叶面上形成一层分子膜，从而抑制叶片水分蒸发，减轻柑橘冻害。有的橘农在采果后喷施机油乳剂也有一定的防冻作用。

六、陕南柑橘冻后管理

根据对多次柑橘冻害的回顾分析，陕南柑橘产区虽曾有较大冻害的发生，但多数为中度冻害，只要加强冻后的科学管理，完全可以减轻冻害损失，甚至在两年之内即可恢复冻前产量。

柑橘树冻后恢复的快慢，取决于两个因素：一是冻害程度的轻重，二是冻后采取的恢复措施是否及时、恰当。

柑橘受冻，由于地上部叶片、枝梢等器官遭到破坏，使根系、枝干的生理活动减弱，地上部与地下部失调。同时由于落叶，枝干外露，抗性也大大减弱，所以冻后的护理工作必须抓紧。首先要促进地下部活动，由此促发地上部，再由地上部器官制造养分进而促发新根，借以形成以根养叶，以叶保根的良性循环。柑橘冻后管理主要应抓好以下几点。

（一）树冠摇雪，保护伤枝

柑橘枝叶茂密，郁闭度相对较大，遇大雪无风时，积雪会压断枝干。雨雪还会在枝叶上结冰，冰雪融化时吸收热量，更加剧枝叶的冻伤程度。因此，下雪后如发生枝叶积雪时，应及时摇落橘树枝叶上的积雪，摇雪时用力幅度要适中，防止损伤枝干。如有因雪压或摇雪用力不当引起柑橘枝桠撕裂，应及时将撕裂的枝干扶回原生长部位，用绳索绑缚固定，再在伤口上均匀涂上接蜡，然后用4~5厘米宽的胶带或薄膜带缠紧，促进伤口愈合。

（二）灌水还阳，减轻冻害（图9-8）

柑橘冻后，特别是干冻之后，根系和树体更需要水分养护。为此，冻后应及时灌水，补充土壤湿度，减轻冻害程度。灌水时一定要一次性灌足、灌透，并随灌随退，不可形成浸积。没有灌溉条件的地方，一定要想办法从别处拉水进行浇灌。

（三）浅耕松土，提高土温

柑橘受冻后，根系生理功能减弱。因此，解冻后立即对柑橘行间及株间进行浅耕松土，既能保住地热，提高土温，又有利于增强土壤通透性，增加根系活动能力，

图9-8　冻后及时浇水

促进根系生长。浅耕深度以5~10厘米为宜，可使用多功能微耕机浅耕或人工耕锄。尤其是灌水后适时适墒浅耕，然后覆盖杂草、稻草、绿肥等，保墒效果更好。冻后不宜深耕，以免伤害根系。

（四）薄肥勤施，促进恢复

柑橘树受冻后树冠损伤严重，树体功能显著减弱，地上、地下失去平衡。因此，冻后施肥应依据"逼春梢、促夏梢、保秋梢、控晚秋梢"的原则，要求以水带肥，以速效氮肥为主，勤施薄施，先薄后浓，切忌肥水过浓。要重视叶面喷肥，一般受冻树容易出现缺锌、锰等症状，结合叶面喷肥补充微量元素。在冻后春季转暖及春、夏梢生长期，用多元复合型叶面肥或0.3%尿素+0.2%磷酸二氢钾，隔7~15天喷一次，通过叶片、枝梢快速补充营养，促进根系细胞功能恢复。尤其是重度冻害树，每月进行叶面喷肥2~3次很有必要。在有条件的地方，可充分利用沼渣、沼液进行浇灌和叶面喷施，效果也很好。

（五）适时适度，科学修剪

柑橘枝干冻后不如叶片那样易于在短期内识别。叶片最先表现冻害症状，小枝其次，大枝和主枝最慢，受冻树的物候期也往往推迟。因此，冻害枝干的生死分界线，在短期内不易看出。受冻害的柑橘枝干，导管并未阻塞，根系吸收的肥水仍然可沿导管以毛管水和气态水的形态上升而消耗，枝干剪除过早，会发生误剪，剪（锯）时间过迟，会加重枝干抽干程度。所以冻后修剪要"适时适度"。适时是在可分辨枝干的生死界线时，尽早剪去

枯枝或锯掉枯死的枝干，一般在萌芽后生死界线容易分辨。"适度"是根据受冻程度，冻到哪里就剪（锯）到哪里，尽量保留未冻枝叶。传统的做法是冻后于"清明节"前后，气温回升并稳定在10℃以上，可分辨枝干的生死界线时进行一次性修剪，一般不提前修剪，以防"倒春寒"再次发生。近年随着科技进步又有人提出了分期修剪技术，即在春季萌芽前先剪去已经死亡的枯枝，采用摇、敲、摘等方法及时去除已经干枯或严重枯萎的叶片，减少柑橘树体水分蒸发，减轻冻害程度，待萌芽后生死界线清晰时进行第二次修剪。这样可以减少水分消耗，促进春梢萌发。2016年1月柑橘大冻后许多橘农就是按照此法修剪的。以上两法各有千秋，实行一次性修剪省工便于操作，进行两次修剪有利于保持受冻树体水分，特别对一、二级受冻树极为有利，但技术操作上相对复杂，较为费时。无论采用哪种修剪方法，都应以平衡树体结构，遵循"重冻重剪、轻冻轻剪"的原则，主要剪（锯）除干枯枝、病虫枝，并根据冻害程度，因树修剪，区别对待。

1. 轻冻树修剪

指少量一、二年生枝受冻的柑橘树，即一、二级冻害。主要是剪除受冻枯枝枯叶、病虫害枝、霉桩等，尽量保留健康枝叶，适度短截和疏剪纤弱枝，以促进新梢萌发。剪口位置应在冻伤位置偏下的健康部位，而不是在冻伤和健康部位的交界处，俗称"带青"修剪。

2. 中冻树修剪

指二、三级冻害树，包括当年枝大部分冻死，二、三年生枝多有冻死，三年以上大枝冻伤，大枝和主干基本完好的受冻树。主要剪除全部枯枝，并尽可能在剪口部位附近有健康枝叶，以防剪口向下继续干枯。当春梢萌芽后，根据剪口位置和树冠生长空间，及时抹芽、定梢、摘心等，促使树冠合理分布，培养丰产树形。

3. 重冻树修剪

指树冠大部分被冻死的树，即四级以上冻害。主要采取截干的办法进行修剪，也叫露骨更新或截干更新。截干在温度稳定回升后宜尽早进行，锯口应在健康部位，截面要略为倾斜，并用锋利刀具将截面削光滑，以减少雨水等滞留在截面上。截干树萌芽后培养3~4个生长健壮的枝条为主枝，同时要尽量保留主干上的萌芽，对影响主枝生长的新抽发的枝条采用扭枝、拉枝等措施抑制其长势，以加速树势恢复。截干后萌发的新枝长势旺盛，在风口地带容易被风折裂，应采取立杆绑缚等措施固定枝梢。对地上部全部冻死的橘树应及时挖除，重新栽植。

4. 剪（锯）后伤口处理

无论是剪枝或锯干，大的伤口都要及时消毒和涂保护剂，防止水分蒸发和病菌感染，促进伤口愈合。常用处理方法是：先用75%酒精或0.1%高锰酸钾对伤口消毒，然后用石硫合剂、波尔多液等保护剂涂抹伤口；也可用鲜牛粪（占60%~70%）、黄泥（20%~30%）、石灰（5%~10%）、少许毛发调成糊状，混匀后涂抹伤口；用黄油或凡士林配入2%甲基托布津，或用三灵膏（九二〇1克＋多菌灵5克＋凡士林1克）涂抹伤口，起到伤口保护作用。

重剪树因树叶少，枝干裸露，夏秋高温季节易日灼，需进行枝干涂白处理，一般在6—8月用石灰（5份）、硫黄粉（0.5份）、食盐（0.1份）、食用油（0.1份）、水（20份）

调制成涂白剂涂刷枝干，有很好的防止日灼效果。还可在涂白剂中加入0.5%~2%杀虫或杀菌剂，兼治病虫害。

5.修剪后枝梢管理

因发生冻害而进行修剪的柑橘树，应尽量多保留新梢，扩大绿叶层，促进地上部与地下部的生长平衡。为此，修剪后的枝梢管理很重要。对轻度受冻树适当疏花疏果，适量挂果，正常管理即可。部分中度受冻树，冻后枝叶较少，一般情况下坐果率很低，开花仍然会消耗大量的水分和养分。应多采取短截修剪，减少花枝比例，促进营养枝萌发，并按照留优去劣、留强去弱的原则，及早疏蕾疏花，确保恢复树势。对较重冻害的树，剪（锯）口经常会抽发大量的春梢，为促进树势恢复，新梢要尽量保留，待长到30厘米以上时，选择长势好位置恰当的新梢作为培养枝，进行摘心，促发二级枝梢，快速恢复树冠。其余枝梢采取扭梢、弯枝的方法控制其生长，待新培养的枝组形成后再去掉。内膛萌芽应留少量枝条，不可全部抹除，防止枝干日灼。

6.清园喷药防治病虫

遭受冻害的柑橘园，树势衰弱，伤口很多，易造成树脂病、炭疽病等病害的大发生，有的还会产生严重的日灼。重剪后萌发大量的嫩枝嫩叶，易引发蚜虫、螨类等害虫。因此，应在清除园内杂草、枯枝落叶的基础上，及时喷布药剂防治，确保新芽、新叶、新梢健壮生长。

综上所述，柑橘抗寒防冻栽培应作为一种基本的管理措施常抓不懈。同时，随着气候变化，地球变暖，拉尼娜、厄尔尼诺现象的多发，极端高温、极端低温、洪涝灾害等极端天气会经常出现。为此，只有消除侥幸心理，建立预防柑橘冻害的长效机制，强化防冻意识，使之常态化，综合运用各种抗寒防冻管理技术，才能取得良好的防寒抗冻效果，确保柑橘产业健康持续发展。

第二节　陕南柑橘其他自然灾害

根据陕南地理环境和气候特点，纵观近现代柑橘发展历程，低温冻害的预防固然重要，但其他自然灾害也不可掉以轻心，同样应该做好预防和救护工作。

一、旱灾及预防（图9-9）

柑橘植株长时间干旱又得不到灌溉和地下水的补充，树体正常发育所需水分与吸收的水分之间不相适应，出现水分亏缺，即为干旱，严重时会因旱成灾。旱灾属于

图9-9　干旱的果园

偶发性自然灾害，即使是水量丰富的地区也会因一时的气候异常而导致旱灾。旱灾是我国柑橘生产上的第二大气象灾害，其危害仅次于冻害。陕南柑橘园干旱在各个季节都有可能发生，尤以伏旱、秋旱、冬旱对柑橘危害严重。俗话说"旱灾一大片，水灾一条线"，比较水灾而言，发生旱灾时，往往涉及面更广，造成的损失更大。特别是汉中、安康、商洛地区发展柑橘，多以丘陵坡地为主，果园保水能力差，蓄水又比较困难，灌溉设施普遍不足。据调查统计，陕南柑橘产区有灌溉设施的柑橘园不足10%，一旦发生大旱，对柑橘生产的影响就会很大。

1. 旱灾对柑橘的危害

旱灾对柑橘的危害是多方面的。其一是影响树体生长。即使发生一般程度的干旱，也会引起柑橘根系和新梢生长受阻。新根停止生长或生长缓慢，不利于根群的扩大；新梢停止萌发或萌发数量少、枝细叶小，树冠扩大缓慢。其二是影响产量和品质。柑橘花期和幼果期遭遇干旱，会加重落花落果，坐果率下降，特别是2次生理落果期干旱和异常高温叠加时，无核柑橘品种的落花落果有时会极其严重，甚至绝收。夏季和秋季果实膨大期遭遇干旱，会影响果实生长，果实变小，干旱后遇到较强降雨，还会使裂果增加，尤其是无核、薄皮的品种，裂果大量发生。干旱还导致果实日灼，日灼果比例增加。果实成熟期遇严重干旱，使果实糖分积累减少，果实内的水分向叶片输出，使果实品质和产量下降。但是，成熟期适度的干旱有利于提高果实品质。其三是加重病虫危害。春季和秋季干旱易引发红蜘蛛泛滥，夏季干旱则锈壁虱易暴发，夏秋季节干旱还容易导致急性炭疽病的流行，增加病虫防控的难度。其四是可能造成枝梢枯死甚至死树。遭遇到严重干旱或特大干旱时，柑橘近地面的浅根死亡，新梢、弱枝和部分二至三年生枝枯死，严重时整株死亡。

2. 防旱抗旱措施

为了有效预防或尽量减轻旱灾对柑橘的危害，在新发展柑橘时，果园选址应尽量在坡度较小、水源条件好、周边植被茂盛、土层深厚、土壤有机质含量较高的区域。同时结合当地实际，选择耐旱力、抗逆性强的柑橘品种和砧木，保护好果园周边植被，提高果园的空气湿度，降低果园空气温度，减轻干旱程度。有条件的地方都应建设蓄水和灌溉设施，包括安装滴灌、喷灌等现代化灌溉设施。这是解决干旱问题的基本措施，也是减轻柑橘旱灾损失的根本途径。

柑橘植株何时需要灌水，因其品种、砧木、树龄、树势和各地的气候条件、土壤条件不同而异。柑橘根系生长最适宜的土壤湿度是田间持水量达到60%~80%，当田间持水量低于60%时即需灌水。试验表明，盛夏季连续干旱10~15天就应灌水，若叶片卷缩时再行灌水，已为时过晚。橘园发生干旱或已经受旱时，有灌溉条件的应当通过灌溉来解除旱情。灌溉可根据果园不同立地条件、不同灌溉设施，采用人工地面浇灌、沟灌、穴灌、盘灌或滴灌、喷灌等方法进行。但对多数无灌溉条件的橘园，应通过加强栽培管理，按照"未旱先防"的要求，落实防旱抗旱举措来减轻旱情降低旱灾损失。

（1）做好水土保持。经常性发生干旱的橘园应尽可能多地建蓄水池和沉沙凼，用于雨季蓄水，达到水不下山，土不下坝，排蓄兼用，保持水土，防旱抗旱的效果。

（2）做好深翻改土。深翻可增加土壤的空隙和破坏土壤的毛细管，减少水分蒸发，增强土壤蓄水保水能力。土壤深翻结合压埋有机肥、作物秸秆和杂草等材料，改善土壤团粒结构，增厚土层，提高土壤肥力，引导柑橘根系下扎，增加根系吸收水分和养分的范围。在丘陵山地等建设蓄水和灌溉设施有困难的果园，深翻改土是实用、可靠的抗旱方法。

（3）做好中耕除草。在旱季来临之前中耕松土，既能切断土壤毛细管，减少水分蒸发，又能通过浅锄清除杂草，避免与柑橘树争夺水分养分。中耕深度掌握在 10 厘米左右，坡地宜稍深，平地宜稍浅。中耕在雨后初晴、地表稍干时进行。

（4）做好果园覆盖。夏季开始前用杂草、稻草、秸秆等物覆盖树盘，可起到很好的保墒效果。覆盖物与树体根茎部应保持 10 厘米以上的距离，避免树干遭受病虫危害。有条件的也可进行全园覆盖，保墒效果更好。夏季高温干旱也可用遮阳网覆盖树冠，减轻烈日直射，降低叶面温度，从而减少植株水分蒸发，也可防止强光辐射对叶片和果实的灼伤。果园地膜覆盖对减少土壤水分蒸发也很有效，但在高温季节会使土壤温度过高，导致根系异常甚至死亡，特别是土壤表层附近的根系易受害。有条件的可用防草地布覆盖树盘，效果更好。

（5）做好果园生草。果园生草既能降低土温，减少水分蒸发进而减轻干旱，又能增加土壤有机质含量，防止水土流失。二十世纪八十年代日本果农就盛行果园生草栽培，它们大多不仅避免使用化学除草剂除草，而且还选择适宜草种种植在果园，待长到一定高度时用小型割草机割草粉碎在地面，草腐烂后即为有机肥料，更重要的是能增加土壤的蓄水能力，高温干旱季节可降低土壤温度和树冠层空气温度，减轻干旱。一般在柑橘园选用推广黑麦草、白三叶草、毛苕、紫花苜蓿、百喜草等草种种植。简单、经济的生草抗旱方法是在雨季实行自然生草，将高秆、深根（如水花生、革命草、菟丝子、毛草等）、藤蔓类等恶性杂草铲除，保留浅根、矮秆的天然杂草，必要时在雨季往杂草上薄撒 1~2 次尿素等化肥，尽量使草生长茂盛。旱季来临时，割倒或喷布除草剂，使其覆盖在地面，也有保水抗旱效果。

（6）加强新梢管控。对容易出现干旱的橘园，在夏季到来前，要采取摘心、短截、喷布磷酸二氢钾等措施促进新梢老熟，或实施抹芽控梢、喷布新梢抑制剂等措施阻止新梢萌发。遭受到严重干旱时，应尽早剪除树上未成熟的新梢，对树势较弱的树，要及时剪去落果枝、枯枝以促发新梢，并喷布 0.1%~0.2% 的尿素补充营养，增加抗旱能力。

（7）主干涂白。在高温干旱之前，用涂白剂涂刷树干，对减少树体水分蒸发和防止日灼病有一定效果。

（8）使用保水、抗旱剂。旱前果园土壤使用固水型保水剂，或树冠喷布适当浓度的高脂类溶液，可减少土壤和叶片失水。抗旱剂能缩小植物的气孔开张度、抑制蒸腾，从而减缓土壤水分消耗，增强植物的抗旱能力。干旱时，对柑橘树冠喷布抗旱剂，可减少水分蒸腾，减轻干旱。但高温干旱时喷抗旱剂则要谨慎，防止因叶面温度升高而受伤害。

3. 受旱后的橘园管理

俗话说，久旱必有久雨。往往在干旱后迎来一场透雨，旱象即可解除。陕南还有久旱之后持续长时间降雨的特点。这对经受了大旱的柑橘也是极为不利的。为此，受旱之后，加强橘园管理工作就显得十分重要。

（1）防止裂果。在柑橘定果后至果实膨大成熟期，出现严重伏旱或秋旱，遇强降雨后，往往出现大量裂果，这在陕南目前主栽的温州蜜柑、朱红橘、城固冰糖橘、紫阳金钱橘等品种中都有不同程度的发生，有的还较为突出。比较有效的解决办法首先在干旱时及时浇水灌水；其次是增施钙肥和钾肥，使果皮适度增厚；最后是树盘覆盖，减少土壤水分蒸发。

（2）及时补肥。柑橘受旱以后，树势受到一定影响，及时补充肥料，恢复树势很重要。一般采用叶面喷肥和地面施肥相结合的方法，叶面喷肥可喷施 0.3%~0.5% 的尿素、磷酸二氢钾等肥料，土壤施肥以速效的尿素、复合肥或腐熟的人粪尿、饼肥等肥料均可。

（3）及时清园。严重受旱后树上树下枯枝落叶多，且受旱后树势衰弱，易受病虫侵染危害。因此，要及时剪除干枯枝和严重的病虫枝，清除果园地面上的枯枝落叶，一并运出果园进行深埋或烧毁。较大的剪口或锯口应进行消毒并涂抹保护剂，防止病菌入侵。清园后喷施农药保护树冠和果实。

（4）补栽缺株。对干旱造成的死树缺株要及时补栽，一般应补栽相同的品种，以便果园管理。对严重死树缺株的橘园，也可全部换栽新品种。

二、涝害及预防（图 9-10）

相对干旱，水分过多，会使土壤空隙完全充满水而通气性变差，根系呼吸受损，水分和养分吸收受到抑制，柑橘植株的生长衰弱，甚至死树，这就是涝害。陕南秋季容易出现连阴雨，夏季有时也会出现暴雨等极端天气，引发山洪、泥石流、滑坡，以及江、河、湖、库水位猛涨，堤坝漫溢或溃决，常给柑橘生产带来水涝危害。为此，预防和减少涝害损失是柑橘生产的重要环节。

1.涝害的预防措施

（1）选好橘园地址。在准备建园选址时，尽量不要在易被洪水淹没或容易积水的河滩地、低洼地及排水困难的平地建园，也不要在陡坡、松软坡地建园，以减轻或避免洪涝灾害的发生。

（2）起垄筑墩。新建橘园时，尤其是平地建园，应起垄整地，筑墩栽植，露砧栽苗。这在城固、汉台、汉滨等县区已有很多成功经验。

（3）修好排水渠系。对易积水的橘园，要预设一定深度的围沟、腰沟、行沟等排水系统，做到沟沟相通，并做好日常维护，保持雨季排水畅通。一般围沟应低于腰沟、行沟；排水渠低于围沟，以利于及时排水排湿。

（4）选好品种。柑橘果树的抗涝能力及涝害轻重，与淹水时间、淹水深度、砧木及柑橘品种、苗木质量、树龄和树势等

图 9-10　涝害

关系密切。总的来讲，淹水时间越长，淹水越深，柑橘植株受害越重。有试验表明：温州蜜柑淹水4天，未表现受害；淹水7天，被淹没的树死亡，未淹没的高树未死。淹水7天的40年生朱红橘，树冠淹水线以下的果实全部脱落，淹水10天以上的同龄朱红橘部分枝叶枯死，树势减弱，严重影响产量。砧木最抗涝的是酸橙，试验发现其淹水3~14天均无死株。不同的柑橘品种耐涝性不同。据研究观察，汉中、安康地区目前推广种植的枳砧宫川、兴津、日南一号等温州蜜柑，抗涝性还是比较强的；其次是朱红橘、紫阳金钱橘、城固冰糖橘、椪柑、本地早、南丰蜜橘等品种。成年树，由于其根系较幼树发达，根深树高，故耐涝性比幼树强。但衰老树和"小老树"抗涝力弱。不论柑橘苗木、幼龄树或是成年树，生长健壮、根系发达的抗涝性强，受害轻，反之受害重。因而，选用抗涝性强的柑橘品种和砧木，加强土肥水管理和病虫害防治，培育发达的根系和健壮强旺的树体，是抗涝栽培的基础性措施。

在做好涝害预防工作的同时，还应在如何减少柑橘花期阴雨引起的落花落果方面引起重视。汉中、安康柑橘产区，有些年份在柑橘开花时适逢阴雨，气温下降，这不利于柑橘花器发育、昆虫授粉和保花保果。同时，阴雨也使一些花瓣粘在花柱、子房上，进而引起霉烂，导致幼果脱落。阴雨时光照不足，光合作用差，影响新叶转绿，加剧新叶和幼果争夺养分。阴雨连绵还会造成土壤和肥料流失，积水引起根系霉烂，严重时落花落果。为减轻阴雨危害，应注意排水，及时排除积水和降低地下水位，开花后及时摇花，促使花瓣脱落，抢晴好天气喷布激素保花保果，及时防治病虫。

2. 涝害的救护措施

（1）及时清沟、排水扶树。柑橘园一旦受涝，应尽快清理沟渠排除积水，降低地下水位。洪水能自行退出的，退水的同时要清理沟渠中的障碍物，并尽可能清洗去除滞留在枝叶上的泥浆杂物，以利于叶片能进行正常的光合作用。洪水或积水不能自流排出的，要及时用人工、机械排出，尽量减少积水滞积浸泡时间，以减轻涝害。清理的淤泥应放在树盘以外的地方，切忌放在树盘上。对被大水冲倒的植株要立即扶正，必要时可架立支柱。

（2）及时松土、根外追肥。被淹橘园退水后，土壤板结，根系缺氧，树体正常生理活动受阻，待土壤稍干，应立即进行全园适度松土，或扒土晾根，以排除淹水时根部留存的硫化氢等有毒气体，增加土壤通透性，促进新根萌生。同时因植株被水浸泡，根系受损，吸肥能力减弱，严重的出现根系霉烂，故应单独或结合防治病虫进行根外追肥，适时补充树体养分所需。常用0.3%~0.5%尿素、0.3%~0.4%磷酸二氢钾喷布树冠，每隔10天左右喷施一次，连续2~3次即可；喷布时间以下午4—5时为好。待树势逐渐恢复再根据植株大小、树势强弱，每株土壤施用尿素50~250克，确保树体健壮生长。

（3）适时修剪、防治病虫。植株受涝后，根系吸水能力减弱，为减少枝叶水分蒸发，要对树冠进行适时适量修剪，通常重度受损树修剪稍重，轻灾树宜轻。主要剪除病虫枝、交叉枝、密生枝、纤细枝、下垂枝、无用徒长枝和枯枝，并进行抹芽控梢，促发早秋梢。涝后修剪要尽量避免在高温烈日的时间进行。对严重水害，已出现新梢萎蔫、老叶反卷，落叶落果的植株，应摘除果实，剪除部分枝梢，立足于保树，且做好树体涂白、防止日灼（烧）、伤口保护等工作。

柑橘受涝后，易使病菌入侵，诱发树脂病、炭疽病、脚腐病的发生，应予重点防治（详见第八章第二节"陕南柑橘主要病虫害及防治"）。同时用波尔多液进行地面消毒，做好螨类、蚜虫等害虫的防控工作。

三、热害及预防

柑橘虽是热带、亚热带果树，性畏严寒而喜温暖，但在开花到第二次生理落果停止前的这段时间，如遇35℃及以上的异常高温天气，就会发生异常落花和生理落果，轻则减产，重则无收，或者由于异常高温并伴有一定风速的干热风（是一种特殊的大气干旱现象），危害开花和加重生理落果，这就是柑橘的热害。陕南地区柑橘遭受热害的频率虽然较低，但也不可忽视。

防御柑橘热害，应采取综合措施，才能取得好的效果。

1. 合理布局柑橘品种

根据各地异常高温出现的规律，选择耐高温干旱，又适合当地栽培的柑橘品种（品系）和砧木，在种植区域合理布局。安康相比汉中，柑橘热害发生的几率稍大，应更加重视热害防治。在同一地区，山地种植柑橘，可利用海拔高度的不同，合理安排品种。因气温随海拔升高而下降，海拔每上升100米，气温下降0.5~0.6℃，故可在相对不易发生热害的较高海拔地段种植耐热性稍差的品种，而在海拔较低的地带种植耐热性强的品种。据研究表明，温州蜜柑耐寒性较强，耐热性不如椪柑、朱红橘、紫阳金钱橘等，可根据它们的特性来安排种植地域。

2. 改良土壤合理间作

深翻压绿，增加有机肥，改善土壤结构，提高土壤保肥、保土和保水能力，增强柑橘植株对高温、干旱的抵抗力。通过间作绿肥或3—9月实行全园生草，可降低柑橘园温度，提高空气湿度，减轻异常高温热害；当气温高于30℃时，对未封行的投产树进行树盘覆盖，也有利于缓解热害。

3. 做到适时合理施肥

由于柑橘萌芽抽梢期气温较低（北缘地区尤为明显），根系对养分吸收量少，施下的肥料要到4月底后才能被吸收利用，肥料利用率低。陕南春旱较为常见，一般多于3月上旬春芽开始萌动时，重施以速效氮肥为主的促芽肥，配合磷、钾肥的叶面喷肥，以满足树体抽梢、开花、坐果的需要。但在春季雨水较多的年份，可不施芽前肥，改施稳果壮果肥，既能控制春梢旺长，又可节省成本。一般改在盛花前5~7天施稳果肥，以施速效氮肥和磷肥为主，7月上中旬、8月上中旬各施1次促梢壮果肥，采用氮、磷、钾混合肥。壮果逼梢肥占总肥量的30%~40%，以利促发健壮的结果母枝。这两种施肥时间和方法只要运用恰当，都对防止热害、减轻异常落花落果有明显的作用。

根据花量和叶片色泽，可在花蕾期和花期、幼果期喷布0.3%尿素+0.2%磷酸二氢钾的混合液1~2次；或在花期喷布0.2%硼酸（或硼砂）也有减轻热害、保花保果的作用。

4. 管控枝梢保护叶片

首先是保护好越冬叶片。采果后适时施尿素或腐熟的稀粪水，以增强树势，也可树冠喷布浓度为10毫克/千克的2,4–D液,保叶越冬。其次是合理控梢,在稳果以前连续不断地抹芽,减少新叶量,避免枝梢、叶片同果实争夺养分水分。春梢要早抹、重抹、多抹。从显蕾开始,一般7~10天一次,根据新老叶的比例,抹除多余春梢。夏梢最好全部及时抹除,直到第二次生理落果结束,稳果后开始放梢。

5. 果园降温

根据天气预报,在可能发生热害时,果断灌水、叶片喷水是最直接、最有效的果园降温方法。一是在接到高温预警后,适时对果园灌水,可明显改善果园小气候,降温防旱,使地温下降1~3℃,从而减轻高温对柑橘树的危害程度。灌水宜慢灌入园,以免水分难以下渗,冲刷土壤。在灌溉条件差的地方,也可早、晚浇灌。灌水后应进行浅耕松土,减少蒸发失水,提高水分利用率。二是在突发高温时,于上午11时至下午3时,向果园间歇性喷水。据调查,用微喷灌向橘园喷水20分钟,可降温6~8℃,没有灌溉设备的可用喷雾器进行人工喷雾,喷水时以将树冠喷湿至滴水为宜,可达到增湿降温防落果、防日灼的目的。在4—6月出现高温但果园不干旱的情况下,喷水更佳。

6. 喷药防治病虫危害

现蕾至第二次生理落果期间重点应做好柑橘花蕾蛆、螨类、蚜虫、叶甲类和炭疽病等虫害、病害的防治,保叶保花保果,以增强这些敏感器官抗御异常高温的能力。

7. 其他应急救护措施

防止柑橘花期和幼果期的异常高温落果(热害),其他比较有效的措施还有喷布植物生长调节剂和对主干或大枝环剥。即根据天气预报,在异常高温到来前2~7天,对花或幼果喷布1~2次30~60毫克/千克的赤霉素有良好效果,枝叶上尽量少喷。在异常高温到来前对营养生长偏旺树大枝或主干环割2~3圈,深达木质部,也有一定效果。

此外,雨前喷布甲基托布津等杀菌剂可防止病菌侵染,雨后及时摇落残花与水滴对保果也有一定作用。

四、风害及预防

风对柑橘果树有利有弊,柑橘的蒸腾、呼吸和光合作用等生理活动,都必须在空气的不断流动中完成,因此,微风对柑橘果树的生长、结果十分重要。再者,微风还可减轻柑橘园冬季的霜冻危害和夏季的高温热害。对于郁闭度过大的柑橘园和防风林密绕的柑橘园,在白天因园内外气体交换不良,光合作用耗用的二氧化碳会因补充缓慢而导致浓度降低,影响正常的光合作用。如有风速为0.5~1.0米/秒的微风吹动,在一天内,即可在1 000平方米(折1.5亩)柑橘园内吹入200~300千克的二氧化碳,从而有利于柑橘的生长和产量提高。当然,对有些郁闭而湿度大的柑橘园,微风也可降低湿度,减少病虫危害。有微风的晴天采摘柑橘,便于果实贮藏前预贮工作的进行。但大风、强风对柑橘有百害而无一利。当风速每秒达6~7米时,就会撕裂和吹落叶片,擦伤和吹落果实。强风会使柑橘树枝折断,严重时会将树推倒,甚至将树连根拔起。此外,大风对高接换种的柑橘树危害也很大,高接后萌发的接穗长势强、叶片大、嫁接口尚未牢固,很容易被风从嫁接口处折断。在风口地带的柑橘树,长期受大风的影响,出现偏冠和偏心现象,影响树体正常发育，给整形修剪带来困难，且易遭日灼危害。风害在柑橘果实、叶片和枝干上形成的伤口，利于病菌的侵入和传播，诱发病害。

陕南柑橘产区因秦岭屏障而遭受强风袭击的几率不高，但每年或隔年都有局部强风危害发生。2010年夏天，一场大风把城固沿文川河两岸的许多柑橘树严重撕裂，折断枝条，造成大量落叶、擦伤和落果。又如城固的升仙谷口，某些年份冬季的"出山风"强度较大时，也给柑橘造成不良的影响。可见风害不得不防。

1. 应对风害的主要措施

其一，在容易遭受风害的地区，像沿河两岸、库区、峡谷等风口地带，选择树冠较矮小的柑橘品种和矮化砧木，如早熟、特早熟温州蜜柑、枳砧等。同时，尽量降低主干高度，采取矮干整形，降低树冠重心，增强抗风能力。20世纪八九十年代我们曾经推广温州蜜柑矮、密、早栽植模式，其中就有防风栽培的作用。其二，通过深翻改土，培养健壮根群，引导根系深扎，使树体根基牢固，增加抗风抗倒伏能力。其三，因陕南柑橘产区冬季多有西北风，可造成柑橘严重的寒害，应在风害多发的小区域种植防风林，以减缓风速，改善橘园小气候，防止柑橘寒害。

2. 及时进行灾后救护

被风刮断的枝干、吹落的叶片和果实要及时进行清理，摘除已严重损伤但仍未脱落的果实，清除出果园并烧毁或深埋。对全园喷布一次杀菌剂，防治因风造成枝、叶、果上的伤口诱发的病害。对折裂未断的大枝尽量进行抢救，即及时将撕裂的枝干扶回原部位，用绳索绑缚固定并做技术修复，折裂未断的一般性枝条则应剪除；被风吹倒或歪斜的植株要及时进行扶正，填土压实并设立支杆进行支撑加固。

五、冰雹及预防

冰雹是一种强对流天气现象，往往伴随大风而至，有时也叫风雹。多发生在地形复杂和天气多变的山区或山口地带，汉中、安康一般在春夏之交或夏季多有发生。一般范围较小、时间较短。通常发生时间持续仅几分钟或十几分钟不等。

1. 冰雹对柑橘的损害

冰雹一般会打烂、打落柑橘叶片，砸伤砸落嫩芽、花蕾和果实；尤其在春夏之交，柑橘正处于抽梢和幼果期，冰雹可致较大幅度的减产；而在果实成熟时，冰雹砸伤的柑橘果实商品性下降，果实不耐贮藏。幼树因为树冠小，枝干木质化程度低，新枝嫩叶比例大，更容易受到伤害。同时，遭受冰雹袭击的果园，枝叶和果实伤口多，容易感染炭疽病、树脂病等。

2. 应对冰雹危害的措施

根据陕南多年冰雹出现的规律，新建橘园应尽量避开多雹区和雹线区；对经常出现冰雹的现成橘园可进行设施防护，注意天气预报，在冰雹来临前，对柑橘树覆盖尼龙网，减少冰雹对枝叶、花和果实的损伤。对已经发生雹灾的橘园，在冰雹过后，应及时清理地面落叶和落果，及时喷药防治病害，及时修剪并追肥促发新梢和促进伤口愈合，加快树势恢复。

六、环境污染及预防

环境污染对柑橘的危害，主要由大气污染和土壤污染造成。随着工业化的进程、汽车的大幅增加，空气中的有毒气体与日俱增，这对柑橘地上部分产生了不可忽视的影响。在陕南，因多数柑橘产区远离城市，工矿企业也相对较少，大气污染还不明显。但土壤污染比较普遍，已严重影响到柑橘根系的正常生长和果实品质。长期大量使用农药、化肥，大量喷施除草剂，会使土壤中积累残毒，对柑橘果树生长极为不利。如药剂中的砷、铅、铜等，有害作用不仅对柑橘果树，而且对间作物也有很大影响。

防止环境污染，特别是土壤污染的根本办法是逐渐减少以至禁止在柑橘果园使用化学农药和除草剂。在柑橘病虫防治上，大力推广农业防治、物理防治、生物防治等综合防治技术，根据防治对象的生物学特性和危害特点，使用相对应的生物源农药、矿物源农药和低毒有机合成农药，有限度地使用中毒农药，并减少用药次数，禁止使用剧毒、高毒、高残留农药。在土壤管理上，主要推广间作套种，生草少耕、清耕等模式，或用人工锄草、果园覆盖的方法消灭杂草，逐渐减少对化学除草剂的依赖，以改善生态环境，保持水土，提高肥力。

化学肥料是近年果园环境污染的一大来源。由于使用方便，增产明显，加之近年农村有机肥源的缺乏，在农村一度形成了依赖化肥、大量使用化肥的习惯。化学肥料的长期大量使用，导致土壤酸化僵化，重金属积累，有益生物菌减少，土壤结构被破坏。因此，陕南柑橘今后要长久健康发展，必须下功夫解决有机肥源，提倡以有机肥为主化肥为辅的理念，也只有这样才能使果园走上良性循环发展的轨道。

第三节　陕南柑橘的生理障碍

陕南柑橘的生理障碍虽不严重，但也常有发生，随着气候的变化和某些不良栽培习惯的影响，近年有加重的趋势，故应引起重视。

一、日灼及预防（图9-11）

柑橘果实在膨大期、开始成熟时，受光面出现的一种太阳光灼伤，即为日灼（烧）病。其症状出现是因为盛夏、早秋的酷热和强烈光照暴晒，使果实表面温度达到40℃以上所致。症状开始为小褐色斑点，后逐渐扩大，呈现凹陷，形状和大小各不相同，果皮质地变硬，囊瓣失水，囊皮木质化，果实失去食用价值。此外，受高温强光直射的老枝、树干皮层，也会出现日灼。

图9-11　日灼

高温、强日照是引起日灼障碍的主要原因。其主要发生在树冠中上部外围果实上。当然，不同的品种及砧木，发生日灼症状的多少及受害程度也有所不同。以枳为砧、浅根性的早熟、特早熟温州蜜柑，吸收利用水分比深根性的朱红橘、椪柑、南丰蜜橘等柑橘品种差，成熟又较其他品种早，果皮组织含水率较低，供水又困难，使大量热量不能通过蒸发带走，比热下降，果面温度上升易出现日灼（烧）病。

防治日灼（烧）病的有效方法与解决干旱、热害问题有相似之处。首先是深耕土壤，促进根系健壮，增加根系的吸水范围和能力，保持地上部与地下根系之间的平衡生长。其次是及时灌水、喷雾、覆盖土壤、树干涂白等，减少水分蒸发，不使树体发生干旱，预防日灼病的发生，减轻其危害程度。在经常发生日灼的地方，盛夏可采取树冠遮阳，果实套袋，果面喷石灰水等预防。一旦发生日灼，应尽早将日灼果疏除。

二、裂果及预防（图9-12）

陕南柑橘发生裂果的时间多在早秋，夏末也有少量裂果出现。其症状多是脐部发生开裂，使果实不堪食用。

1. 发生裂果的原因

发生裂果的原因是多方面的，综合起来主要与天气、品种、土壤管理等因素有关。

（1）久旱不雨裂果。当柑橘果实在膨大期处于久旱不雨天气时，其果皮会呈现凹凸不平状，凹部细胞组织因水分不足，会停止发育；随着果肉组织膨大，首先从果皮内侧的白皮层发生纵横龟裂，且先在表面凹进去的部位发生。

图9-12　柑橘裂果

（2）久旱遇雨或雨水过多裂果。长时间干旱，果皮组织长期缺水和受夏季高温影响，生长膨大的能力减弱，但果肉组织仍继续发育，果皮和果肉生长速度不一，会产生机械裂果。久旱之后如遇突然大量降雨，会引起果肉迅速生长，果肉将果皮撑破，形成裂果。此类裂果最为常见。

（3）果皮太薄引起裂果。通常果皮薄、包着紧、表面光滑、果肉充实的种类和品种易出现裂果，像城固冰糖橘因为果皮很薄就易发生裂果，特早熟、早熟温州蜜柑、南丰蜜橘也在某些情况下容易裂果，中、晚熟柑橘品种裂果较少。果实顶部比蒂部皮薄，果顶易开裂。也有人通过试验发现，某些柑橘品种出现裂果是因为裂果的果皮中磷酸含量比正常果高，如脐橙。认为这是多施磷，少施钾，使果皮变薄，从而使裂果增加的缘故（图9-13）。

（4）土层浅导致裂果。如果果园土层浅、根系浅，遇到干旱，根系吸水困难，导致裂果增多。

2. 防止裂果的措施

裂果的多少常与当年的气候条件，特别是夏季干旱、秋季多雨关系密切。为此应尽可能避免土壤水分发生剧烈变化。

图 9-13　城固冰糖橘皮薄裂果

（1）旱时灌水。只有干旱时及时灌溉，受涝时开沟排水，才可保证土壤不断地向柑橘植株供水分，特别是夏季受干旱的果实，其向阳面龟裂多、裂果多，尤其应注意。从实践经验看，在相同灌水量的情况下，减少每次灌水量，缩短灌水间隔时间，多次灌水，防止裂果效果最好。

（2）土肥管理。切实搞好土壤管理，提高土壤保水能力，对柑橘树盘进行覆盖或种植豆科绿肥，可降低地表温度 6~15℃，以减少土壤的水分蒸发。合理供肥，改善土壤的理化性状，促进根系下扎和正常吸水。具体要求是少施磷肥，增施氮肥、钾肥和钙肥，或增施绿肥和饼肥。钾肥使用要适当，在未裂果前对树冠喷布 1~2 次 2% 草木灰浸提液，使果皮适度增厚，可防止或减少裂果的发生。

为保持果肉和果皮的生长平衡，当果实膨大期遇久旱不雨时，可用 0.3% 尿素或 20~30 毫克/千克赤霉素在傍晚喷布果实，每周 1 次，连续喷 3 次，大雨来临前加喷 1 次。久旱降雨后不宜马上施肥。

（3）其他措施。久旱遇雨后及时环割（不伤木质部），可减少裂果。有裂果出现时，及时摘去裂果，可明显减少裂果的继续发生。有试验表明，及时摘除裂果可减少裂果 75% 以上。

当然，从长远角度看，在栽培上尽量选择使用抗裂果的柑橘品种，是防止裂果最有效、最根本的办法。

三、柑橘油斑病及预防

柑橘油斑病又称虎斑病、油胞病，四川叫干疤病。是柑橘果实常见生理性失调病害，主要发生在转色期及贮藏期，严重影响果实品质，造成落果或腐烂，丧失商品价值。

1. 症状（图 9-14）

该病一般发生在果实采摘前，特别是接近成熟期的果实易发病，也可发生在采摘后的贮藏运输期间。初期果面产生不定形的淡黄色病斑。一般直径为 2~3 厘米，也有扩大到占果面一半的，病健组织分界

图 9-14　油斑病

明显。病斑内油胞显著突出，油胞间的组织凹陷，后变为黄褐色，油胞萎缩。严重的病斑凹陷甚深，病健交界处为青紫色。该病仅引起外果皮组织发生病变，不会引起腐烂。但在贮藏期间，如病斑上染有炭疽病和青、绿霉等病菌孢子时，往往引起烂果。

2. 发病病因

由于果皮表面的油胞破裂，渗溢出芳香油侵蚀果实表皮而引起。

3. 发病规律

该病发生的轻重与品种特性有关，果皮结构细密脆嫩的品种发病重，果皮结构粗糙疏松的品种发病轻。甜橙、椪柑、朱红橘等发病重，本地早等次之，红橘（川橘）、温州蜜柑和黄岩早橘发病轻。晚熟种较早熟种发病重。同一品种采收愈迟发病愈重。采前如雨水过多、遇有大风降温或冰雹以及叶蝉危害较重的发病常严重。果实生长后期使用松脂合剂、石硫合剂等碱性农药较多或果实采摘及运输过程中造成人为的机械损伤的发病均严重。霜降后如昼夜温差大、晚上又有重露出现发病亦重。

4. 预防方法

（1）适时采摘。果实适当早采，并注意避免在雨湿和露水未干时采摘。果实在采收和运输过程中，尽量避免人为的伤害。要贮藏的果实应先摊开放置 2~3 天，使其充分干燥后再贮藏。

（2）防治病虫。果实生长后期，加强对刺吸式口器害虫如叶蝉等的防治。

（3）种植防风林。风沙较大的地区，宜在橘园周围种植防风林，以减轻风害。

（4）套袋保护。山地果园可结合防治吸果夜蛾，进行果实套袋保护。

四、异常落叶及预防

叶片是柑橘果实生长的源动力，要想获得优质丰产的果实，首先要保证最大限度的叶片。作为常绿果树的柑橘，与冬季全部落叶的落叶果树不同，一般是春季新叶开始生长时，老叶才陆续脱落，叶片寿命 15 个月左右，最长可达 36 个月。如果未入秋即落叶，或冬春季大量落叶，就是不正常落叶或异常落叶的生理病害。

1. 异常落叶的原因

柑橘异常落叶与环境条件和树体营养状况有关，包括机械性落叶和生理性落叶。强风危害和害虫侵害直接落叶等落叶的为机械性原因，受病菌危害，氮、镁、硼及其他元素缺乏和锰元素过剩，潜叶蛾、螨类等害虫危害，环境污染，有毒物质危害以及冻害、旱害、涝害等皆属生理性原因。生理性落叶与机械性落叶不同，生理性落叶都在叶柄的基部产生离层组织而使叶片脱落。据观察，夏季干旱，除特殊情况外，柑橘果树一般不至于落叶。在冬季气温较高的白天或有风天气，柑橘叶的蒸腾作用仍很旺盛，但在地温低，根系的吸收作用弱，加之土壤干燥时，易使树体缺水，进而发生异常落叶。土壤缺水、低温，根系吸水困难，如再遇干燥寒风侵袭，则落叶加重。

2. 异常落叶的预防

异常落叶对柑橘果树危害极大，常导致有机养分的损失，如在花芽分化前落叶，翌年花量减少，甚至无花，抽发的春梢多而纤弱；如在花芽分化完成后落叶，则翌年花量大、质量差（多数是无叶花）、坐果率低，树势削弱。因此，一旦出现异常落叶即应及时采取防治措施。

（1）喷肥救护。如是冬季低温干旱引起的异常落叶，可用 0.3% 尿素 +0.2% 磷酸二氢钾的混合液多次喷布树冠，也可用柑橘专用叶面肥、叶面宝和多效复合肥等喷布。另外，用喷水的方法，可使叶片直接吸收水分，喷布机油乳剂可抑制叶片水分蒸发，也能减轻异常落叶。

（2）施肥补救。春季给土壤施用稀薄的人粪尿促进新根生长，并根据挂果的多少施保果肥。

（3）合理修剪。如局部枝梢出现落叶，宜短截无叶部分，如全树大部分叶片脱落，则应疏去密生、纤弱、直立和交叉的小枝、丛枝，剪去枯枝、病虫枝，留下的枝梢注意摆布均匀，然后进行重短截，尽量保留残叶，疏去花蕾，促使骨干枝的隐芽萌发，使树冠得到更新和恢复。如植株营养差，结果较多的应适当疏果，以减少水分和营养养分的消耗。

（4）防治病虫。异常落叶发生后，要对红蜘蛛、蚜虫、潜叶蛾、天牛和脚腐病等加强防治。

（5）地面覆盖。用稻草、杂草等进行果园地面或树盘覆盖，既防高温，又保护新生根群。

五、落花落果及预防

全国许多柑橘产区，都有严重落花落果情况发生。陕南也不例外，许多地方单产低，总产少，某些年份平均亩产还不到 1 000 千克。其主要原因之一就是落花落果严重，特别是异常落花和落果。据调查统计，朱红橘一般情况下坐果率仅 2% 左右，温州蜜柑 5% 左右，本地早不到 3%，华盛顿脐橙在 1% 以上，生长较弱者还达不到 1%。柑橘凡超过第一、第二次生理落果正常范围发生严重落果和采前的严重落果，都属于异常落果，也叫前期异常落果和采前异常落果，栽培上都应予防范和补救。

（一）前期落花落果及防范

在柑橘树的年生长周期中，从早期花蕾出现到开花，再从谢花至果实子房开始膨大，出现落花落果，既是一种正常的生理现象，又是管理不善、异常天气或品种原因造成的。在合理比例内的落花落果是一种正常的生理现象，有利于优质丰产。但超过正常比例大量落花落果就属于异常落花落果，生产上应引起高度重视。造成异常落果主要有以下原因。

（1）肥水管理水平很低，树势衰弱，枝叶不茂，制造有机营养物质的功能很低，致使树体营养不良，畸形花较多，受精不良，落花落果严重。

（2）树冠枝叶交叉密集，造成荫蔽，光效率降低，恶化了橘园的生态条件，橘花、幼果营养不良，导致落花落果严重。

（3）高温干旱，特别是 5 月下旬至 6 月下旬，如遇连续三天 35℃ 以上高温伴随着干旱也会引起大量落果。比如，1981 年 6 月 1 日至 10 日，城固县平均气温 21.4℃，降水 14.6 毫米，按当时该县橘园总面积计算，相当于每亩降水 10 立方米，平均每天每亩橘园只有 1 立方米水的墒情；6 月 11 日至 20 日平均气温 27.3℃，未降水。也就是说从 6 月 1

日至 20 日的 20 天内只降水 14.6 毫米,平均每亩橘园只有 0.5 立方米水的墒情,无灌溉条件的温州蜜柑幼果,基本上全部落光。

(4)涝害落花落果,5 月至 6 月长期阴雨造成授粉不良大量落花,橘园积水使根系受损引起幼果严重脱落。

(5)病虫害引起落花落果,炭疽病、红蜘蛛、褐圆蚧、矢尖蚧、吹绵蚧等危害柑橘造成大量落花,花蕾蛆危害橘花,造成柑橘大量落花落果。

此外,品种特性、土壤、气候等立地条件,花器发育不全以及其他因素等,都会导致柑橘早期大量落花落果。

由于上述诸多原因,致使柑橘树体内一些内源激素失调,影响了柑橘的正常发育过程。这些内源激素即生长刺激素,如赤霉素可促进细胞的扩大和伸长,激动素可促进细胞分裂,生长抑制素抑制细胞生长,脱落素和乙烯使幼嫩枝叶或果实产生离层,可导致果实脱落。因此,在柑橘栽培管理过程中应重视解决以上问题,给予外源激素的补充,尽可能减少严重的落叶、落花,提高坐果率。

那么,怎样才能防范柑橘大量落花、早期严重落果呢?这就需要在柑橘栽培管理上运用综合农业技术,为柑橘生长发育过程中创造一个良好的生态条件。总体来说,主要应采取如下措施。

1.加强橘园土壤管理

橘园土壤的好坏,直接影响柑橘根系与枝叶生长,柑橘有了好的土壤条件,根系才能达到深、广、密的要求,俗话说,"根深叶茂""树大根深"就是这个道理。橘园土壤不良,柑橘树势衰弱,抗灾能力下降,产量必然不高,因此必须做好橘园土壤管理,提高土壤肥力,增强树势,提高单产。柑橘园土壤管理常用的方法如下。

(1)深翻改土。对黄泥巴橘园要深翻改土,重施有机肥,如种植绿肥,青草沤肥,增施土杂肥、圈粪、油渣、秸秆还田等。使土壤有机质丰富起来,土壤才能疏松、透气、透水性良好,土壤熟化快,肥力相应提高,有利柑橘生长。深翻改土一般在夏、秋进行,可以在行间深翻改土,也可以扩穴深翻改土,这时土温较高,施下的有机质容易腐烂分解,易被根吸收利用,也能促进新根的大量发生,地下部分生长良好,也会促进地上部分枝叶生长茂盛,为提高产量奠定基础。

(2)合理间作。橘园严禁间种高秆作物,以利橘园的通风,减少和橘树争夺肥水。正如群众所说,"要想收天,就勿收地"。很多规模较小或分散种植的橘园,间作混乱,造成的恶果事例屡见不鲜,其教训应当吸取。合理间作,应以豆科作物、瓜类、蔬菜、花生、洋芋和绿肥等为主,而且可以用秧蔓和秸秆还田,增加橘园土壤有机质,提高橘园土壤肥力。在合理间作的同时,还要做好橘园中耕除草,一般在雨后中耕,夏、秋、冬季浅耕。冬季适当深耕,但应打碎土块,防止透风跑墒,引起根系受冻。

(3)土壤水分管理。陕南往往出现春旱和夏(伏)旱,有时还出现春、夏相连的干旱天气,对柑橘抽发春梢和坐果非常不利。5 月上旬至 5 月下旬是柑橘开花和第一次生理落果期,6 月是柑橘第二次生理落果期,从 5 月上旬到 6 月中下旬,如出现干旱天气,抗旱保果保产量就显得极为重要。如果忽视这一关键问题,往往导致叶片水分的不断蒸腾,引起幼果失水，造成大量落果。高温干旱天气橘园灌水应当在早晨和傍晚土温不高时进行，避免中午土温过高时灌水，以免土温、水温的温差过大会影响根细胞对水分的渗透和吸收，同样会使柑橘的水分生理失调，影响柑橘生理活动。在抗旱保果的同时，还应注意夏、秋长期阴雨天气，必须做好橘园的排水。尤其是柑橘多花时，往往根系衰弱，对地下水位高的橘园，一定要整理沟渠，严防土壤水分过多而产生霉根，引发大量落花落果。

2.增强柑橘树体营养

（1）在秋季施用基肥的基础上，柑橘花前花后根据果园实际状况要追施保花保果肥，也叫稳果肥，从4月下旬到6月上旬，根据树体营养状况及时追施速效肥，对基肥施用量不足，早春又未追肥的橘园，追施稳果肥显得极为重要。对10年以上进入盛果期的温州蜜柑，每株施尿素0.5千克或碳铵1~1.5千克或油渣2.5~3.5千克或人粪尿50千克。对5~9年生的结果幼树可酌情减少施肥量。施肥时，将肥料与土壤混匀，施后灌水，以免土壤溶液浓度过高产生烧根。

（2）根外追肥。柑橘根外追肥对保花保果的作用很大，对树势较差或遇大小年周期中小年的橘树效果最为明显。根外追肥是从花期开始，用0.3%~0.5%尿素溶液和1%过磷酸钙浸出液的混合液或复合型商品叶面肥喷布树冠，每10~15天一次，连喷3次；在盛花期用0.1%硼砂溶液喷布树冠一次。实践证明，柑橘经过喷肥后，一般可以提高坐果率10%~30%。城固县柑橘研究所于1983年和1984年在该县橘园镇杨西营村柑橘丰产栽培科研点上，对温州蜜柑做了根外追肥保花保果试验，结果证明，用0.1%硼砂溶液在初花和谢花后各喷1次，分别提高坐果率13.1%和9.63%（1984年为小年），比对照分别增加11.5%和34.5%。此外，幼果期如长期阴雨连绵，土壤含水饱和，不利于根际施肥时，应充分利用停雨天气进行根外追肥，可以弥补不能地面施肥的缺陷，同样起到稳果保果效果。

（3）使用生长刺激素保花保果。

①2,4-D。2,4-D属于人工合成的植物刺激素，有刺激植物细胞扩大和伸长生长的作用，对柑橘稳果、壮果有明显作用，据有关试验资料介绍，在第二次生理落果前的5月上旬和下旬，喷15毫克/千克和20毫克/千克2.4-D加0.5%尿素和1%过磷酸钙浸出液2次，一般提高坐果率1~2成。

②赤霉素。赤霉素是植物刺激素的一种，能促进植物细胞的分裂和伸长，在果树上应用较多的是赤霉素GA_3即"920"，在柑橘盛花后的20~35天，即5月上旬到6月上旬用50毫克/千克每15~20天喷布一次，连续喷2次，可提高坐果率1~2成，尤其是对提高橙类坐果率很明显。

③三十烷醇。三十烷醇也是一种植物生长调节剂，对提高柑橘坐果率有效，对宽皮柑橘使用0.1~0.2毫克/千克在盛花期到生理落果后期每半月喷一次，连续3次，可提高坐果率1~2成。

3.疏蕾疏花和控制六月梢

陕南柑橘以温州蜜柑为主，一般花量较大。由于开花与抽梢同时进行，容易造成幼果与抽梢争肥，花的质量明显降低，产生大量无叶花和退化花、畸形花，这些花不能坐果，因此，要及早疏除。最好是直接剪去部分"雪花枝"（无叶花枝），以逼发春梢。对弱枝上的花蕾和无叶花蕾应全部疏除；对优良母枝上的花蕾，也要按 25~40 个叶片保留一个果的叶果比例进行疏除，当然还应考虑正常生理落花和落果的因素。无论是疏蕾还是疏花，疏除时，应在一个枝条上疏去两端保留中间的，既促进果实正常生长发育，也有利顶芽抽梢。

温州蜜柑幼树长势较旺，尤其是六月梢抽生得快而旺，往往与幼果争夺水分和养分，使幼果的水分和养分流向新梢，引起幼果大量脱落。因此，控制六月梢的旺盛生长是稳果保果的重要措施。具体做法是：第一，推迟春梢摘心时间，减少六月梢抽发；第二，对抽发的六月梢应全部抹除或大部分抹除，对未抹的要适时摘心，一般在 30 厘米左右摘心，控制徒长。这样就可缓和抽梢与坐果的矛盾，减少幼果大量脱落。

4. 防治病虫

引起柑橘落花落果的病虫害主要有炭疽病、红蜘蛛、花蕾蛆、恶性叶甲和蚧壳虫类，严重危害时引起大量落花落果。有的直接危害花蕾，如花蕾蛆引起落蕾、落花。因此，开春后对上述柑橘病虫害要认真观察，重视预测预报，掌握发生发展规律，抓住有利防治时期及时防治（详见第八章第二节"陕南柑橘主要病虫害及防治"），避免因病虫危害而造成大量落花落果。

（二）采前异常落果及预防（图 9-15）

在采摘前 1~2 个月内，接近成熟的大果较多脱落即为采前异常落果或称为后期落果。后期落果数量虽较两次生理落果少很多，但果实已长大，甚至已接近成熟，故对产量的影响仍较大。后期落果的原因多为病虫危害、裂果、日灼及强风等引起，特别是郁闭度大的橘园，高温可引起炭疽病危害而大量落果，柑橘大实蝇危害严重时也大量落果。2010—2011 年汉中地区部分产区就因柑橘大实蝇发生较

图 9-15　采前落果

重导致采前落果严重，造成减产。此后因防治及时、措施恰当才使其得以完全控制。

防止采前异常落果的根本措施，是加强肥水管理，增强树体抗寒、抗旱、抗涝、抗病虫能力。针对性地做好柑橘大实蝇、炭疽病等防治工作，避免或减轻采前异常落果的发生。对一些晚熟品种，也可在果实膨大或接近成熟时喷布 2, 4-D 等植物生长调节剂以防止柑橘的采前落果。

第十章
陕南柑橘采收与商品化处理

第一节　柑橘采收

果实采收是生产管理上的一个重要环节，既是当年柑橘生长周期的结束，又是贮藏保鲜、包装运输和销售工作的开始。采收质量的好坏，直接影响贮、运、销的经济效益，也影响树势、花芽分化和翌年的产量。因此，必须正确掌握采收时期和技术。

一、采收准备

（一）采前果园管理

（1）喷药增色。采果前 30 天左右，树冠喷施 0.5 度石硫合剂，既有利于防治炭疽病，又有利于促进果实着色。

（2）采前防腐。采果前 20 天左右，树冠喷洒 500~1 000 倍甲基托布津或 250~500 倍多菌灵，既有助于防治炭疽病，又利于防止果实贮藏期病害的发生。

（3）采前控水。果实采收前 20 天应停止橘园灌水，以提高柑橘果实内含物浓度，防止果实风味变淡，同时增强果实的抗病性及耐贮性。另外，陕南地处华西秋雨带，地势平缓的橘园务必注意在秋雨连绵时排除园内积水，防止因水浸而影响树势及果实品质。有条件的果园可采取搭建简易大棚避雨。

（4）清理果园。将园内道路及杂草清理干净，便于采收和运输。

（二）做好采收准备

（1）制定采收方案。大的果园采前应制订采收方案，对人员、器具、客商进行科学安排和对接，明确采收方案细节，保证高效运转。

（2）采前培训。邀请专业人员对采果人员进行技术培训。通过学习或培训，使采果人员明确采收时期，熟知注意事项，掌握采收方法，精通技术要领。

（3）备好采果器具。采果前应当准备好专用采果剪（尽量不用修枝剪采果）、采果手套、采果袋、采果箱、采果筐、采果篮、采果梯或高凳等采果工具，采果筐内壁要求光洁无刺并且衬垫柔软物，以防扎伤或刺伤果实。

（4）做好贮运准备。应当准备好果实贮存场所及转运车辆，清洗装果器具。

二、采收时期

柑橘采收期因品种、用途以及各年气候变化情况的不同而不同，适宜的采收期应根据果实的成熟度来决定，过早采收与过迟采收均不适宜。过早采收的果实内营养成分还未转化完全，影响果实的品质和产量；过迟采收，亦会降低品质，产生浮皮，加重落果，影响树势的恢复，影响次年产量。由于柑橘果实用途不同，对采收成熟度的要求也不尽相同，因此采收时期也不相同。通常分为以下几类标准。

1. 鲜食用果实的采收期

果实达到该品种固有的色泽、风味和香气，果实的糖酸比达到一定的指标，肉质已转软时，即为鲜食用果实的采收适期。

2. 贮藏用果实的采收期

对需贮藏或运输用的柑橘果实，比鲜食果采收略早，达到八至九成熟时，果皮有 2/3 转黄，肉质尚坚实而未转软时，就可采收。

3. 加工用果实的采收期

加工用果实成熟度的确定因加工种类而有所不同，如作果酱、果汁、糖水橘瓣等，宜在充分成熟时采收；如制蜜饯，则适当早采；而枳、酸橙等如用来制作药材时，应在幼果期采摘；柠檬类则在果皮即将转黄时就应采收，否则苦味增加。

4. 采种用果实的采收期

采种用的果实，要充分成熟时才能采收。用作嫩籽播种的枳也可提前采收。

总之，无论是早熟、中熟、晚熟品种，都要做到分批采收，分级采收，成熟一批采收一批。

三、采收方法

柑橘采收可分为人工采收、机械采收和化学辅助采收。

（一）人工采收

鲜食柑橘普遍采用人工采收。采果时，采果人员要戴好手套，胸前配备便携式采果袋，果园内合适位置放置周转果箱。如果满树采收应按先下后上、先外后内的顺序采收。采果时不可攀枝拉果，严格实行"一果两剪"，即第一剪距果蒂 5 厘米以上将果实带枝剪下，第二剪使果蒂平整，萼片完整。采后切忌远距离投掷，尽量减轻对果皮的伤害。采收时及时剔除病虫果、畸形果和伤残果，条件许可时可进行初步挑选，拣出着色差、过大或过小的级外果。果实成熟度不一致时，应采黄留青分期分批采收。带有检疫性病害的果园采果，采完一棵树后要对采果剪进行消毒，防止病原传播。采下的果实不要随地堆放，不可日晒雨淋。

（二）机械采收

机械采收是今后柑橘产业发展的重要选择。在过去的 50 多年里，美国在柑橘采收机械研究方面做了大量的研究，最初的产品主要是一些为提高人工采果效率的辅助设备。采果工人有至少 25% 的时间花费在搬运梯子、清空果袋等与采果没有直接关系的其他活动上。如自动升降采果梯和果园运输机械等与果实采收相关的外围设施的完善在一定程度上可提高采果效率，但不能从根本上解决柑橘采收的人力资源成本问题。

20 世纪 60 年代开始，人们开始尝试研究大规模的采果机械。最初的采果机械采用机械臂振动主干，或对大枝进行振动使果实从树体脱落。在振动臂上还安装有果实捡拾系统，收集脱落的果实，采果效率是普通手工采收的 3~4 倍。另外还有以强气流（强风）或高压水流作为果实脱落动力的采果机械，果实脱落后由果实收集装置进行收集，剔除枯枝落叶后再将果实运转至拖车上。采果之前喷施脱落剂，加速果实脱落，将会大大提高机械采收柑橘果实的效率。

在早期柑橘采收机械研发的基础上，20 世纪 90 年代以后，美国又研发了新一代的柑橘果实采收系统。目前生产上使用的有主干振动和树冠振动两种型号的机械，各种型号的采收机械上均装备有果实捡拾系统，完成对果实的收集并向拖车传输。当今使用的绝大多数机械采果系统为振动捕获系统，部分果实被振落到地面，还需要人工捡拾。传统的人工采摘可实现 100% 的采收，而振动捕获系统的采果率一般为 90%~95%。

树冠振动系统又分为两种，一种采用自走式振动捕获系统，通过树冠振动使果实脱落，这些脱落的果实被捡拾系统收集。另外一种为拖车驱动的简易振动装置，振动树冠使果实脱落到地面，由人工捡拾。自走式的振动捡拾系统可根据果实脱离的难易程度调节振动频率和振动头的角度，每小时可完成对 200~400 棵树的采收。作业时需要 6 个人操作，2 人负责采收操作，4 人负责果实收集和转动，总体上，机械采收的工作效率是手工采收的 5~10 倍。

尽管柑橘的机械采收已研究了几十年，但目前仍然处于研发阶段，且主要用于采收加工用柑橘果实，鲜食用果还未实现机械采收。

第二节　贮藏与运输

一、柑橘贮藏的要求

陕南柑橘以温州蜜柑为主，成熟期非常集中，往往后期果少价扬。因此，研究贮藏，平衡供需矛盾，有利于提高果品附加值，提升产业效益。影响柑橘贮藏成败的关键因素是温度、湿度及气体成分等。

1. 温度

温度直接影响果实呼吸强度和病菌的生长繁殖速度。在贮藏环境中，果实的呼吸代谢随温度的升高而增强，导致果实营养物质消耗、衰老加快。病菌的生长繁殖速度也随温度的升高而加快，温度愈高，果实腐烂愈快。常温贮藏的柑橘，每年开春后，由于库温逐渐升高，果实腐烂会明显增多，品质下降也快。但是柑橘贮藏温度又不能太低，否则柑橘果实会受冻而发生水肿等病害，随之腐烂变质而失去经济价值。柑橘贮藏适宜的温度条件：

甜橙类和宽皮柑橘类为 5~8℃，柚类为 5~10℃。

2.湿度

果实刚采下时，果皮的相对湿度处于饱和状态，如果空气湿度低于果皮湿度，果皮里的水分必然因蒸腾作用而散失，果实就会出现萎蔫，进而影响果实的新陈代谢，果胶分解加快，削弱果实的抗病性和耐贮性，风味和外观变劣。但是，空气湿度过高，会使真菌等微生物繁殖生长旺盛，引起果实腐烂。在低温条件下，果实可以在比较高的相对湿度下贮藏，而在相对高温条件下，应当保持相对较低的空气湿度。柑橘贮藏适宜的湿度条件：甜橙相对湿度在 90%~95%，宽皮柑橘、柚类相对湿度在 85%~90%。薄膜单果包装贮藏会大大减轻库内湿度条件对果实的影响。

3.气体成分和风速

柑橘在贮藏环境中，除了受温度和相对湿度的影响外，气体成分也对其贮藏效果产生较大的影响。氧是生命活动中不可缺少的元素，影响着果实的呼吸代谢。适当降低空气中氧气含量或增加二氧化碳含量，都能抑制果实的呼吸作用，有利于保持果实品质。但柑橘果实对二氧化碳较敏感，如在贮藏环境中二氧化碳含量过高，会导致果实受伤害，发生病变，特别是在低氧环境中要注意控制二氧化碳含量。柑橘贮藏适宜的气体成分：氧气为 10%~15%，二氧化碳为 1%~5%。

柑橘贮藏环境中，风速过大，会加大果实蒸腾作用，而过小，又不利于空气流通和降温。柑橘贮藏库中适宜的风速：非制冷贮藏为 0.05~0.10 米 / 秒，制冷贮藏为 0.15~0.30 米 / 秒。

二、贮藏前防腐处理

1.防腐保鲜剂

柑橘防腐保鲜剂有粉剂和乳剂两种，其作用是抑制病菌滋生，减少贮藏期病害和腐烂。同时能抑制果实呼吸作用，提高果实耐贮性。柑橘防腐保鲜剂主要有杀菌剂和植物生长调节剂。杀菌剂有化学杀菌剂和生物杀菌剂，在柑橘贮藏中常用的化学杀菌剂见表 10-1。为确保食用安全，在防腐保鲜药物的选择上，一定要符合无公害食品甚至绿色食品的要求，不得使用国家禁止使用的药物，不得超浓度使用，每批果实只能处理一次，全果食用的（如金柑等）只能使用食品级药物。

表 10-1 常用杀菌剂及浓度

杀菌剂	多菌灵	托布津	抑霉唑	噻菌灵	施保克
浓度 （毫克 / 升）	500~800	500~800	500	1 000	2 000

2.防腐保鲜处理方法

柑橘采收时，最好在采后当天进行防腐保鲜处理，最迟不能超过 3 天，否则处理效果大大降低。处理方法是将防腐保鲜剂按要求浓度配好药液，将果实在药液中浸湿，取出晾干即可，可手工处理也可机械处理。柑橘作短期贮藏时，可单独用杀菌剂处理；而长时间贮藏时，需用杀菌剂和植物生长调节剂混合处理。

三、贮藏方法及管理

（一）改良通风库贮藏（图10-1、图10-2）

1. 改良通风库的特点

改良通风库是在自然通风库基础上，对其通风方式和排风系统进行改进，安装了机械通风设备后的一种更高效的柑橘贮藏设施。该库降温通风速度快，能保持库内温度相对稳定，日温差可小于1℃，相对湿度可保持90%左右，而且建造相对容易，操作方便，贮藏量大，保鲜效果良好。

2. 改良通风库的建造

（1）选址。库房应建在交通方便，四周开阔，无污染源的地方。库房的方位要根据当地的气候而定，陕南冬天最低气温在0℃以下，库房需要防寒的时间较长，故方位应是南北延长为好。

（2）总体结构。库房由预贮间和贮藏间组成。库房大小依贮量而定，库房宽度以10~15米为宜，长度不限，库高5米左右。贮藏间的面积不宜过大，以贮果150~200吨为宜。库房可分成若干贮藏间，以有利于分批贮藏和温湿度的调控。

（3）保温结构。改良通风库的外围墙体需建筑双层砖墙，墙厚50厘米，中间留20厘米空间作隔热层，内填谷壳、锯屑等隔热材料。库顶吊设天花板，其上铺30~40厘米厚

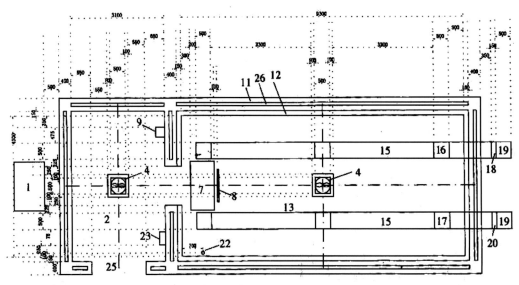

1. 冷凝机组；2. 缓冲间；3. 缓冲间库顶；4. 库顶通风窗；5. 排风扇；6. 库顶通风窗密封板；7. 冷风机；8. 加湿喷头；9. 加湿器；10. 贮藏间库顶；11. 保温砖墙；12. 库体保温板；13. 贮藏间；14. 贮藏间库底；15. 地下通风道；16. 地下通风道出风口密封板；17. 地下通风道出风口；18. 地下通风道进风插板；19. 地下通风道进风口；20. 地下通风道进风插板；21. 贮藏间库门；22. 温度、湿度感应器；23. 温度、湿度自动控制器；24. 缓冲间库底；25. 缓冲间库门；26. 墙体空心层

图10-1　湿冷通风库俯视图（单位：毫米）

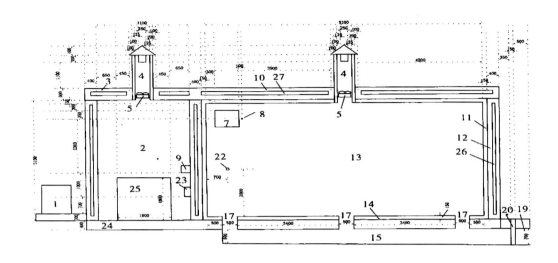

图 10-2　湿冷通风库剖面图（单位：毫米）

的稻草等隔热材料，减弱太阳辐射热的传递。库内安装双层套门，避免开门时热空气直入贮藏间。

（4）通风系统。改良通风库的通风系统由地下通风道、屋檐通风窗、库顶抽风道、排风扇组成。每个贮藏间设两条地下通风道，地下通风道一端在预贮间，另一端在库外 1 米以上。在库内每隔 3 米设一通风口，并在通风口处安装风门插板和防鼠网。库顶抽风道安装排风扇，提高通风速度。

3.改良通风库贮藏前准备工作

每年贮藏结束后，将果箱、果篓等清洗、暴晒。果实入库前半个月进行库房消毒，可用硫黄粉熏蒸，密闭 5 天后打开通风口、通风窗，通风 2~3 天备用。

4.贮藏期管理

改良通风库在贮果期间分三个阶段管理：

（1）入库初期。库房应加强通风，尽快降低库内温度，调整湿度，并及时翻果检查，剔出伤果。

（2）12 月至翌年 2 月。库外温度比较接近库内所需温度，贮藏效果最好，管理也较简单，只需适当通风换气。但当气温低于 0℃时，需增加防寒措施，以防果实受冻。

（3）自开春到贮藏结束。这段时间气温逐渐回升，库温也随之升高，此时管理以降温为主。如库内湿度过低，地面可洒水增湿，同时对果实加强检查，及时拣出腐烂果、干缩果等。

（二）冷库贮藏

冷库具有良好的隔热性能，能机械制冷和加湿，自动控制温度和湿度，能较好保持果实品质。但冷库投资大，运行成本高，操作技术复杂。

冷库应建在交通方便、地势较高、干燥和地质条件良好，具备可靠水源和电源的地方。冷库修建由专业机构承担，对其结构本书不做详述。

冷库通常由贮藏间、预冷间、缓冲通道和机房等构成。库房内还要配置制冷设备、换气设备和加湿系统等设施，可自动调节冷库内的温度和湿度。

冷库贮藏前应做好库房清洁消毒、设备检查维修以及贮藏专用箱的购置和清洁消毒等。在贮藏管理中主要做好以下三点：

（1）温度调节。库内温度调整到柑橘果实所需贮藏温度范围内。进库的果实必须经过预冷散热处理，并控制每天果实的进库量不超过库容量的1/10。

（2）通风换气。冷库相对密闭，要注意每天换气，以排除过多的二氧化碳和其他有害气体。换气一般在气温较低的早晨进行。

（3）避免混装。冷库内空气相对湿度较低，进库的果实要求先进行防腐处理或单果包装。冷藏的果实要定期进行抽样检查，了解贮藏效果。

柑橘果实贮藏有多种方式，除以上方式外，还有许多农家简易贮藏法，如地窖贮藏、缸藏、松针贮藏、锯木屑贮藏、湿沙贮藏、稻草贮藏、塑料薄膜包装贮藏等方法。

总之，不论选择哪种贮藏方式，都要控制好贮藏环境中的温度、湿度，才能保持果实原有风味，达到贮藏的目的。

四、贮藏病害及防治

贮藏期间柑橘病害发生的种类，常因柑橘种类、贮藏条件、贮藏时期的不同而有所差异。宽皮柑橘类以黑腐病、绿霉病和青霉病为主。

（一）青霉病和绿霉病

青霉病和绿霉病初期症状相似，都为水渍状淡褐色圆形病斑，略凹陷皱缩，后长出白霉状菌丝层。不同的是，绿霉病在白霉状菌丝层上很快长出橄榄绿粉状霉层，外围白色菌丝带较宽，达8~15毫米，病部边缘不规则且不明显。包果物易粘附在腐烂处。而青霉病则长出蓝绿色粉状霉层，外围白色菌丝带较窄，仅1~2毫米，病部边缘规则且明显。其防治可参照第八章陕南柑橘病虫害综合防控。

（二）黑腐病

此病分两种症状类型。一种是果皮先发病，外表症状明显，病菌从果皮损伤处侵入而引起发病，初期在果皮上出现水渍状淡褐色病斑，扩大后病部果皮稍下陷，长出灰白色菌丝，很快转变成墨绿色的霉层，果皮腐烂，果肉变质味苦，不能食用。另一种是果实外表不表现症状，而果心和果肉已发生腐烂。这是由于病菌在幼果期侵入后并在其内部扩展引起果心和果肉腐烂，而外表无明显症状。其防治方法同青霉病、绿霉病。

（三）褐斑病

病斑多发生在果蒂周围，果身有时也出现。初期为浅褐色不规则斑点，以后颜色逐渐变深，病斑扩大。病斑处油胞破裂，凹陷干缩，病变部位仅限于外果皮，但时间长了病斑下的白皮层变干，果实变味。

防治措施主要是果实采收不宜过晚，应适当提前采收，适当控制贮藏库中的温度、湿度和二氧化碳含量，使库温尽量接近果实贮藏最适宜温度，相对湿度保持在85%以上，库内二氧化碳含量不高于5%，氧气含量不低于10%。

（四）枯水

枯水的果实外观完好，果肉汁胞变硬、变空、变白，缺汁而粒化，或干缩。果皮变厚，油胞层内油压降低，易与白皮层分离。中心柱空隙大，囊壁变厚，风味变淡，严重枯水的果实食之无水无味。

目前还缺乏十分有效的防治枯水措施。一般应采前加强果园肥水管理，可喷赤霉素20毫克/升或采后用赤霉素100毫克/升浸洗，适期采收，适当延长预贮时间，调节适宜的贮藏温湿度等，可以减少果实枯水的发生。

五、出库包装与运输

所有在人为控制下柑橘发生的空间位移都应归为运输的范畴。柑橘的运输可分为采果时由果园向采后处理厂的短距离运输，从生产地到销售地的长距离运输以及从批发市场到零售市场的运输等多个环节，其中影响最大的主要是前两个环节的运输。

（一）橘园到采后处理厂的运输

刚采收的柑橘一方面在采果时受到不同程度的损伤，另一方面未经防腐处理和预贮，果皮比较硬脆，在运输过程中容易受到二次伤害。所以运输工具选择和工具清洁状况对果实的贮藏保鲜有重要影响。陕南柑橘产区以丘陵和山地为主，道路交通不便，多数橘园采果后需要经历肩挑背扛之后再用农用车运输才能到达采后处理厂。如果该环节重视不够或操作粗放，很容易因运输过程中的挤压和颠簸伤害果实。

美国、巴西等柑橘生产大国主要以平地果园为主，运输车辆可直接开到果园内，柑橘采收后一旦装入果箱，无需倒箱就可直接运抵处理厂，加之道路平坦，所以伤果率较低。近年来，我国对柑橘运输高度重视，分别于2007年和2009年设立专项资金，开展适合我国国情的山地柑橘运输机械研究，取得了可喜的进展。华中农业大学研制出了能在45°坡度内运动自如的单轨和双轨橘园运输机械，2010年春季已在湖北省秭归县投入运行。与此同时，华南农业大学研制出了链式运输机械，具有灵活、轻便等特点。这些新设备的使用，将为我国山地柑橘的运输带来重要影响。

（二）产区到销售地的运输

柑橘从产区到销售地的运输一般具有以下特点：一是多数果实经历了打蜡、包装等商品化处理，后期运输的果实还经历了贮藏，不同季节和不同产地的果实对运输环境的敏感程度差异较大；二是柑橘市场从热带到寒带，地域跨度大，向热带运输的果实需要冷链或降温，而运往北方的果实则需要注意保温防冻。所以柑橘长距离运输，应该因时因地而异，整个运输过程中防止日晒、雨淋；用篷布或棉被覆盖的果实还要注意通风换气，防止造成无氧呼吸，引起变味。

我国柑橘运输尚未建立完善的冷链系统，运输受外界环境影响较大。柑橘是鲜活的生命实体，含水量高，易损易腐。因此，柑橘运输必须规范进行，以减轻运输中的损失。柑橘运输过程中需要注意：

（1）快装快运。柑橘采收后，虽然中断了与树体的联系，但新陈代谢依然在继续。柑橘在运输过程中的呼吸会消耗果实贮藏的营养物质，不利于果实品质保持。通常，园艺产品的运输环境不如贮藏环境稳定，运输和装卸过程中的振动、机械损伤、温度和湿度波动等都会刺激果品呼吸强度上升，所以应尽量减少产品的运输环节，减少装卸次数，缩短运输时间，迅速抵达目的地，做到快装快运。

（2）轻装轻卸。装卸是果品运输中一个重要的环节，操作不当很容易引起腐烂，造成一定的经济损失。新鲜柑橘属于易腐货物，在搬运、装卸中稍有碰撞和挤压，就可能造成破损，引起腐烂。因此，装卸柑橘时要严格做到轻装轻卸。目前，陕南绝大部分柑橘以人工装卸为主，应加强对装卸工人的专业技能培训，改善装卸条件，尽量采用机械化装卸。

（3）柑橘运输。柑橘运输过程中要注意，尽量不要与其他园艺产品或物品混装，避免相互干扰，影响果实品质。

（4）防热防冻。柑橘果实对温度比较敏感，温度过高代谢旺盛，果实容易变质。温度过低则会造成冷害或冻害，在运输过程中温度波动太大不利于产品的运输。一般极短距离或短时间运输，可以不过分要求防热防冻，但长距离和长时间运输最好有保温车船。在夏季或向南方运输要注意降温，而在冬季运输或向北方运输则要注意防冻。柑橘运输过程中，还要注意湿度的调节，以便很好地保持果实的新鲜度，防止果实失水。此外，还要适当通风，保持运输环境空气新鲜，同时起到散热作用。

（5）卫生与检疫。柑橘黄龙病、溃疡病、小实蝇等都是检疫对象，运输前需经检疫机构确认无检疫对象，并办理好检疫手续后，才能起运。

第三节　商品化处理

一、目的意义

柑橘商品化处理是果实采收后再加工再增值过程，通过商品化处理，可大大提高果实的外观质量和品质，提高果实的商品价值和附加值，使柑橘的市场竞争能力和经济效益显著提高。对果品进行商品化处理，不仅是果品从数量型向质量型、健康型发展的需要，是增强市场竞争力的需要，是进入国际市场、扩大出口的需要，而且也是调整农村产业结构，实现劳动力转移，构建和谐社会的需要。

二、采后处理

柑橘采后商品化处理是果品规格化、标准化、美观化和优质化的重要环节，它能提高果实的商品性，增加经济收益。柑橘果实在采后需进行一系列的处理，主要环节是：果实清洗→杀菌→风干→打蜡→抛光→烘干→选果→分级→贴标签→单果包装→装箱（图10-3）。

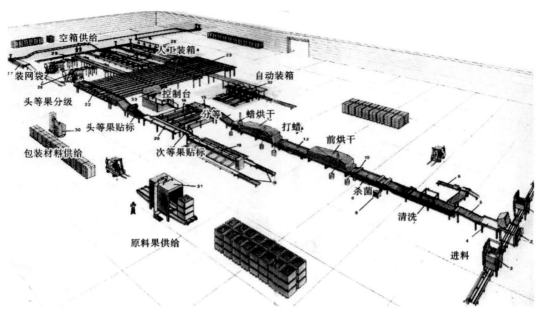

图 10-3　柑橘商品化处理车间布局图

（一）清洗

柑橘采收后先进行初选，剔除畸形果、病虫果和受伤果后再清洗。清洗可采用手工清洗或机械清洗，手工清洗时操作人员应戴软质手套，避免擦伤果实。如果清洗后不准备再进行专门防腐保鲜处理，可在清洗液中加入杀菌剂或防腐保鲜剂，能减少果实腐烂和保持新鲜度。机械清洗一般都与选果生产线结合，但应注意用水的清洁与更换。

（二）风干

柑橘风干宜用自然晾干法或机械热风风干法。采用自然晾干时，应加强库房的空气流通，晾干时间不少于 24 小时；采用机械热风风干时，到达果面的空气温度应低于 50℃，而且持续时间不超过 5 分钟。

（三）打蜡

柑橘果实打蜡后可改善果实光洁度，减缓水分蒸腾，防止果实萎蔫，使果实新鲜饱满，果皮颜色鲜亮。

柑橘果实打蜡的方法：

（1）蜡液的选择。蜡液必须是食品级的，所用原料必须是可食用的。在蜡液的性能上，应保证处理后果实有良好的光洁度且有减少水分损失的效果。

（2）上蜡。蜡液处理一般在机器上进行。主要机器类型有光电分选打蜡机和小型直链式分选打蜡机，经过喷蜡、毛刷涂刷来完成果实打蜡。

（3）果实打蜡后的管理。果实打蜡后应提供适宜的温度、湿度、气体条件。一般打蜡处理后最好贮藏在冷库中，长途运输和销售也应在冷链条件下进行。如果要求较长的贮藏时间，也可在果实采后先进行一般保鲜处理，单果包装贮藏，出售前再进行打蜡处理。

（四）分级（图10-4）

柑橘分级主要是对果实大小、内在品质和外观质量进行综合等级分类。

（1）果实大小分级。主要有机械横径分级、圆形或长方形进果孔的滚筒或移动槽进行分级。手工横径分级是用圆孔的分级圈或分级板进行分级。手工重量分级是用台秤或电子秤称重分级。机械重量分级是运用重量感应器自动称重分级。

（2）内在品质分级。一般采取抽查法进行，即对品质相同的某一批柑橘进行随

图10-4 分级

机抽样测定，以便确定该批果实的内在品质等级，包括可溶性固形物含量、有机酸含量、固酸比、可食率等。目前，江西绿萌公司生产的果品肉质分选生产线已能做到批量快速肉质分选。

（3）外观质量分级。该分级测定项目较多，操作起来也较复杂，包括果实的形状、果皮色泽、果面光洁度、斑痕、腐烂及病伤果等。

（五）商品化包装

（1）包装的目的。果品包装是陕南柑橘果品商品化、精品化、高档化的主要内容之一。好的包装可减少果实之间相互摩擦、碰撞、挤压、病菌蔓延，使柑橘果实保持良好的状态，便于运输和销售，提高商品价值和市场竞争力。

（2）包装的原则。提倡进行机械化清洗、打蜡、分级后进行包装，并且将过去按重量包装计价改为按果实个数包装以箱计价，以便与国际惯例接轨。同时应根据不同销售区的不同要求，按高、中、低档柑橘分类包装并辅以适当的广告语，以利销售。包装时还应实行信用卡制度。信用卡填写品种、产地、数量、质量、级别等，以加强质量监督，符合绿色食品标准的应标注绿色食品标志（图10-5）。

（3）包装方式。柑橘果品包装的容器以纸箱、竹筐、塑筐为宜，要求质轻、坚

图10-5 商品化包装

固、重量小、能折叠、外观美观，能印刷各种颜色的徽标、图案。装果应在5~10千克，便于运输装卸。内包装可用保鲜袋，要求干燥、清洁、柔软、牢固、无异味，在较长的运销过程中有良好的防止失水霉烂、保鲜作用。

近年来，人们对柑橘果品包装的要求越来越高，尤其是大中城市，随着家庭的日趋小型化以及人们对果品"鲜活度"要求的日益提高，市场上2.5~5千克的小型包装日渐受

宠。另外，精品化包装、组合化包装、透明化包装、多样化包装等都已成为果品包装的新趋势。同样的果品，包装不同价格悬殊。因此，根据市场需求注重柑橘果品包装，才能使柑橘获得更好的收益。

三、柑橘加工

（一）柑橘加工的重要性

柑橘果树全身都是宝。果实既可鲜食又可加工制成罐头、果汁、果酱、果酒、蜜饯等。果皮、叶片、花可以提取高级芳香油；橘皮、橘络、种子和幼果都是重要的中药材。橘花又是很好的蜜源。因此，柑橘的综合加工，既为发展食品工业、轻化工业、制药业提供原料，促进相关产业的发展，又可推动农业结构调整、促进农村区域经济发展、提高农民收入。

（二）柑橘果品加工的种类及方法

我国柑橘加工主要是以橘瓣罐头为主，也有少量的蜜饯、果汁饮料、果酒以及香精油、果胶和饲料等其他加工制品。

1. 橘汁饮料的加工

橘汁饮料是指含部分或全部柑橘原汁的柑橘类饮料。其生产工艺操作要点如下。

（1）榨汁。榨汁需用专用果品榨汁机按规程榨汁，主要有 3 种类型榨汁机，即 FMC 全果榨汁机、Brown 锥汁机和滚筒榨汁机。榨出的果汁需及时杀菌装罐入库。

（2）调配。调配是橘汁饮料生产中最关键，也是最重要的一步，其调配的优劣直接关系到质量的高低。按配方称取砂糖等辅料，将糖溶解后与果汁混合，并用糖浆过滤器或用 0.5 毫米左右的滤网过滤，然后加入其他添加剂（如防腐剂、增稠剂、乳化剂等），最后加入柠檬酸、增香剂、天然色素等。

（3）均质。为了提高饮料的浊度和稳定性，需对料液进行均质。其原理就是利用均质机的挤压和剪切力将料液中的颗粒物质细微化，从而使物料混合更均匀，乳化效果更佳。

（4）脱气。料液在加工过程中混有较多的空气，为了保证果汁的质量，需进行脱气处理，一般在真空脱气罐中进行，真空度保持在 680~740 毫米汞柱即可。

（5）灭菌。通常采用巴氏灭菌法，使用热效率高的板式或管式换热器进行。灭菌温度在 95℃左右。灭菌后的果汁要快速冷却到 40℃以下，以免营养和香气成分过多的损失。

（6）罐装和密封。根据容器材质和饮料质量要求，分热罐装和冷罐装。玻璃瓶采用热罐装，灭菌后的高温果汁在 80℃左右罐装和封盖，然后立即冷却到 40℃以下。由复合材料制成的包装盒（袋）和聚酯瓶罐用于无菌冷罐装。这不仅适合于热敏性的新包装容器，而且有利于热敏性的果汁的色、香、味和营养的保存。

（7）按产品的要求进行检验、贴上标签、装箱入库。

2. 橘瓣罐头的加工

糖水橘瓣罐头是我国传统的出口产品，其工艺流程及操作过程如下。

（1）原料选择及预处理。用于制作罐头的果实，要求中等大小、易于剥皮和分瓣、组织紧密、甜酸适度、橘瓣色泽鲜艳、橙皮苷含量少、成熟度为八至九成。目前以无核的温州蜜柑如宫川、兴津、本地早等最好。

（2）酸碱处理。根据柑橘品种、成熟度以及半脱或全脱囊衣的要求，确定酸、碱的用量及处理温度和时间。一般半脱囊衣，其酸液的浓度为0.2%~0.4%，碱液的浓度为0.06%~0.2%，酸处理20~25分钟，碱处理1分钟左右。全脱囊衣是按半脱囊衣的酸碱用量约增加30%左右，橘瓣与酸或碱液的比例为1：3。酸处理及碱处理后，都需用清水漂洗干净。

检验全去囊衣的标准是：囊衣全部脱去，无包角，汁胞不松散，囊瓣表面不起毛，组织不软烂。

（3）橘瓣整理。挑去囊衣残片、橘络、种子、碎瓣等残渣，并按大、中、小将橘瓣分级。

（4）装罐。罐头质量标准对成品的固形物含量有特定要求，由于装罐量因柑橘品种、成熟度、含糖量及产品要求而有所差异，同时要考虑到称重时橘瓣中含有一些水分，故在装罐时应适当增加橘瓣的装罐量。所加糖液的浓度应根据产品要求和原料含糖量确定，一般还需添加适量的柠檬酸，罐装时糖液的温度不宜低于90℃，且罐装后30分钟内应完成罐头的密封。

（5）真空封罐。这一工序是完成排气和封罐两个任务，通常采用真空封罐，真空度一般控制在350~400毫米汞柱。

（6）杀菌。橘瓣罐头属高酸性食品，常在沸水中进行杀菌，杀菌时间依罐型不同而有所差异，杀菌后迅速冷却至38℃左右，并及时擦干罐表面水分，以防罐面锈蚀。

（7）保温。冷却后的罐头必须放在25~30℃的保温室内保温一周左右，然后拣出"胖听"或"漏听"的不合格罐头。之后用防锈油擦铁听或铁盖，防止生锈，最后贴标装箱。

3. 柑橘酒的加工（图10-6）

柑橘酒醇厚芳香，回味无穷，是消费者喜爱的果酒之一。根据制作工艺不同可分为4种。

（1）发酵酒。用果肉浆或果汁经酒精发酵制成。

（2）蒸馏酒。全果或果肉果汁发酵后，再经蒸馏制得。

（3）露酒。也叫配制酒，用食用酒精浸泡果实、果汁或果皮，取其清液，再加入糖或其他配料勾对而成。

（4）汽酒。含有二氧化碳的果酒。

这里重点介绍柑橘发酵酒的制作要点：

（1）预处理。用1%~3%的果胶酶处理果汁或果肉浆，分解果胶，制得澄清汁。

（2）接种和发酵。可选用发酵能力强的果酒酵母菌将菌种扩大培养成酒母，然后将酒母液按5%~10%的比例接种到果汁中，搅拌均匀，即开始发酵。发酵初期，

图10-6 橘子酒

温度控制在 25~28℃，发酵高峰时宜控制在 20~25℃，发酵时间 7~10 天。然后进行后发酵，即将主发酵得到的原酒液倒入洗净并消毒后的桶（池）中，再适度加入亚硫酸等防腐剂。后发酵的温度控制在 16℃左右，发酵时间需 25~30 天。

（3）压滤。发酵结束后，用压滤机过滤，装入干净的贮酒桶（池）中。

（4）陈酿。由于果汁在发酵过程中产生酒精的同时，也产生了少量的甘油、醋酸、醛类及杂醇油等其他物质，这些物质会使果酒风味产生诸如刺激、口味平淡，甚至酒质混浊等不良影响，要排除这些影响，常采用陈酿的方法。即在温度为 12~15℃、相对湿度为 85% 的条件下，放置 2—6 个月。通过陈酿，果酒就会清亮透明，醇香可口。

（5）调制。如酒精度、甜度和酸度等未达到产品要求，可用蒸馏酒或食用酒精调配酒精度，用精糖调配甜度，用柠檬酸调配酸度。如果需要，可适当调香。

（6）罐装和杀菌。将酒装入罐（瓶）中，密封后置于 70~75℃的水中杀菌 15~20 分钟。

近年来，陕西城固酒厂在陕西理工大学的技术支持下，以城固柑橘为原料研制生产柑橘发酵酒，受到市场欢迎。

4. 橘饼的制作（图 10-7）

橘饼是我国传统的柑橘蜜饯产品，生产工艺简单，其操作过程如下。

（1）原料选择及预处理。选用品种相同、成熟一致、无损伤的去皮果实作原料，清洗后用手工或机械沿囊瓣背面纵划果实 4~6 刀，深及果肉，压扁橘子，挤出果汁和种子，制成橘胚。

（2）硬化处理。把橘胚浸入饱和石灰水或 0.05%~0.1% 的氯化钙溶液中硬化 1~2 小时后捞出压干，用清水漂洗数次，洗净石灰水和钙盐。

（3）预煮。把橘胚放入沸水中煮 10~20 分钟，以果皮变软为止。也可在水中加入 0.05%~0.1% 的硫酸铝（明矾）煮 10 分钟

图 10-7　橘饼

左右，取出立即用冷水漂洗、压干，反复做几次，直到除去残留苦味。

（4）糖煮。按橘胚和白糖 1∶0.5 的比例加糖。先取 1/3 的白糖用适量的水溶解，再将橘胚加入煮 15~20 分钟，使糖渗入橘胚中，余下的 2/3 白糖再分 2~3 次加入，不断搅拌，煮至橘胚透明，糖度达到 70 白利糖度或糖液温度达到 108~110℃时，即为终点，便可起锅。

（5）整形、烘干及包装。橘胚冷却后，将橘胚压成扁圆形，放在 50~60℃的烘干机中烘干至橘胚不粘手时，均匀拌糖，待完全冷却后包装、密封。

5. 柑橘皮渣的综合运用

随着柑橘加工业的不断发展，将会有大量的柑橘皮渣存在。柑橘皮渣含有丰富的碳水

化合物、脂肪、维生素、氨基酸和矿物质等营养成分，但未经干燥的柑橘皮渣含水量很高，容易腐烂变质，不适合于长途运输和长期保存。传统加工业是将这些柑橘皮渣副产物进行填埋处理，这会造成资源的浪费和对环境的污染。因此，加强对柑橘皮渣的综合利用和优化处理，不仅能促进柑橘产业附加值的提高，还能有效减少柑橘加工副产物对环境的不利影响，促进柑橘产业的可持续发展。目前，柑橘皮渣综合利用的种类很多，不仅可以提取香精油、果胶、橙皮苷、种子油，还可以生产生长促进剂、抗氧化剂、防霉剂、甜味剂、着色剂、蛋白质饲料等。

（1）香精油的提取。柑橘香精油是最重要的天然香料原料之一，广泛应用于食品、日化等工业，它主要来源于柑橘外果皮，其提取率一般为2‰~5‰。提取方法有冷磨、冷榨和蒸馏3种。

冷磨油的提取工艺流程：原料清洗—磨油—过滤—离心分离—精制—成品（包装保存）。

冷榨油的提取工艺流程：原料挑选—浸泡石灰水—清洗—压榨—过滤—离心分离—精制—成品。

香精油的蒸馏提取是利用香精油能随水蒸气蒸馏而出的性质，一般采取减压低温（50~60℃）蒸馏法。

（2）果胶的提取。果胶的用途十分广泛，是理想的可溶性膳食纤维，用于食品添加剂、日化产品的品质改良及医药、纺织、化工等方面。果胶产品有果胶液和果胶粉2种。果胶液的加工：原料前处理—漂洗—抽提—过滤—脱色—浓缩—调配—成品；果胶粉的制备是在制成浓缩果胶液的基础上，将果胶液进行干燥。

（3）橙皮苷。橙皮苷的提取多采用碱液提取法，可结合提取香精油或制作皮渣饲料进行。其工艺流程：柑橘皮或橘络—切碎—浸石灰水—压滤—中和—保温—冷却沉淀—过滤—烘干—成品。

（4）种子油的提取。新鲜柑橘种子含油脂高达20%~30%。粗制种子油既可作为制造肥皂的原料，又可用于制造磺化油，为纺织工业所用；进一步精炼后呈黄色，无苦味和臭味，有类似橄榄油的香味。提取工艺：原料预处理—筛选—炒籽—粉碎去皮—加水拌和—蒸粉—作胚上榨—下榨去饼—沉淀澄清—粗制油—碱炼—皂化沉淀—压滤—清油干燥—真空脱臭—成品。

（5）蛋白质饲料的制作。柑橘皮渣饲料可以分为干饲料、发酵饲料和鲜饲料3种，目前干饲料的生产最普遍。干饲料有较丰富的营养，其干物质、粗纤维、游离态氮含量高于一些粮食饲料，主要用于畜、禽、鱼的饲养。制作工艺：果皮果肉—切碎—石灰处理—压榨—干燥—冷却—制粒—成品。

第十一章
陕南柑橘老果园改造

第一节　老果园的概念和内涵

柑橘老果园是指树龄 20 年以上，建园标准低、基础设施差、密度过大、树势衰弱、病虫害严重、树冠郁闭寡照、内膛空虚、树与树之间交错重叠、农事操作困难的柑橘园。这种果园主要表现为缺株或树冠残缺现象严重，萌芽力强成枝力弱，结果部位外移，产量低，品质差，效益低。果树的衰老期是所有果园都要经历的一个阶段，因此对老果园进行更新复壮和技术改造就显得尤为重要。

一、老果园形成的原因

陕南柑橘大面积种植起步于 20 世纪 80 年代，大发展于 90 年代后期，特别是 1991 年大冻之后，受新品种畅销的影响而恢复性大发展，多数果园至今已有 25 年以上，从树龄上说已进入衰老期，因而弄清其形成的原因，对改造老果园具有重要意义。

（一）树龄较长、自然衰老

果树一般都要经历苗期—幼树期—盛果期—衰老期的过程，柑橘树在自然生长条件下寿命可达 70 年以上。历经 15~20 年盛果期后，进入衰老期，出现抗逆能力变弱，病虫害加重，产量和品质下降等现象。据城固县做的调查，老果园树龄大多在 20 年以上，亩均产量不足 1 000 千克，不足正常果园的 50%，且优果率降低，果品平均售价比正常果园低 0.4 元 / 千克以上，收益不及正常果园的 60%。这种果园成为果农的"鸡肋"，食之无味，弃之可惜，大多低效运行。

（二）栽植模式相对落后，品种过时，果园郁闭，管理困难

为实现早产丰收，2000 年之前，陕南柑橘生产中大力推行"矮密早丰"栽培模式，极大地提高了果园前期的经济效益，加速了产业规模的快速扩张和产量的快速提升，但因后期密度过大、果园郁闭、通风透光差，对中耕、施肥、喷药、采果等生产管理造成严重困难，生产费工费时，投入回报率低。

（三）果园基础设施差，建园标准低

陕南柑橘因大部分建在山坡或丘陵地带，立地条件差，土壤黏、酸、瘦、薄。建园时规划滞后，无灌溉水源，排灌系统和道路不健全。加之发展中盲目追求数量和进度，栽植质量差。有的栽于平坝低洼处，栽植过深，树势衰弱。有的建园时挖一锄、栽一苗，未作土壤改良，土壤板结，生长不良，成为"小老树"。有的挖坑栽苗，形成自然"花盆"，根系生长不开。这种果园往往盛果期很短，衰老很快，提前成为老果园。

（四）管理不善，投入不足

近年来，部分果农仍然存在重栽轻管的思想，管理粗放，果园进入盛果期后养分需求增大，但长期依赖使用化肥提高产量，有机肥严重不足，缺乏平衡施肥技术，导致果园土壤结构不良，多数老果园土壤有机质含量不足1%。果树在"壮年期"常常因营养不良，加速了树体的衰老，抗灾能力逐年减弱，冬季冻害频发，广种薄收明显。

二、老果园的主要类型

（一）未老先衰型

指已进入结果期的橘树产量甚低或刚进入盛果期产量又急剧下降的"小老头"橘园。树体表现是：未老先衰，树形枝序结构紊乱，主枝瘦弱，小枝纤细，叶片稀、小、黄、无光泽、光合效率低，造成花芽质量差、落花落果严重。根系则分布浅、范围窄，局限在土壤表层或仅在栽植穴内盘根错节。

（二）慢长迟结型

早结丰产是我们栽培柑橘的目的，而有的因土壤原因或管理不善导致橘园长势差，发育不良，表现为树体矮小、叶片发黄、分枝稀疏，根系少而分布浅，甚至荒芜失管，致使红蜘蛛、潜叶蛾、炭疽病等危害严重。

（三）矮密郁蔽型

指虽立地条件较好，但因定植时密度过大，株与株之间枝叶交错重叠、互相拥挤而封行郁蔽。造成光照不良，产量锐减，品质变差。其主要特点是树冠外围枝叶稠密而内膛空虚，枯枝多，病虫危害严重，结果部位外移，平面结果，产量很低，橘园管理困难。

（四）缺株稀疏型

指园貌稀疏，缺株严重，株间差异大。结果园虽然有的单株产量较高，但单位面积产量却很低。此类橘园密度结构不合理，光能、地力浪费很大，有的曾进行过多次补栽，造成单株之间树体大小及结果悬殊，良莠不齐。

三、老果园改造的必要性

陕南柑橘栽培历史悠久，经过多年的快速发展，各主产区的果园陆续进入衰老更新期，柑橘老果园改造问题凸显。"老"果园是一个相对概念，今天的"老"果园在建园初期也是"新"果园，具有较强的生产能力和增效能力，曾为促进农民增收、活跃农村经济、满足市场供应发挥过积极作用。但随着时间推移、科技进步、生产经营条件改善及市场需求的变化，品种、栽培模式与栽培管理技术随之改进，当年的"新"果园也出现一系列生产功能的相对老化，严重影响了产业整体效益的提升，甚至成为产业可持续发展的制约性因素。从挖掘果园发展潜力、提升果业综合竞争力，以及提高土地综合利用率角度统筹考虑，进行老果园改造及群体结构优化，全面促进柑橘产业提质增效已势在必行。

实践证明，实施柑橘老果园改造后，生产成本明显降低，产出效益大大提高。

第二节　老果园改造方式和方法

柑橘老果园在陕南各个柑橘产区广泛存在，对老果园的改造试验表明，改造的潜力是很大的，效益是显著的。可以实现改造后一年初见成效，两年大见成效（表11-1），三年实现高产、稳产、优质。改造后，树体枝叶茂盛，树形标准美观，具有良好的经济、生态和社会效益，值得在广大柑橘产区大力推广应用。

表11-1　柑橘老果园改良前后生产管理成本及效益调查分析表

（单位：元、亩、千克）

项目		肥料投入	农药投入	机耕费用	人工劳务费用	总投入	优果率（%）	产量	产值	纯收益
平坝柑橘园	改良前	1 330	413	0	1 150	2 893	60	3 100	4 588	1 695
	改良后	835	175	60	700	1 770	80	2 900	4 756	2 986
	增减（±）	−495	−238	+60	−450	−1 123	+20	−200	+168	+1 291
	增减幅（%）	−37.2	−57.6		−39.1	−38.8		−6.4	+3.6	+76.1
坡地柑橘园	改良前	1 330	354	0	1 300	2 984	70	3 020	4 711.2	1 727.2
	改良后	835	175	70	900	1 980	85	2 850	4 788	2 808
	增减（±）	−495	−179	+70	−400	−1 004	+15	−170	+76.8	+1 080.8
	增减幅（%）	−37.2	−50.6		−30.7	−33.6		−5.6	+1.6	+62.6

备注：该调查于2012年年底完成。改良后橘园产量与优果率调查，以改良经过两年恢复后的橘园作为调查对象。试验和调查由城固县果业技术指导站丁德宽、敖义俊等人完成。地点在城固县原公镇青龙寺村。

按当年市场价格普通果1.0元/千克，优质果1.8元/千克计算。

一、更新树冠

如前所述，老果园往往都会树势衰弱，枝叶纤细，果小质次。这些问题都是盛果期多年问题积累所致，有的因密而致，有的是土壤贫瘠所致，有的是连年高产所致，有的是因病虫危害所致等。无论什么原因，都有一个共同特点，就是树冠衰弱。为此，老果园改造首先是要更新树冠，恢复树势。

老果园的出现一般不会一朝形成，往往与多年不良作务习惯相关，许多果农只想年年有产量，甚至报有结一年是一年的短期思想，不从长远高产稳产考虑。为此，要克服这种错误的心理习性，就要有"壮士断臂"的勇气，放弃一年的产量损失，才能恢复强壮的树冠。

（一）露骨更新（图11-1），复壮树势

老果园往往树势衰弱，枝条细弱，病虫害严重。要想重新培养出壮枝，必须实施一次露骨更新。全园树势均衰弱的，可在春季修剪时，一次全部回缩重剪至2~3年生侧枝上，借此也可回缩到主枝，以便抽发旺盛枝组。若果园良莠不齐，可先将衰弱植株重剪更新，次年再重剪另一部分植株，以尽快恢复树势。在处理此类果园时，注意结合重新调整树形骨架结构；无主干或主干太低的树，要去除裙枝，抬高树干，重塑优良树形。

（二）缩枝压冠，立体结果（图11-2）

陕南柑橘老果园多数是密植园，有的果园株间行间全部郁闭，打药不进，采果难出，内膛光秃，落叶严重。对此，要将过高的枝干压缩下来，过大的树冠缩小1/3~1/2，至少行间露出光路，培养出立体结果的树冠。

图11-1 露骨更新

图11-2 缩枝压冠

（三）控产护冠，恢复树势

老果园往往开花极盛，落果亦重。为此，要注意疏花疏果，控制产量，一切以恢复树势为重。有些坡地土壤贫瘠的老果园，极易成花高产，导致树冠逐年弱化缩小。出现这种情况，就应及时控产护冠，恢复树势。

二、高接换种（图11-3）

有的老果园并非因树龄而"老"，而是品种过时，销路不畅，效益不高，导致放弃管理，树势早衰。当前我国柑橘品种更新步伐加快，及时更换品种也是老果园改造的一个合理选择。

高接换种就是在原有老品种的骨干枝上嫁接优良品种，是一种快速更新优化品种，提高柑橘种植效益，进行老果园品种改良的有效方法之一。具有操作简单、生长速度快、对环境适应性强、便于提早投产等优点。一般情况下可实现一年高接，两年复冠，三年丰产。

改换的品种，必须是有市场前景的优良品种，且符合本地气候和环境条件要求，陕南各地要考虑当地产业规划布局，特早

图 11-3　高接换种

熟、早熟、中晚熟品种合理搭配，坚持因地制宜，科学规划，集中连片，规模发展。

高接时要注意高接换种树的主干和根系是否健康，如果主干爆皮太严重，或树龄太大，都不宜高接换种，只适宜树龄在 20 年生以内、与换接品种亲和力强的健康树进行高接。

根据陕南气候特征，以春、秋季高接为宜，尤以春季在树液开始流动但芽尚未完全萌发时（2 月下旬至 3 月上中旬）为最佳时期，此时嫁接成活率最高，接芽抽生整齐健壮，有利于树势和产量的恢复。

嫁接的方法根据树势的不同而有所不同，采用高位切接与低位腹接相结合的多头高接法较为理想，更利于恢复树冠、早结果。要求随锯随接，一般春季采用切接，秋季多用腹接法。春季切接最好全包芽，成活后挑膜露芽。

春季嫁接的，20 天左右检查成活率；秋季嫁接的 15 天以后检查成活率。成活率低于80% 的应进行补接。高接后的树体枝干会萌发大量的隐芽和萌蘖，要尽早抹除，使树体养分集中供应给接芽生长。但对不影响接芽生长的弱萌蘖可暂时保留作为辅养枝。

高接后由于枝叶面积大幅减少，根系也会相应减少，部分根系由于得不到充足的有机营养而衰竭死亡，根系的吸收能力减弱。因此，应多用叶面喷肥的方法施肥。土壤施肥以薄肥勤施为原则。前两年，每年施肥 4 次，即施春、夏、秋梢肥和冬肥，应适当加大氮肥施用量。若遇干旱季节，施肥与灌水结合进行。

三、密园改稀

（一）密植园的弊端（图 11-4）

20 世纪 90 年代初以来，以城固县为代表的陕南柑橘生产全面推行"矮、密、早"栽培模式，即矮树冠（2 米以内）、高密度（2 米 × 1.5 米）、早丰产（4 年进入丰产期），实现了柑橘生产的早投产、高产量、高效益的目的，农民认可度高，产业规模得到了迅速扩张。但是，柑橘是一种对光照要求比较高的常绿果树，随着大部分柑橘园陆续进入盛果期，柑橘园郁蔽现象越来越严重。行间株间枝条纵横交错，通风透光差，光合作用削弱，树体多直立徒长，树冠外密内空，结果部位外移，立体结果无法实现。果实可溶性固形物含量减少，次品果增多，果实产量和品质下降，成熟期推迟，病虫害发生严重，树体早衰，枯枝

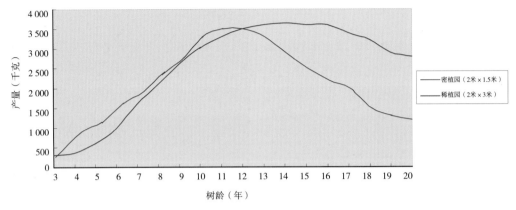

图 11-4　密植园与稀植园产量变化曲线图

干叶问题逐年加重，橘园管理作业困难，生产成本增加，效益下降，原有技术已不能改善和解决此类问题，已经成为陕南柑橘产业提质增效的极大阻碍（图 11-5、图 11-6）。

图 11-5　密植园喷药

图 11-6　稀植园喷药

（二）密改稀的方法

对树冠郁蔽封行的株行距 1.5 米 ×2 米亩栽 222 株的密植橘园，采取间伐、间移或高接换种等措施，使株行距降为 2 米 ×3 米或 1.5 米 ×4 米或 3 米 ×4 米，以达到减少株数，扩大株行距，改善通风透光条件，减少农资和用工投入，提高果品质量、增加效益的目的。

1. 间伐（图 11-7）

原则上一年四季均可，但以采果后到春芽萌发前最佳。首先对园貌进行综合评估，选择生长良好、树冠整齐、无病虫危害（特别是爆皮病）或危害程度较轻的整列或整行确定为永久株行，相邻列或行为间伐行。对间伐株用利斧或锯从基部逐株伐除，清除枝叶，挖除根桩，集中放置。然后深翻橘园增施有机肥，培肥地力，畅通沟渠。要求间伐后永久行、列整齐化一。

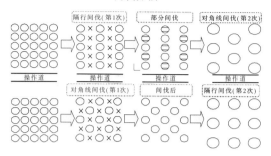

间伐方法

图 11-7　间伐

2. 间移

对园貌整齐的密植园，实施大树移植，即挖除死株、砍伐病害严重的、保留健康的植株，然后根据 2 米 × 3 米的株行距重新布局移栽。对永久行向或列上缺株的，挖好定植穴，并用生石灰进行消毒处理。计划移栽的植株，应提前一个月进行适当重修剪，锯除结果部位上移的较直立大枝，剪去密生枝、病虫枝及部分内膛细弱枝，修剪量掌握在树冠叶量的 1/3~1/2。之后带土移栽，根部挖成 50~100 厘米直径的土球，栽植时托住土球平衡放入定植穴，并填入表土，然后踏实、浇透水。

（三）改稀后的管理

1. 树冠更新复壮

根据陕南柑橘矮冠密植园特点，间伐后的橘园修剪整形不能再沿用原来方式方法，对无主干或极低分枝的矮冠树形，必须进行二次整形培养，才能使树冠形成独立树形，枝梢分布均匀紧凑，枝序生长充实健壮，光合效能增强。树体直立徒长的，要采取措施使树体趋向缓和开张，使树冠平面结果趋向立体结果，形成自然开心形的稳产优质树形。配套采取"提干、扩冠、配枝"等技术措施，扩大树冠，培强树势。

（1）提干（图 11-8）。即提高主干，使主干与地面保持 50 厘米以上。对无主干丛生状树形的，选择方向较好、直立性强、生长健康的主枝保留 2 个即可，最多不超过 3 个主枝，其余主枝从基部锯除，并从 45 厘米以上开始配留侧枝及枝组，45 厘米以下的侧枝、裙枝全部剪除，形成以枝代干；另外还应考虑枝位和空间等因素，如果疏除后空间较大，也可采用缩剪的方法，培养临时结果枝组，待条件成熟后再将其疏除，下垂枝、影响主干生长的侧枝及病虫枝则要一律去掉。

（2）扩冠。密园改稀后株间或行间豁然开朗，原来拥挤的树冠应尽快扩大，以尽

图 11-8　提高树干

量形成丰产树形。一般采取拉、吊主枝的办法,将主枝开张呈45°角,由原来的圆头型变为开心型树形,树冠控制在2.8米以内。

(3)配枝。在扩冠时,应及时配备培养主枝上的副主枝及侧枝,形成疏密一致,光合效能最佳的枝组分布格局。在具体操作时要因树整形,按树冠大小,可分1~2年完成,避免一年修剪量过大影响树势恢复。对剪口附近大量抽生的新梢删密留疏,去弱留强,促使各次选留枝梢生长健壮,迅速形成结果母枝。

2. 加强肥水管理

间伐后2~3年内橘园施肥的主要目的应是通过加强肥水管理扩冠配枝培养树势,其次才是结果。应改变几种传统的施肥习惯:一是改年施一次肥(俗称一炮轰)为年施2~3次肥,即采果肥、壮果肥,树势较弱的再增施一次萌芽肥;二是改单一施用氮磷肥为以有机肥为主,氮、磷、钾及微量元素肥合理配合施入;三是改土壤施肥为土壤施肥和叶面施肥相结合。具体应"以树定产,以产定氮,以氮定磷、钾,重视有机肥,以缺补缺"等。改稀后的果园一定要保障不缺水,最好能配套供水系统,做好果园的保墒抗旱工作。

四、园地改良

老果园改造的另一关键环节是土壤改良。多年生长和结果往往会造成土壤板结、酸化,需进行一次彻底的园地改良才能保证老果园"旧貌换新颜"。

(一)深翻扩穴

尽管以前很多柑橘园在栽植时对定植穴局部土壤进行了熟化,但随着树龄的增大,根系不断生长,穴外的土壤仍是未熟化的生土。改造老果园就应继续在定植沟或定植穴外进行深度相等或更深的扩穴改土,以利根系生长。深翻方式可采取全园深翻或局部深翻,深度以40~50厘米为宜。全园深翻就是把树冠外的土壤全部深翻,而对树冠下只中耕。局部深翻,即今年深翻株间土壤,明年深翻行间土壤,逐年扩大深翻范围。方法是在每年采果后或春季发芽前,用环状沟法或对称沟法等,围绕原定植穴逐年扩大,把扩穴部分与上一年的老穴位挖通,沟与沟之间不能留隔墙。深翻时表土底土互换填埋,沟内填置足量的有机肥。有机肥可用圈肥、农作物秸秆、饼肥、堆肥、河塘泥等。每立方米土壤加50~150千克有机肥,分层压入土中,并灌足水分。

(二)培肥地力

地力培肥是采取各种措施,保护自然肥力,增加人工肥力,使土壤肥力水平不断提高。在培肥措施上,以增施有机肥为基础,以测土配方施肥为核心,逐步提高土壤肥力。一般可采取以下几项措施。

(1)增施有机肥(图11-9)。增施有机肥是传统的农业生产技术,是培肥地力的基础。土壤中有机质含量的多少是衡量土

图11-9 增施有机肥

壤肥力高低的重要标志之一。有机肥可改善土壤物理性质、化学性质和生物活性，更好地满足植物生长的需要。有机肥种类繁多，有人、畜、禽粪尿，厩肥、堆肥、沤肥、饼肥、沼肥、绿肥及腐植酸类肥料等。要千方百计增加土壤有机肥的施入，每亩每年投入有机肥2 000千克以上。

（2）测土配方施肥。即平衡施肥，它是在测土的基础上，综合考虑作物的需肥特性、土壤的供肥能力等，确定氮磷钾以及其他中微量元素的合理施肥量及施用方法，以满足作物均衡吸收各种营养和维持土壤肥力水平，达到优质、高效、高产的目的。

（3）合理间作。改稀后的果园可在封行前，行间种植矮秆、浅根、生育期短且与柑橘无共生性病虫害的作物或绿肥，做到养地、用地相结合。要注意不间作高秆及缠绕性作物，如玉米、豇豆等，种植时不要侵入树盘范围。

（4）施用土壤改良剂。施用黄腐酸等土壤改良剂，可以明显提高土壤的保水保肥能力，协调土壤的养分比例，施用方便，拌干土撒施、喷施、随水浇施均可。

（三）调节土壤酸碱度

对长期施用化肥导致土壤酸化的果园，可在改土时撒施一些生石灰，提高土壤pH值。其适宜施用量，大致每亩50~75千克，注意3~5年施一次，切不可连年施。pH值高于7的碱性土壤，在改土时可撒施硫黄粉或硫酸亚铁等降低土壤pH值。

（四）开沟排湿（图11-10）

陕南秋季多雨，平坝区不少橘园常常出现春季枯枝干叶问题，与排水不畅密切相关。若土壤含水量过多，就会造成烂根，叶片发黄，落花落果。防御橘园湿害关键在于搞好橘园的排灌系统。要做好平坝特别是黏土果园的开沟排湿，建立完善的排水系统，开好"三沟"。即行间有中沟，园周有边沟，园外有排水渠，按地形和水流走向略呈一定高差，

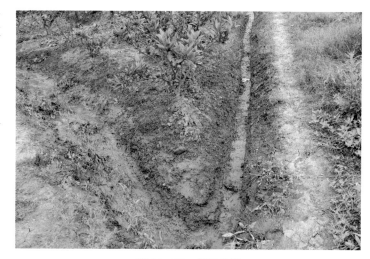

图 11-10 开沟排湿

内高外低，且沟沟相通，保证多雨季节或果园积水时，能及时排水防渍。具体可根据实际情况每隔2~4行开一条排水沟，在树行线内地面起垄，整理成"龟背形"树行，沟的深度应低于根系的主要分布层，沟宽30~50厘米。有条件的可在行间排水沟铺设瓦管或带孔水泥管便于地下排水。对栽植过深，嫁接口埋入地下的柑橘树，也可进行抬高重栽：在春、秋两季带土将树挖起，在坑中填入适量肥沃表土后，再移栽到原地。

坡地橘园，可按等高线整修梯地，梯面外侧高于内侧20厘米，形成外高内低的倾斜面，利于橘园排水保水。梯埂培育植被，以利于水土保持。

五、靠接换砧（图11-11）

有些橘园由于管理不善，病虫危害严重，排水不畅，引起烂根，树干皮层腐烂，造成树势早衰。对这类橘园，可通过靠接换砧的办法，来恢复和增强树势，提高产量。

具体方法是先在原树根茎附近栽植2~4株砧木苗，离原树干越近越好。砧木苗成活后适时紧靠树干靠接至主干上。陕南有些山地料姜石碱性土栽种枳砧橘苗易出现缺铁性黄化，可在主干附近靠接枳雀等抗碱砧木，能起到很好的作用。

图 11-11　靠接换砧

六、重新栽植

对于树龄超过25年，枝干爆皮严重、树势衰弱、无生产能力的老树，可以毁树重新栽植。如果整个橘园70%的树均为无生产能力的老树，可采取毁园重建方式进行改造升级。重建新栽时切忌未经灭茬改土直接栽小苗，也不能在老树没有清理的情况下，在老树行间或株间又栽上小苗，这样都不会建成好园，到后来得不偿失。新栽密度可根据地形、地势、土壤条件不同，推广适宜密度和栽植模式。通常情况下，树冠较大的品种宜稀植，小的宜密植。立地条件较好的区域应当稀植，反之宜密植。特早熟、早熟温州蜜柑品种如宫川、兴津、大浦、日南一号等浅山丘陵区可按3米×2米的株行距进行栽植（亩栽110株），在平坝可按4米×（2~3）米的行株距进行起垄栽植（亩栽56~83株）。

总之，柑橘老果园改造，土肥水管理是基础，密植园改良和更换品种是关键，园地改良是保障。三者有机结合才能使老果园复壮树势，达到优质、高产的目的。

第十二章
陕南柑橘省力化栽培

第一节　柑橘省力化栽培的概念和意义

传统农业生产属于"劳动密集型"生产。精耕细作的园艺化栽培，是对柑橘园抚育管理的基本要求。然而，21世纪以来，随着国家城镇化、工业化战略发展目标的提出，大量农村青壮年劳动力外出务工，导致农村劳动力大量转移至大、中城市，农村青壮年劳力缺乏，柑橘生产作业人员年龄老化现象日益加剧，化肥农药等生产资料成本增加，由此导致柑橘园栽培管理粗放化，柑橘优质丰产关键技术不易落实。如何防止和克服这些现实矛盾和弊端，迫切需要探究适应新形势、解决新问题的可行之策。柑橘省力化栽培的研究、示范、应用和推广就是面对新形势、解决新问题的应对之策。

一、柑橘省力化栽培的基本概念

柑橘省力化栽培就是通过节省劳动力（减少劳动力投入）、节省生产资料成本的方式获得柑橘高产、优质、高效目标的一种栽培经营管理模式。具体是指在柑橘栽前整地、栽植建园、栽后管理、产品运销等全套生产产业链中，尽力施行轻简栽培，尽力减少劳动力投入和生产资料投入，从而获取柑橘优质丰产高效的新型栽培技术。

二、柑橘省力化栽培的意义和作用

在保证橘园优质、高效的前提下，省力化栽培可以有效地缓解柑橘生产劳动力紧缺与生产成本增加的矛盾，减少生产投入，降低生产成本，促进柑橘优质丰产，尤其是通过推行宽行密株或适当稀植、简化整形修剪、经济防控病虫、肥水一体化、机械运输营销等手段，改变传统栽培模式，简化栽培管理技术，对提高柑橘园的生产效率和收益具有重要意义。其主要作用如下。

（1）有利于减轻柑橘生产者劳动强度，适应农村劳动力年龄老化的客观形势。

（2）有利于减少柑橘生产劳动力投入，降低劳务用工成本。

（3）有利于确保柑橘树势健壮、延长结果年限，防止柑橘园粗放管理甚至荒芜失管等不良现象发生。

第二节　柑橘省力化栽植建园

目前，陕南适宜柑橘栽植区域主要分布于秦岭以南、巴山以北、汉江及其支流沿岸的丘陵、浅山地带，海拔在 400~700 米，地形复杂，坡度大，道路、灌溉等基础设施建设投入成本较高。因此，栽植建园时应根据不同的地形地势进行科学的省力化规划设计。

一、实施机械整地（图 12-1）

整地改土是柑橘栽植建园前最重要的基础工程。无论是挖穴改土、抽槽改土还是修筑梯地，过去经常采用人工方式进行整地和改土，其深度和广度受到限制，效果很不理想。近年来，随着国内外各种型号的挖掘机、开沟机的研发、生产和运用，既可提高整地改土作业效率，也可大大降低劳动作业强度，有利于减少人工劳务作业成本。因此，园地整理时应尽可能使用挖掘机、旋耕机、开沟机等机械进行改土。建园前期做好土壤改良，以免后期再投入过多的人力物力。

图 12-1　机械整地

二、平地堆土起垄

陕南平地或坡脚地种植柑橘时，过去经常采用人工开挖定植穴（规格为 1.0 米见方）或开挖沟槽（槽宽、槽深各为 1.0 米左右）进行整地和改土。这种整地改土方式，需要劳动力较多，既费时又费工，同时不便于雨季排水，常会引发柑橘根系积水烂根。若对平地或坡脚地柑橘建园采用"堆土起垄"进行改土和整地，则既可降低整地改土的劳动作业强度和劳动力需求，又有利于柑橘根系拥有足量的地表肥土促进生长，还有利于排除雨季积水，防止积水烂根现象发生。这种新型整地改土方式，在 21 世纪以来，已经开始在陕南柑橘部分产区逐步应用和推广。

三、推行适当稀植（图 12-2）

为追求柑橘栽植建园后的早期经济收益并及早收回投资建园成本，20 世纪 90 年代以来，以城固柑橘为代表的陕南柑橘，在推行"短周期加密栽培"技术模式中，将早熟温州蜜柑栽植密度由每亩栽树 111 株（株行距为 2 米 × 3 米）增加至每亩栽树 222 株（株行距加密为 2 米 ×1.5 米）。这种栽植密度，虽然可以迅速提高柑橘园早期产量和收益，但是栽植建园以前整地改土的劳动强度必然加大，栽植建园的劳动力需求必然增加。进入盛果期以后，采用"隔株间伐"或"隔行间伐"时，又要投入更多的劳动力和时间。

为降低柑橘栽植建园的劳动力强度和劳动力需求，仍然提倡将极早熟温州蜜柑、早熟温州蜜柑的株行距确定为 2 米 ×3 米米，将每亩栽植株数确定为 111 株为宜。栽植密度上，应根据地形地势和不同品种合理选择，特早熟（大分、日南一号等）、早熟（宫川、兴津等）温州蜜柑山坡地可适当密植，可按照株行距 2 米 ×3 米栽植，平坝地适当稀植，可按照株行距 2 米 ×4 米或者 3 米 ×4 米栽植。

图 12-2　稀植果园

四、推行宽行密株（图 12-3）

在新中国成立以来的早期"柑橘著作"中，对柑橘栽植方式推荐上，主要推行的是"长方形栽植""正方形栽植""梅花形栽植"（或"三角形栽植"）等多种栽植方式。但多年柑橘生产实践表明，"正方形栽植"不利于提高柑橘单位面积产量，"梅花形栽植"则不利于各类机械进入柑橘园地进行栽培作业，也不利于柑橘园地的通风透光。

图 12-3　宽行密株栽培

由此可见，省力化栽培应提倡推行"宽行密株"的长方形栽植。根据地形地势不同，山坡地和缓坡地选择等高线或顺坡向两种栽植方式，坡脚平缓地和平坝地选择起垄栽植的方式。前者主要是减少园地农事操作时劳动力的体力消耗，方便农用机械入园操作；后者主要是加深土层，利于根系生长，防止园地积水不畅，方便操作。推广矮化宽行密株栽培，行间至少留出 2 米以上的距离，以方便进行田间农事操作，减少劳动力投入。同时有利于柑橘幼树行间间作套种，增加柑橘园早期经济收益。有些大型果园，为方便机械出入，已将行距放大至 6 米，这应根据各地实际灵活运用（图 12-4）。

图 12-4　宽行密株结果状

第三节　柑橘省力化土壤管理

柑橘栽植建园以后，对柑橘幼树和结果树树带以及行间土壤进行科学管理，是柑橘早结果、早投产、品质优、产量稳的重要技术环节之一。陕南地区柑橘园大多为壤土、黄壤（褐）土和白善土，pH 值 4.5~8，多数为中性壤土，在未经改良情况下，存在"瘠、黏、板"等特征，土壤有机质及微量元素缺乏，有效养分含量低，加上多年来化学肥料施用过量，土壤板结严重。经过生产实践探索，在柑橘省力化土壤管理上，可从如下几方面入手，进行合理改进。

一、幼园培土

过去提倡对柑橘幼龄园地进行深翻扩穴，要求在柑橘幼树栽植以后 3~4 年内实现全园深翻和扩穴改土，进入结果期以后每隔 3~4 年再进行一次深翻改土。这种深翻扩穴方式，在过去各类有机肥较为丰实、劳动力较为充足的情况下能够实现，非常有利于柑橘栽后健壮生长和丰产稳产。但在目前有机肥较为缺乏，青壮年劳动力较为紧缺的情况下，就较难做到。

由此可见，就柑橘幼园而言，如果改全园深翻扩穴为对柑橘树带进行逐年培土，逐年利用机械分片分区域进行培土改土，采用小型挖土机、小型旋耕机等机械逐年将表层土与杂草、秸秆、农家肥、食用菌渣、塘泥、煤渣等浅耕混匀翻压入土，每亩施用腐熟有机肥 2~3 吨，改良土壤理化性质，有利于柑橘幼园早成园、早结果、早投产，更有利于减轻橘园改土劳动强度，节约人工投入。

二、机械浅耕（图 12-5）

过去，在柑橘园土壤耕作上，主要采用人工进行中耕和除草，每年中耕除草次数少则 3~4 次，多则 5~6 次。这在农村劳动力较为充余的年代，雇用他人作业的劳务用工成本较低，是可以做到的。但农村劳动力较为紧缺，雇用他人进行中耕作业的用工成本则非常高。

近年来，随着国内外研发制造的各种型号"多功能微耕机"投放市场，完全可以代替人工进入柑橘园，对柑橘园行间土壤进行中耕或浅耕。据试用效应，每台 12 马力的小型"微耕机"，中耕或浅耕效率相当于 8~10 名中老年农村劳动力的劳动作业

图 12-5　机械浅耕

效率。而机械、油耗成本也仅相当于人工作业成本的 1/10~1/5，在节省劳动力和降低成本上效果显著。

三、行间套种（图 12-6）

20 世纪 90 年代以前，陕南柑橘产区不少橘农在柑橘行间土壤管理上，大多采用人工多次中耕或浅耕的办法进行清耕。这种耕作办法，虽然有利于保持园地土壤疏松透气，有利于消除柑橘树体行间各类杂草，防止杂草旺长消耗土壤养分，但人工多次清耕则较为费时费力，同时不利于增加柑橘幼龄园地早期经济收益，不利于柑橘园地培肥地力。

图 12-6　行间套种

近年来，各地橘农逐渐探索试验在柑橘园特别是幼树行间套种豆科作物（黄豆、胡豆、绿豆、毛苕等）、矮秆蔬菜、药材等经济作物，或者行间套种豌豆、藿香蓟、鼠茅草、苜蓿、大麦等生长量较大的豆或草类，既保持水土，又培肥地力，将这些作物或者生草在其生物量最大的时候，采用背负式割草机收割，覆盖于树盘周围，既保墒又保温。秋冬季翻入地下既增加土壤有机质含量，又可改良土壤理化性质。可以说，在柑橘树行间套种作物，减少人工多次清耕的劳动力，增加柑橘园早期收益，实现以短养长，一举两得。

四、树盘覆盖

近年来，陕南橘农对柑橘树盘采用秸秆覆盖、地膜覆盖、杂草覆盖等办法进行覆盖处理，将农作物收获后的秸秆（小麦、水稻、玉米、油菜等）、杂草等在橘树树盘进行覆盖。一般于每年 5 月下旬、7 月中旬、11 月上旬各覆盖 1 次，厚度 10~20 厘米，既保温保墒又防止树盘杂草生长，腐烂后翻入地下作有机肥。这种树盘覆盖的方式既有利于控制柑橘树带上杂草旺长，又有利于在夏季和秋季高温、干旱季节保持土壤湿度、降低土壤温度，促进柑橘生长和结果。

国内外相关企业研发、生产并投放市场的"无纺布""防草地布"，已经开始用于柑橘树树盘覆盖。使用效果表明，由于质量档次不同，使用年限也不相同。但不论哪种布都可起到降温、保湿、抑草之作用。

五、自然生草

以往，在柑橘园多进行人工"行间生草"，套种毛苕、胡豆等各类绿肥作物，还引进"藿香蓟""三叶草""黑麦草"等生草草种。这种人工生草的方式，一是草种成本较高，二是需要人工去播种，且草种出苗受气候影响较大，人工成本较高，既费时费力，又不便于提高生草效率。如果改为自然生草，利用园地内本身生长的草种，则可省工省钱。但对于主根发达（主根深度大于 20 厘米）、茎干高于 50 厘米的多年生杂草及其他恶性杂草，如空心莲子草（水花生）、打碗花（狗儿蔓）、菟丝子、竹节草、香附子等一经发现，须及时连根铲除出园。对于那些一年生的、根系分布浅、须根多、无宿根、矮生性且与柑橘无共生性病虫害的良性草可以适当保留其自然生长。这样既可以减少生草的成本又能够减少人工投入，达到省力化的目标要求。

第四节　柑橘省力化整形修剪

整形修剪是一项必须人工实施的工作，劳动力投入较多。柑橘省力化整形修剪，需要根据柑橘不同树龄的生长发育规律，采用"系统工程"原理，进行周全考虑，才可起到既节省用工，又促进柑橘生长与结果的双重效应。

一、幼树免剪

在柑橘栽植建园以后，对柑橘幼树若过分追求理想化树形，则既不便于节省整形修剪用工，又不利于柑橘幼树健壮生长。这是因为，柑橘幼树上具有足量枝叶时，能够增加其光合作用效能，积累养分用于柑橘幼树生长。一般在柑橘幼树栽后 1~2 年以内，可以不作修剪，从第 3 年开始再去除群枝、选留主枝，依次再培养二级主枝或侧枝，对柑橘幼树树形进行整理和培养。这样，既节省柑橘幼树整形修剪用工，又有利于柑橘幼树健壮生长和尽早投产结果。

二、减少修剪次数

过去，在柑橘整形修剪上，提倡采用春、夏、秋、冬等季节都进行的精细化修剪。如此进行"四季修剪"，虽然具有科学性、合理性，但修剪技术复杂，要求熟练操作，修剪用工势必增加。为此，应将柑橘"四季修剪"改为春季修剪为主，仅在夏季进行辅助修剪。其中，春季修剪应结合气候情况适时合理进行，正常年份可在萌芽前（3 月中下旬）7~10 天进行修剪，若是受冻橘园可推迟修剪时间，在清明节前后（3 月下旬至 4 月上旬）树体萌芽后进行 1 次修剪，以短截、回缩为主，因树而异，减少劳动力投入，夏季修剪可在 5 月下旬至 7 月中旬进行，以疏梢、摘心为主，培养结果枝组。

三、大枝修剪

研究表明，在对自然园头形的城固冰糖橘、温州蜜柑以及自然丛状形的椪柑等盛果树进行修剪时，如果先对细小枝条进行精细修剪，树冠会很快又封闭，就不易达到通风透光之修剪目的。先剪小枝，后剪大枝还会增加修剪次数和用工数量。若将其转变为先疏除密生大枝、交叉枝、干枯枝，则既便于达到通风透光之修剪目的和要求，又会减少修剪用工。据测算，先剪大枝与先剪小枝相比，至少可节约 50% 以上的劳务用工。

大枝修剪应以回缩、短截、疏删为主，修剪程度结合树龄树势，因树而异，轻剪为主，轻重结合，兼顾结果与枝梢培养。对成年结果树整形时留主干高30~50厘米，留3~4个主枝，扩大树冠，树高控制在2.5米以下进行落头。具体修剪方法为：主要短截主枝顶端，疏除分枝角度小于45°的直立型副主枝和过密枝组，使树冠通风透光，枝条发育充实，调整营养生长与开花结果之间的关系，促进丰产优质。修剪时，年枝叶修剪量不超过全树枝叶的1/4，大枝疏除可逐年完成，从大枝基部锯除不留桩。枝组保持斜生或水平状，每3年回缩更新修剪一次。大枝修剪可以减少修剪量，提高修剪效率，增加树冠通透性，减少病虫危害，提高果实品质。

四、锯剪共用

前已述及，在对柑橘盛果树进行春季修剪时，适宜先修剪大枝，后修剪小枝。这就必然要求使用修枝锯对大枝进行锯除，若仅用修枝剪则难以去除大枝。因此，若在实施柑橘春季修剪以前，能够备齐修枝锯、修枝剪及其配套物品，必然大大有利于柑橘修剪效率的提高，必然有利于柑橘修剪用工费用的减少。

五、轻简修剪

调查发现，陕南柑橘产区部分橘农在春季修剪时，修剪程度（即剪去的枝叶总量）有时达到柑橘树冠枝叶总量的20%~25%甚至达到30%以上。如此对柑橘树体进行较重修剪，既会影响柑橘当年生长与结果，也会增加修剪用工。若将柑橘春季修剪程度进行适当降低，实行轻度简化修剪，将常规修剪程度控制在10%~20%以内，则既有利于柑橘当年生长与结果，又便于减轻柑橘春季修剪作业强度，节省柑橘春季修剪用工费用。

六、机械修剪

随着科技进步和制造业工艺革新，修剪工具的改进和升级日新月异。近年国内外研发生产的"电动剪刀""大枝液压枝剪""电动油锯"等先进修剪工具，也可在柑橘修剪中加以运用，较人工修剪更能起到省力提效的作用。

第五节　柑橘省力化施肥

肥料是栽培作物的"粮食"，更是柑橘健壮生长和优质丰产的营养基础。柑橘传统施肥方式一般为一年3~5次，包括萌芽肥、花前肥、稳果肥、壮果肥、采（果）后肥等。施肥方式以点状穴施、环状沟施、放射沟施、条沟施等为主。这些施肥方式方法需要较多的劳动力，步骤多，既费时又费力，且肥料投入较多，遇大雨流失多，浪费大，成本高。为了节省劳力，响应农业部提出的"两减"号召（减少化肥施用总量、减少农药施用总量），减少投入成本，生产中我们可探索省力化施肥方法。

省力化施肥一般要求土壤有机质含量在2%左右，且有机肥施用数量不少于施肥总量的50%，一般亩产2 000千克的柑橘园，有机肥施用量应在1 500~3 000千克。在氮磷钾比例上，针对树龄、树势、土壤肥力等进行调整。幼龄结果树（3~5年）提高氮肥比例，成龄结果树（6~15年）提高钾肥比例，老龄结果树（16~25年）追求氮磷钾平衡。陕南地区因为土壤有机质含量不足，有机肥施用量低，所以在实际生产中应注重有机肥的补充与土壤改良。

一、减少施肥次数

以前国内外出版的柑橘经典专著当中，都认为柑橘结果树在年生产周期当中，应当分期施入催芽肥、稳果肥、壮果肥、采果肥等4次肥料。对幼树还应将施肥次数增加为5~6次。甚至在20世纪80年代还有人提出全年施8~10次肥的施肥方法。这种施肥技术和模式适应当时农村劳动力较为充余的客观形势。但这种施肥模式和施肥技术，不但全年施肥次数较多，劳动力需求也较多，而且各次施肥的肥料种类和肥量搭配方案制订较为繁杂，在柑橘生产实际中落实较难。

20世纪90年代以来，许多柑橘产区的柑橘科技和生产人员，不断就柑橘幼树、结果树"简易施肥""省力施肥"技术进行了研究和探索。不论是幼树，还是结果树，都可按照年周期当中"2次施肥法"确定施肥方案，以利减少施肥用工和劳动力成本。"2次施肥"的技术要点如下。

一是对柑橘幼树，可按"萌芽肥（春梢肥）+促梢肥（早秋梢肥）"进行施入。肥料种类都以速效氮肥为主，适量配施磷肥和钾肥。施肥数量依柑橘树龄增加而逐年适当增加。

二是对柑橘结果树，可按"采果肥（又称"还阳肥"）+壮果肥（又称壮果促梢肥）"进行。肥料种类都以复合肥或复混肥为主。在施肥数量分配上，可按"采果肥"占全年50%~60%、"壮果肥"占全年30%~40%进行确定。"采果肥"在柑橘果实采收结束后7~10天内施入，"壮果肥"在柑橘果实膨大初期（温州蜜柑为6月下旬至7月上旬）施入。

城固柑橘产区在"两次施肥"的施肥技术和模式方面积累了很好的经验。实践表明，这样施肥，既大大节约了柑橘施肥劳动力需求和劳务用工开支，又确保了柑橘树体的健壮生长和优质丰产，还促进了柑橘施肥理念和技术的更新进步。

在此尚需指出，21世纪初，城固柑橘产区原公镇、崔家山镇等地区不少橘农曾采用"一炮轰"施肥技术，进行柑橘省力化施肥的探索和实践。原公镇柑橘"一炮轰"施肥主要是在全年施入一次"壮果促梢肥"；崔家山镇柑橘"一炮轰"施肥主要是在秋季施入一次"采果肥"或在春季施入一次"促梢肥"。当然，原公镇的"一炮轰"施肥技术，虽然可以促进柑橘果实膨大和早秋梢抽发，但不利于柑橘树势健壮、丰产稳产，不利于延长柑橘树体经济寿命或结果年限，这些地方的早熟温州蜜柑树体寿命仅20年左右就时有死树毁园现象。崔家山镇柑橘"一炮轰"施肥技术，虽然有利于恢复树势，但却无法促进柑橘丰产或高产。早熟温州蜜柑盛果期每亩产量仅1 500~2 000千克，与城固县橘园镇同品种、同树龄柑橘每亩产量2 500~3 000千克形成明显对比。这些经验或教训，很值得陕南各地柑橘生产和技术人员借鉴。一次施肥不可年年实施，只可在树势较旺的年份搞一次，或隔几年搞一次。

二、适当浅施肥料

一般在柑橘施肥上，无论是环状沟施、放射沟施、对称沟施，都提倡施肥深度要达到50~60厘米。这种开沟深度，较为耗费人力及劳务用工成本。据调查，柑橘根系分布深度大多在20~40厘米的土层中。为此，将柑橘施肥深度适当调减为距地表20厘米左右，既有利于柑橘根系对肥料养分的吸收，又有利于减轻柑橘施肥对劳务作业的劳动力需求，实现节本增效。当然，肥料深施和浅施各有利弊，需要生产者因地因树制宜，科学把握，切忌"一刀切"。

三、改施复混肥料

有机肥相对化肥、复合肥成本低，来源丰富。以腐熟的农家肥、油渣或商品有机复合肥为主，采果后1~2周内全园撒施，然后用小型旋耕机翻入地下，每亩施用量以2~3吨为宜。施用有机肥能够减少化肥用量，节省投入成本，在保证产量提高果品品质，对改良土壤也具有重要作用。

四、固液体肥共用

国内外肥料厂商生产的氮肥、磷肥、钾肥、复合肥等商品肥料，大多属于固体肥料。固体肥料施用时，既要选择在土壤墒情较好时施入，又要考虑在墒情不足时灌水。而液体肥料是将植物生长所需要的大量、微量元素按照一定的比例，采用加水稀释的方法，施用时可以实现精准施肥，植株吸收好，既省力又省时。

近年来，全国各地推广应用"水肥一体化"技术，就是将肥料溶解于水池中，利用水池与园地之间的高差压力或者加压水泵，采用微喷或者滴灌系统进行施肥。实践表明，这种新型施肥方式，肥料分布均匀，利用率高，节省肥料用量。相对施用固体肥料，既节约施肥劳动力，又不会损伤柑橘根系，同时还便于肥效充分发挥。"水肥一体化"施肥技术，完全可以在有条件的地方推广和应用（图12-7）。

图12-7　肥水一体化

五、肥药混喷

柑橘经济栽培中，不仅需要施入"氮、磷、钾"三种大量元素，而且需要根据现场诊断或叶片分析结果，补充钙、镁、硫、硼、铁、锌、铜、钼等各类微量元素，以防柑橘树体发生"缺素症"，影响柑橘树体健壮生长和优质丰产。然而，不少橘农，在采用"叶面喷肥"，对柑橘树体补充"微量元素"时，常与喷布农药分开进行。这就势必增加劳务用工成本。生产实践发现，只要注意农药与微肥的酸碱性，避免混合后发生化学反应，大部分微量元素肥料与农药混合并不互相影响，反而促进肥药吸收。也就是说，只要符合肥药混用要求，肥、药混喷较分开喷布节约劳务用工和时间，且效果更佳。

六、机械施肥

有关资料显示，国内外一些单位和企业已经研发生产出"动力打孔施肥机"或"动力开沟施肥机"，开始应用于苹果、柑橘等果业生产。动力打孔机施肥时，沿树冠滴水线四周打孔 3~6 个，孔深 30~40 厘米，两株之间打一个孔即可。机械施肥既可较人工施肥节省施肥劳动力，提高施肥功效，也有利于减少肥料养分流失，提高肥料利用率。

七、微肥树干注射

过去在矫治"缺素症"时常常采用土壤施肥或叶面喷肥的方法对柑橘树体缺乏的微量元素进行补充。近年来，有企业已经研发生产出"树干注射器"，将配好的液体肥料盛装在玻璃瓶、塑料瓶或专用袋中并悬挂在柑橘树冠中上部，然后将注射针头插入柑橘树干，利用自然高差压力，像人体输液一样，进行滴注式施肥。试用实践表明，采用"树干注射器"对柑橘树体补充微量元素，也可较叶面喷布或土壤施肥节约劳务用工，同时有利于柑橘树体及时吸收养分，促进柑橘树体健壮生长。

第六节　柑橘省力化病虫防治

柑橘生产中，不论是露地栽培，还是设施栽培，都常会遭受病、虫、螨、兔、鼠、蜗牛等各类有害生物的危害。如何对这些有害生物进行省力化科学防控，国内外科研、教学和生产单位进行了不懈探索。所谓柑橘省力化病虫防治，就是在柑橘病虫害防控中，既要减少化学农药的使用，又要减少劳务用工，达到好的防治效果（图12-8）。

图12-8　黄板诱虫

一、区别应对各类病虫

对不同柑橘病害，重点应立足于"防"，关键是尽力控制各类病源；对不同柑橘虫害，重点应立足于"治"。只有做到区别应对，才能有利于减少防控柑橘病虫危害的劳动力需求，节省劳务开支。防治方式上及时发现病虫危害源头后，以点治、挑治方式为主，减轻施药强度，减少农药使用，提高防治效果。要严格按照农药使用说明配制和施用，同一种药剂在一个生长季节只用一次，防止病虫产生抗药性。同时，严格控制农药使用的安全间隔期。综合运用各种防控措施，减少劳动力投入，降低农药的投入成本，从而达到省力化的目的。

二、推行经济防控措施

在柑橘生产实践中，许多果农常常是只要发现柑橘病虫危害，便立即喷药防治，期望干净、彻底地消灭柑橘园内外所有病虫。由此既会增加农药喷布次数及喷药劳务用工开支，又会恶化柑橘园生态环境，引发柑橘园内外生物物种群落改变，打破柑橘园既有的"生态平衡"。

多年研究表明，在不同柑橘病害、虫害达到其"防控阈值"（即"经济防控指标"）时进行喷药防治，既可以节省农药费用开支，也可以减轻喷药劳动强度和劳务支出，同时把病虫害控制在一定的范围之内，使之不产生流行或造成大的危害，保证柑橘树体正常生长，维持园内生态系统的平衡。

三、不同农药混合喷施

许多橘农在柑橘病虫害防控上，经常发生将杀菌剂、杀虫剂、杀螨剂分开喷布。这种现象虽可起到有的放矢的作用和效应，但却增加喷药次数，导致劳务用工成本增加。如果将杀菌剂、杀虫剂或杀螨剂按规范要求合理混用，既可有效防控柑橘病、虫危害，又可减少喷药次数，降低喷药劳务用工成本，达到事半功倍的效果。

四、推广机械喷药防治

以往，在柑橘病虫害防治时，药剂喷布主要采用人工背负药桶的方式进行喷药。这既会增加人工作业的劳动强度，又会增加劳务用工成本。随着科技的发展，国内外各种类型的喷药机械不断涌现并投放市场。条件许可时，采用大型汽油式喷药机械对柑橘病、虫危害进行防治，既可以提高喷药作业功效，又可降低人工喷药劳动强度，减少喷药的劳务用工开支，还有利于保护柑橘生产人员的身心健康，防止发生农药中毒现象。市场上也已研发制造出"小型无人喷药飞机"，用于各类农作物病

图 12-9　无人机喷药

虫防治。这方面工作成效尚待进一步调查、分析和总结，但节省喷药人力、降低喷药人工费用则较为明显（图 12-9）。

第七节　柑橘省力化水分调控

柑橘根系、树干、枝叶、果实中水分含量占 50%~85%，生长旺盛的幼嫩组织中，水分含量约 90%。柑橘属于耐旱不耐涝栽培水果，当年降雨不足 600 毫米时，柑橘不会发生死亡，但会严重影响产量，当柑橘园地发生长期积水现象时，则会造成根系腐烂，从而引发柑橘枝叶干枯甚至死树毁园现象。由此可见，水分对柑橘树体的生理活动极其重要，而省力化水分调节技术，在当今农村劳动力越来越紧缺的客观情况下，更值得深入探究和总结。

一、尽早修筑灌溉设施

陕南柑橘主产区多地处秦岭南麓浅山丘陵区。在这些地区如果仅仅依靠自然降雨，无法保证柑橘健壮生长和优质丰产对水分的需求。尤其是在降水量低于 600 毫米的年份或正常年份的冬春干旱季节，采用人工挑水的办法对柑橘园进行灌溉，则极为费时费力，在水源较远的地方，人工挑水灌溉则更加困难。

因此，积极主动创造条件，在柑橘园区内修筑机井并完善配电设施、修筑蓄水池等贮水设施，便可在干旱年份或干旱季节保证柑橘灌溉的水源条件，减少人工从远处挑水灌溉的劳动强度和劳务开支。

二、管网灌溉节水省工

陕南柑橘过去常用灌溉方式是引水漫灌或使用皮管进行人工浇灌。这既浪费水资源，又较为费时费力。近年来，各种喷灌、滴灌等管网灌溉系统和设备已经开始应用。为此，有条件的柑橘园区，要对柑橘园规划设计并配套安装喷灌或滴灌系统，既可防止水资源浪费，又可大大节省防旱抗旱的劳务用工及成本开支。特别是近年来推行的"水肥一体化"技术，就是省力施肥，省力灌溉，发挥肥效，促进柑橘健壮生长的具体例证。

三、应用机械开沟排水

在多雨年份或多雨季节，陕南柑橘平坝区不少橘农经常采用人工开沟的方法进行排水。2000 年以来，各种型号、品牌的"开沟机"已经得到应用。实践表明，采用"开沟机"开沟排水，功效可大为提高，人力成本可以大为减少。这在柑橘面积较大的产区或各类柑橘新型经营主体当中，值得引进、推广和应用。

四、智能化监测与调控

陕南柑橘在水分调控上，过去经常采用的是人工实地观察柑橘园土壤湿度和柑橘树体叶片萎蔫程度，然后采用适当方式进行灌溉。这种办法费工费时，缺乏灌溉补水的及时性，不利于柑橘健壮生长和优质丰产。随着社会发展和科技进步，国内外一些高等院校或科技企业已经开始利用互联网技术和人工智能化技术，研发、生产出可用于监测柑橘园土壤湿度、柑橘树体水分含量以及天气降雨变化趋势的"智能化监测系统"。这种"智能化监测系统"，已在国内外不少柑橘园区开始试用。该系统既可提高柑橘园水分调控的及时性、科学性，又可降低人工费用开支，值得有条件的地区推广使用。

第八节　柑橘省力化运输营销

柑橘省力化栽培，不仅涉及整形、修剪、施肥、防病、治虫、灌水、排水等各个产中环节，按照标准化橘园的建设要求，还应完善建设道路、水利、电力、运输等，改造橘园基础设施，改善劳动条件，为柑橘省力化栽培提供基础保障。

一、硬化道路方便运输

陕南柑橘分布地区，在道路运输条件上，大多是十分窄小的田间便道。尤其是在秦岭南麓浅山丘陵区，土质种类为黏质黄褐土。这些地域的各类便道，"天晴硬如刀，下雨烂如胶"，不仅各类柑橘生产资料难以运进橘园，而且不利于柑橘果实的采收和运输，更不利于各地客商进入柑橘园区收购柑橘。21世纪以来，陕南柑橘主产区部分乡镇和村组，已经开始注重柑橘基地之内主路和支路的拓宽和硬化，为柑橘果品运出柑橘园区创造条件。大大减轻了柑橘生产人员物品运输的劳动强度，又大为减少柑橘果品运输的劳务用工开支。

二、改人工为车辆运输

过去不少柑橘产区，生产资料和柑橘果品运输多是人挑肩扛，十分费时费力。自20世纪90年代以来，由人力运输改为车辆运输的条件已经成熟，这必然为减轻柑橘生产人员劳动强度创造了条件，为降低生产资料和柑橘果品运输成本创造了条件。

三、改人工为机械分级

如果说过去柑橘果品分级主要是人工挑拣分级，较为耗时费工的话，而当今不同功能的柑橘分选机械或柑橘清洗、打蜡、分级、抛光生产线已在陕南各柑橘产区广泛应用。这不仅有利于柑橘果品分级效率的提高、分级成本的降低，而且有利于柑橘果品商品率和货架价值的大大提高、有利于柑橘品牌的培育和打造。

第九节　果园机械化应用

　　果园机械化，就是在柑橘栽培管理及果品生产各项作业中，用机械代替人力操作的过程。柑橘园作业主要有土壤耕作、苗木培育、移栽嫁接、施肥灌水、树体修剪、病虫防治、中耕除草、果品收获运输等。用相关机械完成上述大部分作业，既能减轻劳动强度，又能不误农时，减少损失，为果树生长发育创造良好条件，促进果品优质高效（图 12-10、图 12-11）。

图 12-10　喷涂机涂白

图 12-11　人工涂白

　　我国果园生产机械化的历史较短。20 世纪 50 年代才推广使用手动喷雾器，60 年代中期开始发展动力喷雾机。1980 年后，陆续研制成功果树栽植时用的挖坑机、果园中耕除草机、液压剪枝升降平台、果园风送弥雾机、果品收获机、果品分级清选机等，促进了果园机械化的发展。

　　在陕南柑橘果园机械化的过程中，应用较多且投入成本较低、实用性较强的果园机械有三轮摩托运输车、四轮农用车、小型旋耕机、电动喷雾器、汽油式喷药机等，前述各节已有相关介绍，不再赘述。其他的果园机械如山地果园链式索道货运机、钢丝绳牵引货运机、单（双）轨道运输机、遥控式牵引果园运输机、气动式果园修剪机具、打孔式动力施肥机等也有局地试验应用。但由于其投入成本高，经济适用性还有待提高。

众所周知，栽培柑橘的主要目的不仅仅是柑橘树体枝叶常绿，更是为了柑橘开花结果，丰产高效。只有柑橘树体健壮、正常开花结果，栽培柑橘的多种效应才能得到充分显现。因此，有必要深入探究柑橘花果管理技术。

第一节　柑橘花果管理的基本要求

一、柑橘花果管理的概念

柑橘花果管理，通常泛指对柑橘花器和柑橘果实进行科学管理的栽培技术。

狭义性柑橘花果管理，通常仅包括柑橘开花坐果期间的栽培管理。栽培管理技术重点是合理进行保花保果或疏花疏果，调控柑橘树体营养生长与生殖生长之间的平衡关系，确保柑橘树体生长健壮、合理负载。

广义性柑橘花果管理，通常包括柑橘花芽分化、开花坐果、果实生长、果实品质形成等全程栽培管理技术。重点是合理调控柑橘花芽分化数量和质量，为促进柑橘连年丰产稳产提供花芽基础。合理调控柑橘开花坐果或留果数量，为柑橘优质丰产提供果实基础。

二、柑橘花果管理的针对性

柑橘花果管理的基本要求是保花保果和疏花疏果。保花保果和疏花疏果的针对性主要包括以下两方面。

（一）保花保果的针对性

1. 适用树龄

主要适用于初结果旺树，不适用于柑橘幼树和盛果树。这是因为，柑橘幼树栽培管理的主要目的是加速营养生长，为柑橘投产结果形成树体骨架和结果枝组，过早保留花果，不利于尽早形成柑橘树体骨架和结果枝组；柑橘盛果树一般花量充足，过分强调保花保果会加重树体负载，削弱树势，降低树体对冬季低温、旱涝灾害、病虫侵害抵抗能力。只有对柑橘初结果旺树适当进行保花保果，才会防止柑橘初结果树营养生长过旺、树冠过早郁蔽等不良现象发生，才会防止某些品种如温州蜜柑初结果树粗皮大果等劣质果的发生。

2. 适用品种

柑橘保花保果措施主要适用椪柑、甜橙（包括脐橙）、柚类等品种。这些品种正常坐果率较低，只有合理进行保花保果才会提高坐果率，促进这类品种丰产稳产。对城固冰糖橘、南丰蜜橘、城固朱红橘、东华蜜橘、金柑、紫阳金钱橘等花量较大的柑橘种类和品种，一般不需要实施保花保果，如果坐果量过多，果实就会变小，反而影响果实的品质。对温州蜜柑品系，则应根据品种和结果年份、树龄树势等情况区别对待。

3. 适用树势

凡柑橘树势健旺者，可以采用适当技术措施进行保花保果。凡柑橘树势衰弱者，一般不必采用技术措施进行保花保果，以免加剧树势衰弱，降低树体对冬季低温、旱涝灾害、病虫入侵的抵抗能力。

4. 适用结果年份

在柑橘盛果树"小年"年份，可以进行保花保果，从而既防止"小年"时柑橘树体营养生长过旺，加剧次年"大年"现象的发生，又确保在"小年"时获取应有的柑橘产量和经济收益。

（二）疏花疏果的针对性

1. 适用树龄

主要适用于柑橘幼树、柑橘盛果树、柑橘衰老树，不适用于柑橘初结果树。对柑橘幼树疏去花果可以加速柑橘幼树生长，对衰老树疏去部分花果可以促进树体更新复壮，对盛果树疏去部分花果，可以确保柑橘树势健壮、延长树体结果年限和经济寿命。

2. 适用品种

主要适用于追求大果的种类和品种，如城固冰糖橘、南丰蜜橘、金柑、紫阳金钱橘、城固朱红橘等。对温州蜜柑类品种，过去追求果实越大越好，但现在已不再追求大果，所以一般不必再强调疏花疏果。

3. 适用树势

对树势衰弱的果园，务必适当疏花疏果，以防止树势更加衰弱，提高树体对冬季低温、旱涝灾害、病虫入侵的抵抗能力。尤其是在冬季遭受低温冻害以后，部分衰弱树体上存在大量花朵，对这类花务必尽早疏除，以利于受冻的柑橘树势尽早恢复。

4. 适用结果年份

在柑橘盛果树"大年"的年份，采用适当技术措施进行疏花疏果，既可以防止"大年"更大，为柑橘"小年"形成足量的结果母枝，又可防止"小年"更小等不良现象发生。

三、柑橘花果管理措施

由于柑橘花果管理目标和要求不同，所采用的技术措施也各不相同。

（一）保花保果技术

保花保果的核心是促进开花坐果，平衡营养生长与生殖生长的关系，尽可能多开花多坐果。

1. 土壤管理

柑橘园土壤要疏松肥沃、湿度适宜。过干过湿都不利于柑橘开花坐果和果实生长发育。

2. 合理修剪

春季修剪时，采用疏剪技术，有利于改善通风透光条件，有利于柑橘开花坐果和果实发育。如果采用短截技术，则只会刺激营养生长，不利于柑橘开花坐果和果实发育。在修剪时间和修剪方法上，不宜过早过重，否则会加剧柑橘树体营养生长，降低柑橘坐果率。实践证明，柑橘果园在现蕾后结合抹芽疏梢修剪对柑橘保花保果效果十分显著。

3. 病虫防治

柑橘花期常见的病虫害有花蕾蛆、蓟马、蚜虫、露尾甲、红蜘蛛以及炭疽病等，若不注意防治，则会降低柑橘坐果率。柑橘果实生长发育后期常见的蚧类、螨类、粉虱类病虫害，要注意及时防治，否则会产生"油橘""煤烟果"。柑橘"大实蝇"会导致采前落果。花期"蓟马"会导致"伤疤果"的发生，影响柑橘果实外观质量。具体防治技术详见"第八章　陕南柑橘病虫害综合防控"。

4. 花期防高温

在柑橘开花坐果期，若发生气温30℃以上异常高温时，则务必采取树冠喷水、果园灌水、树冠遮阴等办法，改善橘园小气候，从而保障开花坐果，提高坐果率。

5. 花前补肥

对柑橘采果以后未施入"还阳肥"，开春以后仍未施入"萌芽肥"的柑橘园区或基地，务必在开花以前补施"稳果肥"。对已施入"还阳肥"或"萌芽肥"，但柑橘树势较弱的果园，应在柑橘开花以前补施"稳果肥"。补肥可以采取土壤施肥，也可以进行叶面喷肥。施肥或喷肥种类、浓度等详见"第七章　柑橘土肥水管理"。

（二）疏花疏果技术

在确定必须对柑橘基地、园区内的柑橘树体进行疏花疏果时，可按以下原则和要点进行。

1. 前期疏花

俗话说"疏果不如疏花、疏花不如疏枝"。在春季修剪时可适当疏除多花的部分结果母枝。柑橘开花以前，疏除过密花蕾枝以及畸形花和露天花，适当短截过长花蕾枝。过去认为温州蜜柑"无叶花枝"应予疏除，其实"无叶花枝"结出中小型果实，所以不宜一概而论。

2. 中期疏果

可以在柑橘第二次生理落果结束以后的7月上旬，疏除病虫果、畸形果或过密果。对大浦、爱媛28等坐果率较高的品种，前期疏花太重可能导致坐果不足，因此应采取先保后疏策略，待两次生理落果结束后，及时进行一次疏果，确保树势不败，小果减少。

3.采前疏果

可以在柑橘果实膨大后期的8月下旬至9月上旬，疏除病虫果、日灼果、裂果以及粗皮大果和内膛小果。城固冰糖橘容易出现二次开花产生二次果实，也应及时疏去；对温州蜜柑等品种的晚花果，也宜及时疏去。这类二次晚花果商品价值不大，且影响树势，务必尽早疏除。

第二节　柑橘大小年结果的矫治

一、大小年结果的不良影响

早熟温州蜜柑是我国北缘地区柑橘优良品种，也是陕南柑橘的主栽品种。早熟温州蜜柑进入盛果期之后，如果注重科学抚育，则会连年丰产稳产，盛产期至少可达20年以上。反之，就容易产生大小年结果现象。

大小年结果极易损伤柑橘树势，影响柑橘果实产量和品质。当大面积柑橘园发生大小年结果现象时，还会影响市场均衡供应，导致柑橘果品销价出现波动，进而影响柑橘生产者经济效益。

二、大年结果树的花果调控

"大年"是指当年结果母枝较多、花量较大、产量较高的年份。适当减少大年时的花量和果量，有助于促发预备枝，培养结果母枝，恢复柑橘树势，增加单果体积和重量，提高柑橘果实品质。具体调控措施如下。

（一）减少小年树花芽分化

小年时花果量较少，新梢发育质量好，花芽很好发育，次年花量可能很大。只有适当抑制小年花芽分化，才能减少次年（大年）的花量和果量。抑制或减少花芽分化的技术措施是在花芽分化期（10—11月）喷布200毫克/千克的赤霉素1~2次。如柑橘树上挂有果实可提前采果，然后再喷布激素，以免影响果实转色。

（二）适当早剪和重剪

大年树是预计当年开花结果多的树。当年如结果太多，便会减少结果母枝的抽生、抑制当年的花芽分化，导致翌年花量不足、产量下降而形成小年。为此，这类树修剪时应注意以下技术环节。

一是在修剪时期上，应较常年适当提早，可以提早到花芽分化前（10月下旬），从而减少大年花蕾数量。

二是在修剪程度上，宜适当加重，修剪量可掌握在枝叶总量的30%左右，从而减少春季结果母枝量和花蕾数量。

三是在修剪方法上，应当疏剪与短截并重。删除密弱、交叉、病虫枝组的小枝，但勿使光杆；缩剪衰弱枝组，留剪口更新枝；短截夏、秋梢，但要保留二次梢的春段，三次梢的夏段。

（三）直接疏花疏果

1. 适当疏花

结果母枝短的把顶部着生的很密集的球状花、"刷把"花剪去；结果母枝长、花质好的，则留 8~11 朵花进行短截。在壮旺的结果母枝中多留有叶花，将下部的无叶花剪去；如果结果母枝上全是有叶的，则选留 5~6 枝，其余抹掉。

2. 适当疏果

以叶果比 30∶1 为基准，疏去病虫果、小果、密果、粗皮大果。一般宜在 7 月上中旬进行。每株成年的健壮树（10 年以上）留果 100~150 个，或每立方米树冠留果 30~50 个较为适宜，不宜留果过多或过少。

（四）加强肥水管理

大年树着花多，营养成分消耗量较大，只有适当增加肥量和水量，才能既有利于花果发育，又有利于新梢萌发和生长，增加翌年的枝量和花量。

三、小年结果树的花果调控

小年是指当年开花结果少、花量少新梢多的年份。需要增加其花量和果量，主要调控措施如下。

（一）增加大年花芽分化

1. 对于树势过旺或不易成花的品种进行环割处理

在大年结果时的 8 月下旬进行环割，以枝组或侧枝为单位施行。还可环割无果或少果的枝组。环割圈数视大年产量而定，大年产量过高时环割三圈；大年产量不太高时环割一圈。

2. 重施秋肥

在大年采果后的秋季重施秋肥，特别是采果后喷 2~3 次叶面肥，可促进当年秋冬花芽分化，为翌年增加花量和果量创造条件。

（二）适当迟剪和轻剪

（1）在修剪时期上应比常年推迟，可推迟到现蕾期进行修剪。

（2）在修剪程度上应比常年时减轻，修剪量控制在枝叶总量的 5%~10% 为宜。

（3）在修剪方法上应以疏剪为主，一般不宜短截。疏剪主要是疏去病虫枯枝、果蒂枝，丛生枝应疏弱留强，对衰老枝枝群应适当疏剪或短截；其他结果母枝应尽量保留。

（三）喷肥保花保果

应采取一切能保花保果的措施，提高坐果率，增加当年产量。

1. 喷肥保花

从盛花期开始喷 0.3%~0.4% 尿素和 0.2% 磷酸二氢钾混合液，每隔半月一次，共喷 2~3 次；花前或花后喷 0.1% 硼砂液 1~2 次。

2. 喷肥保果

谢花期喷 0.5% 尿素液和 5~10 毫克/千克 2,4-D，每 15~20 天喷一次，共喷 2 次。

（四）科学调控肥水

1. 控制总肥量

小年树着生花量少，养分消耗少，不宜大肥大水。肥量及水量应比大年结果树略少。只有如此，才能既有利于当年花果发育，又不刺激新梢大量萌发和生长。

2. 控制氮肥

春季不施或少施氮肥，以防止春、夏梢旺长而加剧花果脱落。小年可适当增施磷、钾肥，成年树每株施过磷酸钙或钙镁磷肥 0.5 千克，施硫酸钾 0.5 千克，须与猪、牛粪等有机肥堆制腐熟后深施。

第三节　温州蜜柑粗皮大果防控

陕南柑橘的主栽品种是温州蜜柑。随着市场消费理念的变化，国内外市场对温州蜜柑果实中的"粗皮大果"越来越不喜爱。为此，有必要探究温州蜜柑"粗皮大果"发生原因及其防控技术，从而进一步提高陕南柑橘果实品质，拓展国内外市场，扩大市场占有率。

一、粗皮大果的概念

依据近年国内外市场对温州蜜柑果品质量的需求标准，"粗皮大果"（图 13-1）是指果实横径超过 80 毫米，果皮厚度超过 3 毫米的极早熟、早熟和中晚熟温州蜜柑果实。按此标准划分，陕南柑橘浅山丘陵区盛果期"粗皮大果"的发生率一般占总产量的 15%~20%，初结果温州蜜柑"粗皮大果"的发生率一般占总产量的 20%~30%；在土、肥、水条件较好的平坝区，盛果期温州蜜柑"粗皮大果"的发生率一般占总产量的 30%~40%，初结果期"粗皮大果"的发生率一般占总产量的 40%~50%；在个别树势较旺、结果较少的柑橘园中，"粗皮大果"的发生率甚至达到 60% 以上。

图 13-1　粗皮大果

二、粗皮大果的发生特点

调查发现，陕南地区温州蜜柑"粗皮大果"的发生具有以下四个特点。

（一）不同树龄发生程度不同

不论是平坝区还是丘陵区，不论是极早熟温州蜜柑还是早熟温州蜜柑，一般幼龄树和初结果树上"粗皮大果"发生较多，盛果期树上"粗皮大果"发生较少。这是因为，前者营养生长旺盛，坐果率较低，树体果实个数较少，容易产生粗皮大果；而后者则营养生长与生殖生长基本平衡，坐果率较高，树体果实个数较多，不易产生粗皮大果。

（二）不同树冠部位发生程度不同

调查发现，树冠上部及外围"粗皮大果"发生较多，树冠下部及内膛"粗皮大果"发生较少。这是因为，树冠上部容易聚集营养，枝条及果实生长活动旺盛，容易产生"粗皮大果"。树冠下部，枝条及果实生长活动中庸，因而不易产生"粗皮大果"。

（三）不同品种发生程度不同

不论是平坝区还是丘陵区，部分极早熟温州蜜柑"粗皮大果"发生较多；极早熟温州蜜柑中，大分、日南1号、宫本、乔本等品种粗皮大果发生较少，山川、大浦、市文等品种粗皮大果发生较多；早熟温州蜜柑中，"兴津"粗皮大果发生较多，"宫川"粗皮大果发生较少；中晚熟温州蜜柑中，"尾张"粗皮大果发生较多，"南柑20号"粗皮大果发生较少。

（四）不同柑橘树势发生程度不同

不论是平坝区还是丘陵区，由于柑橘园地土、肥、水条件不同，结果多少和树体负载量不同，因而柑橘树势互不相同，由此导致粗皮大果发生程度也互不相同。在温州蜜柑树势较旺、结果量较少时，粗皮大果发生较重，树势中庸或偏弱、挂果量较多时粗皮大果发生较轻。这是因为，前者营养生长旺盛，坐果率较低，容易形成朝天果和直立的顶花芽果实；后者营养生长平庸，坐果率适中，不易形成朝天果和顶花芽果，因而不易产生粗皮大果。

三、粗皮大果的防控技术

根据陕南地区温州蜜柑粗皮大果的发生原因、发生特点，应该因园制宜、因树制宜地采用相应技术措施进行合理防控或矫治。关键技术是实行以下"四改"。

（一）改进施肥技术

1. 调整肥量分配

在极早熟和早熟温州蜜柑"还阳肥"及"壮果肥"施用上，可以加大"还阳肥"用量，至少占全年施肥量的55%以上；将"壮果肥"用量适当压缩，控制在30%以下。这样既能促进柑橘树体安全越冬和花芽分化，提高花芽质量和坐果率，又能适当"限制"果实膨大，减少或防止粗皮大果的产生。

2. 调整施肥方式

陕南地区不少橘农近年对柑橘结果树每年仅施一次肥，而且是在果实膨大初期进行"一炮轰"，且施肥量过大，氮肥比例过重，这种施肥模式，极易产生粗皮大果。为此，建议年施肥2~3次，适当推迟壮果肥施肥时间。对柑橘果实生长发育所需要的各种中、微量元素，通过叶面喷肥的方式进行补充。

3. 调优施肥种类

务必纠正偏施甚至单施碳铵或尿素的恶习。提倡多施农家肥、生物肥或复合肥。有条件者，应按"测土配肥"的原则，进行"平衡施肥"或"配方施肥"。

（二）改进花果管理

1. 实行严格疏果

重点是对幼龄温州蜜柑树（1~3年生）上的花果应当全部疏去，促进幼树营养生长，迅速扩大树冠，为丰产、优质创造合理的树冠条件。对初结果树（4~6年生）上的顶花芽果和朝天果，应当及时尽早疏去，从而既促进柑橘树体生长，又防止粗皮大果产生。

2. 合理保果定果

应当合理采用透光修剪、平衡施肥、防好病虫、叶面喷肥等综合技术，使柑橘树体做到合理负载，防止粗皮大果产生。对"大浦"等极早熟温州蜜柑，可将"叶果比"掌握在30：1左右，对"兴津"等早熟温州蜜柑，可将"叶果比"掌握在（20~25）：1。

3. 提倡多次疏果

将第二次生理落果结束后进行一次性疏果调整为果实膨大初期疏果、果实膨大中期疏果和果实膨大后期疏果。果实膨大初期和中期主要疏去病虫果，不疏密生果、小果。果实膨大后期主要疏除畸形果、病虫果、日灼果、裂果、朝天果和结果母枝粗壮的顶花芽果，从而既防止粗皮大果产生，又防止盲目高产而削弱柑橘树势。

（三）改进水分管理

对极早熟和早熟温州蜜柑改进水分管理技术，既可保证丰产优质，又可防止粗皮大果产生。

1. 开花坐果期保证水分供应

柑橘开花坐果期如果水分不足，则会降低坐果率。坐果率降低之后，树体上果实个数减少，势必造成树体营养生长与生殖生长失衡，从而引发粗皮大果现象发生。尤其在开花坐果期遇有气温30℃以上的异常高温时，更会加剧落花落果。因此，不论平坝区还是丘陵区，在开花坐果期遇有高温干旱、土壤墒情严重不足时，都应进行灌溉，以利于提高柑橘坐果率。

2. 平坝区柑橘园开沟排湿

平坝区柑橘园较之浅山区、丘陵区柑橘园容易发生雨水饱和甚至雨季积涝成渍现象。这种水分饱和或过剩现象，容易引发粗皮大果。因此，应按高畦深沟、高地低渠的原则，在行间、地边开通中沟和边沟，排除柑橘园内多余积水，防止雨水饱和甚至雨季积涝而产生粗皮大果或积水烂根现象。

3. 果实膨大期适当控水

在陕南柑橘果实膨大期进行适当灌溉，可以保证柑橘果实膨大对水分的要求，促进柑橘丰产和稳产。但应注意的是，灌溉必须是在天气严重干旱、土壤墒情严重不足、落果较为严重的情况下才可以实施，在土壤墒情较好、落果并不严重的情况下，则可不灌或少灌，以防引发粗皮大果现象发生。

第四节　柑橘隔年交替结果技术

柑橘隔年交替结果生产技术源于柑橘结果的大小年现象，这种大小年结果现象往往导致大年增产不增收，小年减产又低质（粗皮大果多）现象，使果园优质商品率处在较低水平。目前平衡大小年的主要措施是大年疏花疏果，小年保花保果。大年时千方百计培养结果母枝，小年时千方百计保产增效。但实践中很难做到两全其美，即使个别管理水平高的果园做到了，其管理成本也非常高。因此，近年有人研究试验提出了隔年交替结果模式。

一、隔年交替结果优势研究

2010 年，城固县果业技术指导站并陕南柑橘综合试验站在华中农大教授彭抒昂的指导下，在城固县原公镇垣山村西湾柑橘基地租地 10 亩开展了为时 6 年的温州蜜柑隔年交替结果试验研究，试验取得了巨大成功，平均年产量增加 30%，节省人工投入 40%，优果率提高 15%。但也发现了一些不容忽视的问题，特别是结果年树势容易衰退，安全越冬成为较大问题。为此，笔者将这一技术总结出来，希望能为今后陕南柑橘生产技术更新换代提供一种新的思路，起到抛砖引玉的作用。

隔年交替结果是让果树一年结果一年休闲（不结果）的树体管理生产模式，其核心就是让小年彻底休闲不结果，大年时充分发挥结果潜能大量结果的一种果园管理技术。研究和实践表明，如果能充分利用大小年特性实施交替结果管理模式，不仅可以保证产量，而且还可以有效减少劳力和成本投入，是一项省力、简化、优质的现代果树生产管理模式。

近年来，国内柑橘产区对温州蜜柑隔年交替结果技术的研究与应用已经形成体系。华中农业大学祁春节教授以 2006—2011 年连续 6 年的实地调研数据为基础，以夷陵区温州蜜柑交替结果新技术试验示范果园为调研对象，分别从隔年交替结果新技术的增产效果、生产成本、果实品质与熟期（上市期）变化引起的销售价格变化以及经济效益等角度，进行了全方位的经济效益分析。研究结果表明，该技术的增产幅度达到了 31.2%，成本基本持平或略有减少，而由于果实外观和品质的改善以及熟期的提前（10~15 天），销售价格上涨 20% 左右，果园的整体经济效益提高了 57.4%。

浙江柑橘研究所石学根研究员从 2009—2012 年连续 4 年分析临海市丰甜水果专业合作社隔年交替结果效益，发现在延后栽培条件下，采用隔年交替轮换结果与连年结果栽培模式比较，优质果比率大幅度提高：无论是在露地还是大棚内，实施隔年交替结果的优质果率比常规产量提高了 30%，大棚柑橘每亩年均增加产值 8 619 元，露地柑橘增加产值 3 909 元。

二、隔年交替结果关键技术

隔年交替结果技术核心是修剪和施肥技术综合配套应用。即利用温州蜜柑大小年结果的自然属性，通过特殊管理，使树体休闲年不结果，全力恢复树势。结果年多结果，结串果，结好果，实现产量、品质和售价的最佳化，从而提高种植效益。

（一）休闲年管理技术（图13-2）

柑橘隔年交替结果休闲年树体管理的关键是新梢管理，通过彻底疏花疏果、重施促梢肥和进行夏季修剪，为翌年大量结果培养健壮的、长度和粗度合适的秋梢结果母枝。

1. 疏花疏果

疏花疏果是休闲园田间管理的关键技术。在生产实践中，经常会发现在大量结果后翌年仍然会有少量花果，这些花果不仅质量差，而且影响新梢的大量抽发，因此应该彻底疏除。疏花疏果时可人工疏除，也可用激素疏花。有报道表明在果实采收后间隔2周连续喷施1~2次25.50毫克/升赤霉素可以有效降低结果母枝上芽的花芽分化比率（伍涛，2003），但是实践表明，这种处理并不能彻底抑制柑橘的花芽分化，仍然需要在翌年花期进行疏花疏果处理。

图13-2　休闲年大量抽梢

田间试验表明，温州蜜柑盛花期喷施400毫克/升、800毫克/升的乙烯利，花后一周和花后两周喷施200毫克/升、400毫克/升、800毫克/升的乙烯利，均能达到完全疏除花果的效果；而花后1~2周喷施600毫克/升萘乙酸也能达到完全疏除效果。不过乙烯利在pH值>4.0时就会释放出乙烯，因此在使用时不仅要现配现用，而且使用时间也不能太长（单次配药建议在10分钟内用完）；另外，较高浓度的乙烯利容易导致大量落叶。因此，须在技术成熟的前提下采用激素疏花疏果，生理落果结束后还应搞一次人工疏花疏果。

2. 肥水管理

与普通果园不同的是，休闲园只需要在夏梢抽发前7~10天施一次促梢肥即可。促梢效果受施肥种类、施肥数量、施肥时间、树体状况、当地环境等影响。研究表明：株施1千克、2千克和3千克复合肥，当年形成秋梢的平均长度分别是27厘米、30厘米和35厘米左右，翌年成花枝梢的平均长度分别是29厘米、12厘米和10厘米左右、串状花的枝梢平均长度分别是25厘米、10厘米和6厘米左右。说明促梢肥施得越多，在没有其他控梢措施的情况下，形成秋梢长度越长，但是翌年能够成花枝梢和成串状花枝梢的长度越短。同时也说明施肥越多，就有愈多的长秋梢不能形成串状花枝，不仅没有达到休闲树促梢效果，同时也造成肥料浪费。因此，对于特定休闲园的促梢肥施用量，建议通过一个简单的本地化试验进行确定。休闲园在夏季施促梢肥后，要根据天气情况及时灌溉确保7—8月间秋梢抽生时对水分的需求。其他时期除特别干旱外，均不需要进行灌溉。

3. 修剪策略

休闲年的修剪是隔年交替结果的核心技术。试验表明，春季修剪和夏季修剪均能促发并培养出大量结果母枝。只是春季修剪可以抽生出大量的春梢和夏梢结果母枝，而夏季修剪只能抽生出大量的秋梢结果母枝。春季修剪可剪除一些结果母枝，减轻疏花疏果的工作量。无论是春季修剪还是夏季修剪，均要求重剪甚至"剃平头"式修剪，只有这样才能逼发出大量结果母枝。城固的试验发现，如果春季修剪能抽发大量结果母枝，此后两年内可以不再剪树，而夏季修剪抽生的结果母枝数量不如春剪。因此，陕南柑橘隔年交替结果提倡春季修剪。

夏季短截，可以抽发整齐的秋梢。为了确保抽发的秋梢能够及时老熟，修剪时间一般在 6 月下旬至 7 月中旬，旺长树宜晚些。修剪时宜采用疏剪和短截相结合，首先疏除树体内的密集枝组和位于树冠下部离地面 50 厘米以内的裙枝，然后对树冠外围的枝条整体进行回缩或短截。

（二）结果年管理技术（图 13-3）

隔年交替结果的结果年树体管理主要是果实的管理，要求不抽或少抽夏、秋梢，以提高果实优质商品率。由于结果年一般没有大量的夏梢或秋梢抽生，一般病虫害发生比较少，因此隔年交替结果的田间管理主要是冬季清园、肥水管理和果实病虫害防治，其中肥水管理是结果年管理关键。

图 13-3 结果年大量结果

1. 保花保果和修剪

结果年的重点是大量结果，要把上年未结果的损失补回来，因而要实施科学的保花保果措施。首先是推迟修剪时间，待现蕾后视具体情况决定是否进行修剪。如果结果母枝足够多，则可疏剪部分纤弱的结果母枝。如果抽生了大量春梢营养枝，则可疏去一部分或全部疏除，尽可能保证较高的坐果率。如果第一次生理落果较重或遇不良天气影响，就要高度重视第二次生理落果时的保花保果，必要时可全部疏除夏梢，喷施 2~3 次叶面肥，特别是喷施硼肥，也可采取激素保果。总之，要千方百计保证大量坐果。

2. 科学施肥

普通果园施肥分花前肥、壮果肥、采前肥、采后还阳肥和基肥等。不过隔年交替结果的结果年的施肥原则上施一次壮果肥即可，主要用于果实坐果和膨大。结果年施壮果肥的时间可以提早在花后 1~2 周，不仅能够起到壮果作用，同时还能起到保果作用，达到提高产量的目的。

年施肥量是保证果实产量和品质的关键，在保证充分坐果的基础上，施肥量的多少决定果实的大小和品质。因此，要注意适当增加壮果肥的量，保证有足够营养供果实生长。

由于结果年产量很大，除土壤施肥外，还要重视叶面喷肥，特别是出现缺素症状时要及时补肥。在肥料的选择上，应以复合肥和有机肥为主，注意施肥后及时灌水，以提高肥效，确保增产增效。

3. 病虫害防治

结果年由于夏梢和秋梢很少，因此主要是预防春梢的红蜘蛛危害和防止花、果病虫害。推荐在盛花初期及幼果期喷施90%敌百虫800~1 000倍液加80%代森锰锌或者甲基托布津1 000~1 500倍液，重点防治蓟马、叶甲等害虫，以及疮痂病、灰霉病等病害，果实膨大期重点防治疮痂病、灰霉病及蚧壳虫、柑橘粉虱、锈壁虱等病虫害，成熟期以防治吸果夜蛾和大实蝇为主。

4. 重视防冻减灾

多年调查发现，低于-5℃或经常发生霜冻的气候，对结果年树体影响很大，造成的冻害程度比休闲树重，甚至造成重度冻害或死树现象。因此，结果年树体冬季防冻应高度重视，这也是隔年交替结果技术能否成功的关键所在。具体措施上要重视做好采后树势的恢复，冬季注意天气预报，尽早做好应对寒潮准备，冬前灌水浇水、树干涂白、树冠覆盖等。

三、隔年交替结果方式

温州蜜柑隔年交替结果果园可以根据具体情况选择园间交替、行间交替和株间交替的方式。

1. 园间交替（图13-4）

在一个年度内，相邻两个果园或一个果园的两个区域之间，分别按照结果和休闲方式进行管理，实现结果园和休闲园地块间的交替结果。

2. 行间交替（图13-5）

在一个年度内，一个果园内行与行之间分别按照一行结果一行休闲的方式进行管理，翌年则结果行与休闲行角色互换，实现行间交替结果。

图13-4　整园交替结果　　　　　　　　图13-5　隔行交替结果

3. 株间交替

根据果园内不同植株的自然结果状况，对结果较少的树按照休闲树的管理方式进行管理，一般可全部疏除花果，确保当年能大量抽生结果母枝；对结果多的树按照结果树方式进行管理，疏除营养枝，力保大量结果，翌年则休闲树与结果树角色互换。

常规管理过渡到隔年交替结果应从自然小年结果的果园开始，在早春对树体进行改造，然后通过修剪或使用生长调节剂清除果实，将小年结果少的果园（树）改为休闲果园（树）。也可以通过人为疏花疏果的方法使部分正常结果的果园（树）改为休闲果园（树）。然后按照"休闲园⇌结果园"隔年交替结果的方式进行管理。

第十四章
陕南柑橘设施栽培

第一节　设施栽培的目的意义

　　柑橘设施栽培是指在一定的人工控制的设施（塑料大棚、日光温室）内，通过对环境条件（主要指温度、湿度、气体等）的调节与控制，使设施内的环境条件变化与柑橘生长发育所需的环境条件相适应，以促进生长和结果。柑橘设施栽培主要有 3 个目的：一是提早上市，利用设施和辅以其他技术措施，打破柑橘休眠，提早开花，果实提前成熟；二是延迟采收，利用设施和其他技术措施，实现果实留树保鲜，推迟上市；三是扣棚增温，起到防止柑橘果实及枝叶受到冬季冻害的作用。

　　我国虽是柑橘生产大国，但并非柑橘生产强国。陕南是我国北缘地区最大的柑橘生产基地，栽培面积虽拥有一定的规模，但经济效益并非很高。究其原因，除单产不高和品质良莠不齐外，另一重要原因是成熟期过于集中，绝大部分品种的成熟期在 10 —11 月，导致果实集中上市，而在其他月份少有优质鲜果采摘上市。柑橘设施栽培既可提早、又能延迟柑橘果实成熟，还能大幅度提高果实品质，据有关信息表明，浙江省柑橘研究所采用"宫川"早熟温州蜜柑进行"延后型"设施大棚栽培，温州蜜柑果实可溶性固形物（TSS）含量可达 13% 以上，酸度仅为 0.6% 左右，且果肉易化渣、果皮色泽鲜艳。因此，发展柑橘设施栽培，将成为未来陕南柑橘产业的一个重要选择。

第二节　设施栽培类型

　　柑橘设施栽培，主要目的在于人为控制设施内的生态环境条件，辅以必要的栽培技术措施，满足柑橘生长发育所需的条件，以达到提质增效的目的。

　　目前，国内柑橘设施栽培的类型主要有促成型、延后型和避雨型 3 种（表 14-1）。其中，促成型又叫冬春保温型，12 月下旬至翌年 4 月下旬覆盖薄膜，利用日间光照，提高棚内温度，增加有效积温，提早物候期。延后型又叫越冬栽培型，是通过秋冬季扣棚增温，将果实挂在树上至翌年1—2月采收的一种栽培方法，提高内质，适应市场，效益明显。避雨型又叫夏秋避雨型，8月上旬至采收期覆膜，避开降雨，调节树体水分平衡，降低采前土壤含水量，促进果实糖分的转化和积累，减轻采前裂果，改善品质。3种类型栽培设施夏季高温时都应揭去覆膜，通风降温，防止高温伤树。目前，国内促成型柑橘设施栽培尚在试验中。生产中常见的是延后型和避雨型2种。

表14-1 柑橘设施栽培的代表类型和生产目标

类型	生产目标	具体目标
促成型	提早成熟 提高品质 丰产稳产	促进增糖、减酸、着色等
延后型	完熟采收 提高品质 丰产稳产	提高内质（高糖、多汁、无核）、外观（着色、果形、瘢疤）、防寒等
避雨型	减轻病害 提高品质 丰产稳产	促使树体健康生长，提高着（花）果、减轻风雨、病虫害等

第三节　栽培设施的结构特征

目前柑橘设施栽培应用最普遍、经济效益比较好的就是塑料大棚，包括简易大棚和钢架大棚。简易大棚成本低，使用寿命2~3年。钢架大棚成本高，使用寿命10年以上。

一、简易大棚（图14-1）

简易大棚由竹木结构构成，其上用塑料薄膜覆盖。大棚的支架，全部用直径4~5厘米的竹竿、毛竹片或杂木制成。一般棚宽7~8米，长40~50米，棚高3~4米，肩高2.8米以上，屋顶为长弧形，立柱用5~8厘米粗的木杠或者竹竿。横向立柱数依跨度而定，单排或者双排均可。一般7~8米宽的大棚设3排立柱。全部立柱均埋入地下40厘米左右，下垫大石块作基础。拉杆是顺大棚走向连接立柱的纵向梁，一般用6~8厘米粗的竹竿或者木杆制成。横向固定

图14-1　简易大棚

在立柱顶端，形成大弧线棚顶，两端埋入地下 30 厘米。拱杆间距为 1~1.2 米，过大会降低抗风、抗压能力。

二、钢架大棚（图 14-2）

钢架结构大棚的类型又可分单栋大棚和连栋大棚，单栋大棚保温性能稍差。单栋大棚宽度一般为 7~9 米，树冠顶部与覆盖薄膜间的距离应保持在 1.5~2 米，肩高与顶高相差 1.5 米左右。因为，从垂直高度的温度变化来看，越接近棚顶薄膜，温度变化幅度越大，气温越高，越容易发生果实浮皮、日灼等伤害。例如，树高为 2.5 米，则顶高应为 4 米以上，肩宽 3 米以上，大棚四周离薄膜的距离一般为 50~100 厘米。棚架及四周先拉防风网，再覆盖薄膜。连栋大棚由单栋大棚组合而成，按地形和土地面积设计，建造方法参照单栋大棚进行。

图 14-2　钢架大棚

三、棚内设置

1. 防风网

一般采用网眼 1 厘米左右的绿色或蓝色捕鱼网作为防风网；在棚架上及四周先拉防风网，再覆盖薄膜。防风网的作用是降低风速并增加薄膜的牢固度，有轻度的遮光作用，夏季高温季节可有效预防果实日灼危害。

2. 塑料薄膜

最好选用透光率较高的无色或白色聚乙烯（PE）普通农膜，聚乙烯（PVC）棚膜也可选用聚乙烯长寿棚膜、聚乙烯多功能复合棚膜或聚乙烯长寿无滴棚膜，棚膜厚度 0.08~0.12 毫米。采用大棚专用压膜线，间距 1.8 米，压膜线顶部、侧面均用八字簧固定。

3. 遮阳网

遮阳网主要是为了防止夏、秋高温干旱期强光高温对果实的灼烧。如果夏季温度达 35℃以上，才需盖遮阳网，用透光率 70% 以上的遮阳网覆盖。遮阳网覆盖过早（遮光过早）或遮光过度会严重影响光合作用，导致树冠中下部养分不足而引起大量落果。一般应在柑橘果实容易遭受"日灼"危害的果实膨大期到后期进行覆盖。柑橘果实成熟以前 20~25 天应当除去遮阳网，以利柑橘果实着色或转色。

4. 滴灌与地膜

在树冠下设置带有压力矫正功能（水流量调节功能）的滴水管道，其上周年覆盖透气性地膜或地布。如果将滴水管埋入地下，费时费力，可先铺设在地表面，在更换地膜时，用堆肥和客土覆盖滴水管。压力矫正功能的滴头，采用进口以色列的滴管设备质量最好，在一定水压条件下它可以延伸到 100 米范围进行定量灌水，有高度差的山坡地也可使用。

地膜的种类较多，一般以透湿性黑白双面地膜较好，如日本的柑橘专用地膜、韩国的"特卫强"地膜。我国有白色地膜、银黑双色反光膜等可供选用。

第四节　设施栽培技术

陕南柑橘设施栽培主要是为了解决秋雨和冬春季低温冻害（霜害）的威胁，也有为延迟完熟采收而建棚的，还有避雨型的大棚，目的不同，管理技术要求差异较大，设施栽培技术目前还在不断地摸索中。适合陕南柑橘设施栽培技术主要有以下几点。

一、品种选择

（一）加温促成型的品种类型

加温促成型温室栽培一般选择特早熟温州蜜柑。因为特早熟温州蜜柑果实生育期较短，盛花期后 150~180 天果实完全成熟，而中晚熟柑类果实成熟需要 250~300 天的生育期。特早熟品种生育期短，管理容易，果实可提早上市，人力成本和农资成本降低，可获得超额收益。

（二）保温延后型的品种类型

保温延后型设施柑橘种植时，可选用全糖含量较高，而且浮皮发生较轻的品种。据浙江省柑橘研究所研究，宫川早熟温州蜜柑品种最适于延后栽培，主要表现在果实可溶性固形物（TSS）和糖度较高，可溶性固形物可达到 13% 以上，酸度较低（0.6% 左右）等，即果实固酸比较高，果肉化渣，风味口感特佳，果皮色泽鲜艳。中、晚熟温州蜜柑品种，即使越冬完熟后，果肉囊衣化渣性也差，酸度较高，品质不会明显提高，所以不适合延后栽培（图 14-3）。

图 14-3　保温延后型大棚

（三）树冠直接覆盖越冬型的品种类型

树冠直接覆盖越冬型是将透明的聚乙烯或聚氯乙烯薄膜直接覆盖在柑橘树冠上，薄膜与树冠外围枝叶和果实直接接触。覆盖薄膜能产生温室效应，在冬季低温期，如果日照良好，中午薄膜内树冠上部的最高温度可达 45℃以上，很可能灼伤枝叶和果实。此类品种选择一般为晚熟品种，特别是适合 12 月以后成熟的品种。因此，这一技术只适合在冬季日照少且弱的柑橘产区推广，在陕南柑橘产区应慎重使用。

二、园地选择

第一，大棚立地条件以背风向阳的平地或缓坡地为宜。坡度较陡的山地，由于冷空气下沉、热空气上升，使覆膜棚内不同部位温差较大，导致白天上部果实热害、夜间下部果实冻害发生，因此不适宜建大棚。

第二，要求排水和灌溉条件良好。特别是平地和低洼地建大棚的，要开深沟，四周排水沟深度 60 厘米以上，园内隔行排水沟深度 40 厘米以上。否则，水排不出去，就失去了覆膜后果实增加糖度和防止浮皮的效果。

第三，大棚面积要求 1 000 平方米以上，过少则不利于保温以及温湿度管理。

第四，要选择道路交通条件便利、树势中等以上、树龄在 6~10 年、每年结果好、无严重病虫害的高产果园。

三、定植方式

大棚柑橘栽植密度以 2 米 × 3 米为宜，每棚 2~3 行，亩栽 110 株左右，大棚内柑橘树冠顶部与覆盖薄膜间应保持 1.0~1.5 米的距离，以利于通风透光。进行设施柑橘栽培时，尽量选择已起垄的柑橘园地。如栽培面积不大、管理能力较强时，栽培密度可适当加大，以利设施的高效利用。

四、栽后管理

（一）温度管理

设施内温度的控制不但要保证植株不受低温或高温危害，而且要满足柑橘各个生长发育阶段最适宜温度范围的要求，使之顺利完成整个生长发育过程，并能够按照计划要求，生产出高品质柑橘果实。

大棚内的温度包括空气温度（气温）和土壤温度（地温）。大棚内气温存在"边际效应"，即棚内中部、中南部温度最高，北部温度低，夜间西北、东南温度均低。靠近棚膜边缘 1~2 米处，易出现低温带，其气温比中央地段低 1~3℃，棚内土壤温度的日变化与气温变化大体一致，但最高、最低地温出现的时间偏晚 2 小时左右。故大棚内温度的管理措施对气温和地温效果都是一致的。

1. 保温

设施大棚栽培在冬季具有越冬保温作用，能避免冬季低温冻害。但大棚内也存在"温度逆转现象"，即遇寒流时棚内最低气温反而低于棚外的现象，且晚上低温持续时间较棚外长，白天遇晴天又较棚外升温快，可能反而会加重冻害。特别是春季遇低温危害最大。故有条件的设施内，推荐添加一些加温设备，比如铺设电热丝、安装小型锅炉、水暖回流装置、重油燃烧温风导入等来防止夜间棚内温度过低而出现冻害。采果肥施后 1 个月内，白天应完全封闭覆盖塑料薄膜和反光地膜，以提高气温和地温，提高叶片光合作用。晚上则适时打开四周裙膜降低温度，增加昼夜温差，促进养分积累和花芽分化。若遇雨雪天气，气温过低则晚上应在大棚薄膜外面覆盖草帘或保温被以保温。

2. 换气降温

由于大棚内气温分布不均匀，高温高湿的环境易诱发病害，故应定期通风换气。设施棚内可设置大型换气扇、卷帘机和自动喷雾系统进行换气加湿降温。6—8月高温时段揭去薄膜和地膜，当棚内气温高于35℃时，用透光率为60%~70%的遮阳网或者草帘覆盖遮阴以降低温度，防止裂果和日灼。亦可结合灌水降低温度。当温度下降后及时揭去遮阳网，以防过度遮阴影响光合作用和果实糖度。10月下旬至11月上旬气温降至20~25℃时，应进行全封闭塑料薄膜，铺设反光膜。当白天中午气温超过25℃时应揭开大棚两侧的裙膜通风，将棚内的热空气排出棚外，换入冷空气以降温，大棚两端装有换气扇的及时打开通风，将最高温度控制在25℃以下。该管理方法一直持续到果实采收。

（二）湿度管理

大棚内的湿度包括空气湿度和土壤湿度。空气湿度可以通过通风换气和地膜覆盖来降低，通风结合降温一并进行。一般晴天可每日通风一次，阴雨雪天气或气温过低则不宜通风。土壤湿度的控制是通过灌溉和排水来实现的。在陕南，一般情况下，大棚内8—10月以覆盖薄膜避雨为主（应揭除四周裙膜），采用适湿管理。11月至翌年2月采用干燥管理。湿度的控制，可采用喷灌、滴灌、喷雾、渗灌等方式来实现。萌芽期间，由于地温还低，根群活动不充分，应以叶面喷水为主。新梢展叶开始后，以地面灌水为主。开花期到生理落果期，过高的湿度易加重生理落果，还易发生病虫害，应控制灌水，保持适宜干燥。特别注意的是温州蜜柑果实膨大后期至成熟期在多湿条件下容易发生浮皮，成熟期当温度超过25℃时，如果再多湿，会导致果皮二次生长而加重浮皮。因此，要做好排水，保持土壤的干燥。

（三）土壤管理

土壤管理主要包括土壤肥力、温度、湿度等。柑橘设施栽培要求土壤有机质含量高，土层深厚，疏松、肥沃、通气性好，保水力强，排水好。应对大棚内行间开深沟施入大量有机肥、复合肥及农作物秸秆进行改土，每年采果后，结合行间深翻，施入越冬肥，提高土壤肥力。同时在大棚内行间可实施生草覆盖，夏季高温季节刈割覆盖树盘或结合深翻改土以改良土壤，为柑橘根系生长发育创造良好的土壤条件。绿肥覆盖的柑橘园，雨季可以减少水土流失，高温干旱季节可以降温、保湿，还可减少杂草滋生，冬季有保温防寒作用。

（四）施肥管理

大棚栽培的施肥要依据树体生长规律灵活掌握，可土壤和叶面结合科学施肥。采果肥宜在采前至采后7~10天内施入，采用挖沟环施的方法，以有机肥和速效复合肥为主。株产50千克的橘树，株施人粪尿或者猪粪20~30千克加尿素1~2千克。施肥后灌足水。3月上旬施春肥，成年树株施复合肥1千克，加钙镁磷肥0.5千克，拌匀后施入。4月对弱势树、多花树喷以氮磷为主的叶面肥1次，盛花期喷磷钾叶面肥1次以利于保花保果。7月上中旬喷以氮磷为主的叶面肥1次。为了减轻果实浮皮，可在果实膨大后期至着色初期（8月上旬至9月下旬）喷钙肥2~3次。同时，要注意叶片缺素症的矫治。

树冠覆膜树的果实要延迟采收，养分消耗量大。因此，应在10月上中旬至11月初补施1次速效肥，如尿素、硫酸钾、三元复合肥和腐熟有机液肥等，用量根据树势和载果量而定，以不抽发晚秋梢为宜。树势弱、结果多的果园还应在9—10月增施1次基肥，主要有厩肥、饼肥、鸡粪、钙镁磷或过磷酸钙等。如果土壤干燥，施肥后应及时灌水。

（五）保花保果

促进花芽分化和提高花质是实现连年结果的关键措施。大棚内柑橘采收后立即喷施叶面肥补充养分，棚内继续保持干燥，在保证不受冻害的前期下，尽量保持低温，白天覆盖增温，夜间打开裙膜降温，加大昼夜温差，促进养分积累，诱导花芽分化，促进树体进入休眠。在花期对多花树剪去部分花枝，盛花期喷磷钾叶面肥，疏去树冠中上部旺长的春梢，旺长树采用环割或者环剥等措施进行保果。疏果的目的也是保果，疏果应在生理落果完成后立即进行。疏果时温州蜜柑按15∶1或20∶1的叶果比留果，留果量略多于露地。首先疏除病虫果、畸形果、晚花果、裂果、直立朝天果、特大果。其次疏除衰弱的结果母枝和老枝果实。最终留果量按每亩2 000~2 500千克的产量来确定。大棚栽培要特别强调的是利用长枝（50~70厘米）成群结果，即春梢和早秋梢结果。这种结果枝在后期因果实重量而下垂，比直立枝的果实着色好、糖分高。

树冠覆盖果园为防落果，可在覆膜前，对果实喷2, 4-D，20~30毫克/升，注意一定要将果蒂部位湿润。中熟品种延迟采收的果实，为了提高果皮硬度，可在果实退绿转色期喷1次赤霉素5~10毫克/升药液。

（六）整形修剪

大棚内的柑橘可采用自然圆头型或者多主枝疏散分层形的树形，修剪采用精细修剪法。以轻剪为主，剪去病虫枝、衰弱枝、过密枝。通过短截促使其8月抽生大量的早秋梢。因为8月抽生的早秋梢能够充分成熟，结果性能最好，可以为来年的丰产打下良好的基础。另外，靠近棚顶的枝条，容易引起高温伤害，管理也不方便，所以离棚顶1米左右进行短截。剪去过长的枝梢，使着果部位置接近主枝和次主枝，剪去重叠枝，疏除交叉枝，以调整树形，促发充实的早秋梢。

（七）病虫防治

设施大棚内的虫害少，而病害重。病害中特别注意对灰霉病、褐腐病、煤烟病的防治。但是由于冬季棚内相对暖和，很适合蚜虫类、螨类等害虫的繁殖与生长。因此，在注意防病的同时，要加强螨类和蚜虫的检查和防治。药剂的使用浓度和方法与露地相同，应严格遵守喷药浓度、次数、时期等安全使用规则。由于喷药是在高温条件下进行，必须注意不发生药害，避免白天棚内温度过高时喷药。药剂可与营养液混合一起喷施。采前注意药剂安全间隔期。

树冠覆膜的橘园在树冠覆膜前，需剪除树上的枯枝和病虫枝，清除地面杂草、枯枝、落叶和落果等，集中深埋或烧毁。覆膜前，选晴天树上露水干燥后的时间，对树冠喷布杀菌剂和杀虫剂。杀菌剂可选下列药剂之一：80%代森锰锌可湿性粉剂400~600倍液，或用50%咪鲜胺400~600倍液；杀虫剂可选下列药剂之一：机油乳剂、炔螨特、四螨嗪、哒螨灵、阿维菌素或融杀蚧螨等。喷药时必须全面彻底，先从树冠内部由下往上、由里往外喷，再从树冠外围向里面喷，确保叶片正面、背面和果面都被药剂湿润。

（八）果实采收

在大棚栽培条件下，10 月中下旬至 12 月上旬的 60 天左右为果实品质最佳的完熟期，12 月中旬开始进入果实衰老期。设施栽培的目的是防冻并延迟采收或避雨提高品质，以获得最大的经济效益。因此，最佳采收期的确定，既要考虑品质，又要考虑销售价格。从陕南当地历年的销售情况看，设施柑橘应在 11 月中旬至 12 月中旬前采收。鉴于果实越大越容易浮皮，果实采收可分批进行，先采收大果，让中小果实留到最后采，即在 10—11 月先采收 1/3 左右，这样有利于连年结果。早熟温州蜜柑越冬后采收的果实宜现采现销，不宜长期贮藏。

由于长期以来农业标准化工作没有受到重视，使我国的农产品在国际市场上频频遭受"绿色壁垒"的阻挡，对农产品出口造成了巨大的影响，国内外市场消费者对于农产品的追求从低价转变为健康与质量，这就要求我国必须遵循国际农业标准化规则，不断建立与完善我国农产品的标准化体系。

第一节　柑橘标准化生产概念及内容

一、柑橘标准化生产的基本概念

"柑橘标准化生产"的内涵或概念是指从柑橘园地选择、品种选择、种苗繁育、栽植建园、栽后管理、果实采收、包装运输、贮藏保鲜、加工营销等整个生产过程，都严格按照一定的标准（国际标准、国家标准、行业标准、地方标准或企业标准）进行，对柑橘果品产地空气、土壤、水质等生态环境进行严格保护，对柑橘产地土壤、水质等各种有害物质残留进行排除，对柑橘种苗栽后施肥、灌水、喷药乃至于包装、运输、贮存、加工等全部生产过程加以严格控制，从而保证所出产的柑橘果品符合农产品质量安全相关等级（"无公害柑橘""绿色柑橘""有机柑橘"）要求，成为国内外消费者放心食用的"安全果""优质果"。按照柑橘标准化生产的基本要求，将与此有关的柑橘品种、砧木、环境条件、栽培措施、产后处理等方面制定统一标准，并依照该标准组织生产，切实把发展良种、适地适栽、优质丰产落到实处，从而实现真正意义上的柑橘标准化生产。

二、柑橘标准化生产的基本内容

柑橘标准化生产，简单来说就是将柑橘生产中的科技成果和多年的生产实践相结合，制定成文字简明、通俗易懂、逻辑严谨、便于操作的技术标准和管理标准向农民推广，最终生产出质量优、数量多且一致的果品供应市场，在柑橘生产的全产业链中建立健全规范化的工艺流程标准和衡量标准。具体到柑橘生产方面主要有以下几项。

（1）柑橘生产基础标准是指在涉及柑橘生产范围内作为其他标准的基础并普遍使用的标准。主要是指在柑橘生产技术中所涉及的名词、术语、符号、定义、计量、包装、运输、贮存、科技档案管理及分析测试标准等。

（2）种子接穗、种苗标准主要包括种子接穗、种苗等品种种性和种子质量分级标准、生产技术操作规程、包装、运输、贮存、标志及检验方法等。

（3）柑橘果品（产品）标准是指为保证柑橘果品（产品）的食用性，对柑橘果品（产品）必须达到的某些或全部要求制定的标准。

主要包括柑橘果品（产品）品种、规格、质量分级、试验方法、包装、运输、贮存、农资标准以及分析测试仪器标准等。

（4）卫生标准是指为了保护人体健康，对柑橘果品的卫生要求而制定的卫生标准。主要包括柑橘果品中的农药残留及其他重金属等有害物质残留允许量的标准。

（5）方法标准是指以试验、检查、分析、抽样、统计、技术、测定、作业等各种方法为对象而制定的标准。

包括选育、栽培等技术操作规程、规范、试验设计、病虫测报、农药使用、植物检疫等方法或条例。

第二节　柑橘标准化生产技术体系

陕南地区推行"柑橘标准化生产"，务必建立和完善覆盖陕南柑橘产区的"技术标准体系""技术服务体系""技术推广体系""技术研发体系"四类技术体系，作为陕南柑橘产业实现"标准化生产"的重要基础和行动依据。

一、技术标准体系

（一）国外柑橘技术标准体系

20世纪90年代以来，美国、日本、欧盟等发达国家和地区，先后研究、制定并发布了涉及柑橘果品质量安全和产地环境保护的多项技术标准，对农药使用、农药残留、重金属含量等多项对人体有害的物质检测指标进行了限定，并依此作为这些国家和地区推行"贸易保护主义"，限制中国柑橘果品进入这些国家和地区的"科学依据"。

21世纪以来，欧盟等国家和地区还对柑橘果品及其加工品中"农药残留"等质量检测项目和指标进行了拓展、细化和增加，设置了更加严格的"贸易壁垒"或"绿色壁垒"，致使我国柑橘果品及其加工品进入"欧盟市场"更难（表15-1）。

表15-1　欧盟对柑橘的农药残留最高限量标准　　（单位：毫克/千克）

农药类别	限量 MRL	农药类别	限量 MRL	农药类别	限量 MRL
二氯乙烯	0.01	二溴乙烷	0.01	2，4，5-T	0.05
乙酰甲胺磷	1	涕灭威	0.02	艾氏剂	0
双甲脒	0.02[1]	杀草强	0.05	杀螨特	0.01
莠去津	0.1	益棉灵	0.05	保棉灵	1.0
腈咪菌酯	0.05	燕麦灵	0.05	苯霜灵	0.05
丙硫克百威	0.05	苯菌灵	0	乐杀螨	0.05
毒杀芬	0.1	敌菌丹	0.02	克菌丹	0.1
呋喃丹	0.3	丁硫克百威	0.05	灭螨猛	0.3
杀螨酯	0.01	毒虫畏	1.0	矮壮素	0.05
乙基溴硫磷	0.05	溴螨酯	3.0	甲萘威	1.0
多菌灵	5.0	杀螨醚	0.01	氯炔灵	0.05
乙酯杀螨醇	0.02	百菌清	0.0	甲基毒死蜱	1.0[2]
枯草隆	0.05	氯苯胺灵	0.05	毒死蜱	2.0[3]
氯氰菊酯	2.0	比久	0.02	滴滴涕	0.05
砜吸磷	0.4	燕麦敌	0.05	二嗪农	0.02[4]
敌敌畏	0.1	三氯杀螨醇	2.0	乐果	1.0
二苯胺	0.05	敌草快	0.05	乙拌磷	0.02
异狄氏剂	0.01	乙烯利	0.05	乙硫磷	2
氟氯氰菊酯	0.02	溴氰区酯	0.05	甲基内吸磷	0
抑菌灵	5	精2，4-D丙酸	0	地乐酚	0.05
二噁硫磷	0.05	多果定	0.2	硫丹	0.5
氯苯嘧啶醇	0.02	苯丁锡	5	三苯锡化物	0.05
皮绳磷	0.01	杀螟硫磷	2	署锡瘟	0
氯戊菊酯和杀灭阿菊酯	0.2	灭菌丹	0	铵硫磷	0.2
六六六	0	七氯	0.01	烯菌灵	5
高效氟氯氢菊酯	0.02	林丹	1.0	马拉硫磷	2.0
代森锰	5.0	灭蚜磷	0.05	甲霜灵	0.05[6]
毒菌锡	0	呋线威	0.05	草甘膦	0.1
异菌脲	2[5]	苯氧聚酯	0.05	抑芽丹	1.0
代森锰锌	5.0	甲胺磷	0.2	杀扑磷	2
灭虫多	1[7]	甲氧滴滴涕	0.01	溴甲烷	0.05
氧化乐果	0.2	亚砜磷		百草枯	1.0
氯菊酯	0.5	甲拌磷	0.05	伏杀硫磷	0.5
代森联	5	速灭磷	0.2	对硫磷	0.15
甲基对硫磷	0.2[8]	亚铵硫磷	0	磷胺	0.05
甲基嘧啶磷	2	腐霉利	0.02	丙环唑	0.05
拿草特	0.02	除虫菊酯	1.0	喹硫磷	0.05

（续表）

农药类别	限量 MRL	农药类别	限量 MRL	农药类别	限量 MRL
甲基氏森锌	5	残杀威	0.3[9]	特普	0.01
噻菌灵	5	野麦畏	0.1	三唑磷	0.02
硫双威	同灭虫多	甲基硫菌灵	同多菌灵	福美双	3
敌百虫	0.5	嗪胺磷	0.05	蚜灭多	0.05
乙烯菌核利	0.05	代森锌	5		
备注	① 双甲脒甜橙类最高限量 MRL 为 1:0（单位：毫克/千克，下同） ② 甲基毒死蜱对柑橘类的最高限量 MRL 为中国柑橘 1.0、橙 0.5、柠檬 0.3、其他柑橘类水果、葡萄柚、酸橙、柚为 0.05； ③ 毒死蜱中国柑橘类最高限量 MRL 为 2.0，其他柑橘类水果、橙、柚、酸橙、葡萄柚等最高限量 MRL 为 0.3； ④ 二嗪农对柑橘类的最高限量 MRL 葡萄柚、橙、柚为 1.0，中国柑橘和其他柑橘类水果为 0.02； ⑤ 异菌脲的最高限量 MRL 为中国柑橘 2.0、柠檬 5.0、其他柑橘类水果、橙、柚等为 0.02； ⑥ 甲霜灵的最高限量 MRL 为橙、柚、葡萄柚 5.0，中国柑橘其他柑橘类水果为 0.05； ⑦ 灭虫多的最高限量 MRL 为中国柑橘、柠檬、酸橙 1.0，橙、柚为 0.5；其他柑橘类水果 0.05； ⑧ 甲基嘧啶磷的最高限量 MRL 为中国柑橘 2.0，其他柑橘类水果、橙、柚等为 1.0； ⑨ 残杀威的最高限量 MRL 为酸橙、中国柑橘 0.3，其他柑橘、橙、柚为 0.05				

（二）国内柑橘技术标准体系

21 世纪以来，食品安全逾来逾受到政府重视和消费者关注。我国政府相继颁布了《中华人民共和国农产品质量安全法》《中华人民共和国食品安全法》等诸多政策和法规，目的在于对所有农产品实行"从田间到餐桌"的全程质量控制，不但确保消费者"舌尖上的安全"，还要保证消费者心理上的安全，为实现"健康中国"的发展战略创造条件。

为适应上述发展要求，国家农业部自 21 世纪之初，开始制定并实施"无公害农产品行动计划"。本节就我国柑橘果品质量安全的主要类型及要求、市场定位予以介绍。

1. 无公害食品——柑橘

"无公害食品"是指产地环境、生产过程和终端产品符合我国无公害食品生产标准及规范，经过专门机构进行认定，许可使用无公害食品标志的食用农产品及其加工品。

在我国无公害柑橘果品生产上，农业部先后制定并发布了"无公害柑橘产地环境条件"（详见 NY/T 5106—2001），"无公害柑橘生产技术规程"（详见 NY/T 5015—2001），"无公害食品 柑橘"（详见 NY/T 5014—2001）等。只有对"柑橘产地环境"经过省级环境监测机构进行认定，对柑橘果品质量经过"农业部农产品质量安全中心"进行认证，才可表明柑橘果品质量达到"无公害食品 柑橘"的质量标准，才允许在柑橘果品及其包装物上使用"无公害食品"标识或标志。

无公害柑橘主要是依据中国国情而生产的柑橘果品。主要在国内水果批发市场或零售市场进行销售；也可进入国内中、小城市或城镇的"普通超市"进行销售。

2. 绿色食品——柑橘

"绿色食品"是指遵循可持续发展原则，按照特定的技术标准组织生产和加工的安全、营养并经过专门机构认定、许可使用"绿色食品"标志的食用农产品及其加工品。

在我国"绿色食品 柑橘"生产上，农业部先后制定并发布了"绿色食品 农药使用准则"（详见 NY/T 393—2000），"绿色食品 肥料使用准则"（表 15-2），"绿色食品 柑橘"（详见 NY/T 426—2000）等生产技术标准，在全国推广实施。只有对"柑橘产地环境"经过省部级农业环境监测机构认定，对柑橘果品质量经过农业部指定检测机构进行检测，"中国绿色食品发展中心"才会对柑橘果品质量颁发"绿色食品"认证证书，允许在柑橘果品及其包装物上使用"绿色食品"标识或标志。

表 15-2　绿色食品肥料使用准则（NY/T 394—2000）

规则类别		肥料种类
允许使用的肥料	有机肥料	堆肥、厩肥、沤肥、饼肥、绿肥、作物秸秆等
	微生物肥料	根瘤菌、固氮菌、磷细菌、硅酸盐细菌、复合菌等
	矿物肥料	矿物钾肥、硫酸钾、矿物磷肥（磷矿粉）、钙镁磷肥、粉状磷肥等
	叶面肥料	各类微量元素肥料、植物生长辅助物质肥料等
	其他肥料	有机复合肥、腐殖酸肥、骨粉、骨胶废渣、家禽家畜加工肥料及 A 级绿色食品生产资料肥料产品
限制使用的肥料	氮素肥料	碳铵、尿素等氮肥不能长期、单一使用，应与允许使用的肥料搭配使用
	城市垃圾	应当清除重金属、橡胶、塑料、砖瓦、石块等杂物后才能使用
禁止使用的肥料	硝态氮肥	硝酸铵、硝酸钾、硝酸钙、硝酸磷等
	其他肥料	未经国家主管部门批准进行生产和销售的商品肥料和新型肥料
注意事项		1. 有机肥料中，堆肥需经 50℃以上高温发酵 5~7 天，杀灭病菌、虫卵和杂草种子，去除有害气体和有机酸，并充分腐熟后才能应用。 2. 人类尿应充分腐熟后才能使用。 3. 硝态氮肥中，硝态铵等硝铵类氮肥易转化为强致癌物质亚硝酸铵，故应禁止使用。 4. 氮素化肥中，氮素过多会使柑橘果实中的亚硝酸盐累积并转化为强致癌物质亚硝酸铵，同时会降低柑橘果实风味品质，故不宜长期单一使用

绿色柑橘（分为 A 级和 AA 级），在内质营养、外在感官、安全环保等指标上，高于"无公害柑橘"。因此，既可在国内大、中城市"超市"进行销售，也可进入国外"发展中国家"市场进行销售，暂不能进入国外发达国家市场进行销售。

3. 有机食品——柑橘

"有机食品"主要是指遵循有机农业准则，按照有机农业技术标准组织生产，并经过专门机构认定，许可使用有机食品标志的食用农产品及其加工品。

在我国"有机食品——柑橘"生产上，国家环境保护部有机食品发展中心曾于20世纪90年代制定并发布"有机农业生产技术规范"并对产品质量开展认证。

有机柑橘的产地环境、生产过程、内质外观等各项指标更加优于"绿色柑橘"。主要是进入国际市场，销往国外发达国家。也可进入国内一线城市"高端超市"销售。柑橘果品销价高于"无公害柑橘"和"绿色柑橘"。

我国无公害食品（柑橘）、绿色食品（柑橘）、有机食品（柑橘）差异对比列表（表15-3）及适用农产品及其加工品的市场定位图（图15-1）如下。

表15-3 无公害食品、绿色食品、有机食品（柑橘）差异对比表

食品类别	无公害食品	绿色食品（A级）	绿色食品（AA级）	有机食品
安全卫生指标	有害重金属及农药残留按国家标准检测16项指标	有害重金属及农药残留按国家标准检测21项指标	有害金属及农药残留按国际标准检测	有害重金属及农药残留按国际标准检测
果品理化指标	行业标准	行业标准	出口标准	出口标准
专用标识标志	全国统一专用标识	全国统一专用标识	全国统一专用标识	全国统一专用标识
产地环境认定	省级环境检测机构	获得国家授权的省部级环境检测机构	获得国家授权的省部级环境检测机构	获得国家授权的省部级环境检测机构
果品质量认证	农业部农产品质量安全中心	中国绿色食品发展中心	中国绿色食品发展中心	国家认监委批准并授权机构或组织
质量主管部门	国家农业部	国家农业部	国家农业部	国家认监委
生产资料要求	限制使用化学合成物	限定使用化学合成物	禁止使用化学合成物和基因工程制品	禁止使用化学合成物和基因工程制品
大气环境质量	一级	一级	一级	一级
水质环境质量	一至二级（污染指数≤1）	一至二级（污染指数≤1）	一至二级（污染指数≤0.5）	一至二级（污染指数≤0.5）
土壤环境质量	一至二级（污染指数≤1）	一至二级（污染指数≤1）	一至二级（污染指数≤0.7）	一至二级（污染指数≤0.5）
果品外观质量	整齐光洁	整齐光洁	整齐光洁	整齐光洁
果肉口感风味	良好	优良	极优	极优
果品适销范围	国内为主	国内为主	国内外	国内外
标志有效期限	三年	三年	二年	一年

注：本表据国家农业部、国家标准委、国家质检总局等有关资料汇总整理而成。

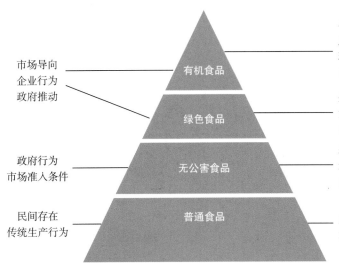

市场导向
企业行为　　　　　有机食品　　　　与国际接轨，在农药、肥料、激素上
政府推动　　　　　　　　　　　　　严禁使用任何化学投入品，生产基地
　　　　　　　　　　　　　　　　　环境要求严格，需有隔离带；可进入
　　　　　　　　　　　　　　　　　国际市场销售。

　　　　　　　　　　绿色食品　　　　生产过程中限量使用农药、化肥、激
　　　　　　　　　　　　　　　　　素等合成物质；生产标准相当于发达
　　　　　　　　　　　　　　　　　国家强制执行的食品标准。

政府行为　　　　　无公害食品　　　符合中国国情，农药残留、重金属和
市场准入条件　　　　　　　　　　　有害物质等卫生质量指标达到对人体
　　　　　　　　　　　　　　　　　和环境无害的认证标准。

民间存在　　　　　　普通食品　　　对农药、肥料、激素以及添加剂使用
传统生产行为　　　　　　　　　　　较为随意，对产地环境无特定要求。

（我国食品安全等级金字塔结构）

图 15-1　我国食用农产品及其加工品的市场定位

　　为推动全国"柑橘标准化生产"，打破"国际贸易保护主义"对中国柑橘果品及其加工品的"绿色壁垒"限制，逐步扩大我国柑橘进入国际市场的份额，我国农业部、国家质检总局、商务部等相关部委，自 20 世纪 90 年代以来，已先后制定并正式发布 20 多项涉及全国柑橘产业的"国家标准"和"行业标准"。这些技术标准的发布和实施，为全国柑橘分布和栽植地区提供了技术依托和行动指南，对全国柑橘实现"标准化生产"起到了推动作用（表 15-4、表 15-5）。

表 15-4　我国柑橘果品生产行业标准

（国家农业部等部门发布）

序号	标准代号	标准名称	实施日期
1	GB/T 9659—1988	柑橘嫁接苗分级及检验	1989-04-01
2	GB/T 10547—1988	柑橘储藏	1989-12-01
3	GB/T 12947—1991	鲜柑橘	1992-03-01
4	GB/T 13210—1991	糖水橘子罐头	1992-08-01
5	GB/T 18406.2—2001	农产品安全质量无公害水果安全要求	2001-10-01
6	GB/T 18407.2—2001	农产品安全质量无公害水果立地环境条件	2001-10-01
7	GB/T 6194—1986	柑橘苗木产地检疫技术规程	1986-08-01
8	GB/T 8856—1988	出口柑橘鲜果检验方法	1988-07-01
9	GB/T 6194—1986	水果、蔬菜可溶性糖测定方法	1986-08-01
10	GB/T 8210—1987	水果、蔬菜可溶性糖测定方法	1988-07-01
11	GB/T 10473—1989	水果、蔬菜产品 pH 值的测定方法	1989-10-01
12	GB/T 9659—1988	良好农业规范	1989-04-01
13	GB/T 9659—2008	柑橘嫁接苗	2008-12-01

（续表）

序号	标准代号	标准名称	实施日期
14	GB/T 26580—2011	柑橘生产技术规范	2011-11-15
15	GB/T 12947—2008	鲜柑橘	2008-12-01
16	GB/T 5040—2003	柑橘苗木产地检疫技术	2003-11-01
17	GB/T 13607—1992	苹果、柑橘包装	1993-09-01
18	GB/T 8210—2011	柑橘鲜果检验方法	2001-09-01
19	GB/T 17980.103—2004	杀菌剂防治柑橘溃疡病	2004-01-01
20	GB/T 17980.59—2004	杀菌剂防治柑橘锈螨	2004-01-01
21	GB/T 1780.102—2004	杀菌剂防治柑橘疮痂病	2004-01-01
22	GB/T 17980.58—2004	杀虫剂防治柑橘潜叶蛾	2004-08-01
23	GB/T 17980.94—2004	杀虫剂防治柑橘脚腐病	2004-08-01
24	GB/T 17980.39—2000	杀菌剂防治柑橘贮藏病害	2000-05-01
25	GB/T 17980.12—2000	杀虫剂防治柑橘蚧壳虫	2000-05-01
26	GB/T 19630—2011	有机食品	2011-06-01

表 15-5　我国柑橘果品生产国家标准
（国家标准委和国家质监总局联合发布）

序号	标准代号	标准名称	实施日期
1	NY/T 5014—2001	无公害食品　柑橘	2001-10-01
2	NY/T 5015—2001	无公害食品柑橘生产技术规程	2001-10-01
3	NY/T 5016—2001	无公害食品柑橘产地环境条件	2001-10-01
4	NY/T 426—2000	绿色食品　柑橘	2001-04-01
5	NY/T 434—2000	绿色食品　果汁饮料	2001-04-01
6	NY/T 750—2003	绿色食品 热带、亚热带水果	2004-03-01
7	NY/T 434—2000	绿色食品　橙汁和浓缩橙汁	2001-04-01
8	NY/T 391—2000	绿色食品　产地环境技术条件	2000-04-01
9	NY/T 392—2000	绿色食品　食品中添加剂使用标准	2000-04-01
10	NY/T 393—2000	绿色食品　农药使用标准	2000-04-01
11	NY/T 394—2000	绿色食品　肥料使用标准	2000-04-01
12	NY/T 658—2000	绿色食品　包装通用准则	2003-03-01
13	NY/T 961—2006	宽皮柑橘	2006-04-01
14	NY/T 971—2006	柑橘高接换种技术规程	2006-04-01
15	NY/T 716—2003	柑橘采摘技术规范	2003-01-01
16	NY/T 973—2006	柑橘无病毒苗木繁育规程	2006-04-01
17	NY/T 974—2006	柑橘苗木脱毒技术规范	2006-04-01
18	NY/T 975—2006	柑橘栽培技术规程	2006-04-01
19	NY/T 976—2006	浙南—闽西—粤东宽皮柑橘生产技术规程	2006-04-01
20	NY/T 977—2006	赣南—湖南—桂北脐橙生产技术规程	2006-04-01

（续表）

序号	标准代号	标准名称	实施日期
21	NY/T 11898—2006	柑橘贮藏	2006-10-01
22	NY/T 1190—2006	柑橘等级规格	2007-02-01
23	NY/T 1282—2007	柑橘全爪螨防治技术规范	2007-07-01
24	NY/T 2044—2011	柑橘主要病虫害防治技术规范	2011-12-01
25	NY/T 426—2012	柑橘类水果	2013-03-01
26	SN/T 2634—2010	出口柑橘果园检疫管理规范	2010-12-01
27	SN/T 1806—2006	出境柑橘鲜果检疫规程	2007-03-01
28	SN/T 2622—2010	柑橘溃疡病菌检疫鉴定方法	2010-12-01
29	SN/T 11028—2013	柑橘类果品流通规范	2013-01-01
30	HJ/T 80—2001	有机食品技术规范	2001-10-01

为充分体现"因地制宜"的原则，我国不少柑橘主产省、直辖市、自治区都已根据国家有关标准先后制定并发布适合各自行政区域自然条件和社会条件的"柑橘地方标准"，对柑橘"产地环境选择""栽培技术要求""果品质量标准""贮藏保鲜技术标准"等生产环节的技术标准和要求进行了翔实规定，有力推进了各自生态区域内的"柑橘标准化生产"。

（三）陕南柑橘技术标准体系

为推动我国北缘地区柑橘基地化、规模化发展，在陕西省农业、林业、科技等有关行政管理部门的重视之下，陕南柑橘科技人员曾在20世纪80年代研究提出"短周期加密栽培"的技术路线，并据此研究提出"陕西柑橘栽培技术规范"，用于指导陕南地区柑橘生产发展和丰产栽培。

20世纪90年代以来，陕南柑橘科技工作者在承担"陕西柑橘生态立地条件适应性及关键技术集成研究与示范"等多项科技攻关课题任务的基础上，先后研究提出"陕西柑橘生态区划和生产区划""陕西柑橘优果工程技术概要""陕南优质柑橘生产技术规程""陕西柑橘优质丰产栽培技术""陕西柑橘冻害预防及冻后护理技术指南"等多项技术规程或技术指南，用于指导陕南柑橘产业又好又快发展。

21世纪初以来，为推进"陕南柑橘标准化生产"，促进陕南柑橘产业持续、健康发展，陕南柑橘相关专家和科技人员，在认真贯彻"国家标准"的基础上，积极借鉴柑橘"国际标准""行业标准"和国内诸多"地方标准"，充分吸纳陕南柑橘试验研究和技术推广单位多年来在柑橘良种引进和选育、栽培试验和示范、贮藏保鲜和运输等方面积累的最新科技成果，已经研究提出陕南柑橘不同主栽品种（特早熟无核蜜橘、早熟无核蜜橘）、不同特色品种（少核朱红橘、城固冰糖橘、紫阳金钱橘、狮头柑、微果型蜜橘、早熟椪柑、早熟脐橙、早熟杂柑、早熟柚类）的"生产技术规程"以及"周年栽培技术月历"等技术规范。与此同时，陕西省农业厅结合陕西实际于2002年9月正式发布了《无公害柑橘标准解读》。主要包括"无公害柑橘产地环境条件""无公害柑橘生产技术规程""无公害柑橘产品质量标准"等。

二、技术推广体系

实践表明，只有建立和完善覆盖陕南柑橘分布区域或主产区的技术推广机构和技术推广队伍，才能有助于陕南柑橘标准化生产技术的推广、应用和落实。为此，应按《中华人民共和国农业技术推广法》《中华人民共和国农产品质量安全法》《陕西省果业管理条例》《陕西省现代农业园区条例》等政策法规。建立省、市、县（区）、镇（办事处）柑橘或果业技术推广机构，配备足够的柑橘或果业技术推广力量，切实改进和加强柑橘分布区或主产区广大橘农的技术培训和技术指导，促使广大橘农熟知"从橘园到舌尖"的全程质量标准和技术要求，切实做到产前对产地环境质量进行严格保护，产中严格执行相应柑橘标准化生产技术标准，产后对柑橘果品质量进行逐批次检测和检验，并对柑橘果品采收、贮藏、包装、运输、营销、加工等各个采后处理环节进行规范，确保陕南柑橘果品质量安全，从而为柑橘消费者"舌尖上的安全"打造坚实基础。

三、技术研发体系

柑橘新品种、新技术、新药肥等"三新"技术的开发和应用，对推动陕南柑橘标准化生产，调整和优化陕南柑橘"供给侧结构"，进一步开拓国内外市场将起到积极作用。为此，省内有关院校、科研单位、推广机构、龙头企业，都应按照"推广应用、研发贮备、创新探索"的理念和要求，不断加大对陕南柑橘新品种、新技术、新药肥的研究和开发力度，从而确保陕南柑橘品种结构、栽培抚育、贮藏保鲜等各项技术紧跟时代步伐，为促进陕南柑橘产业持续、健康发展选育出综合性状更加优异、更具市场竞争力的优良品种，探索出更加先进、省力实用的栽植建园及栽培技术，研发出更加高效、安全、节本并方便使用的新农药、新肥料、新工具、新器械，从而为陕南柑橘标准化生产提供更加先进的技术保障。

四、技术服务体系

随着国内农产品市场准入制度的建立和质量安全监管力度的加强，尤其是国际市场愈来愈严的"绿色壁垒""贸易壁垒"，陕南柑橘在各类有害生物（病、虫、草等）防控上，只有建立专业化防控组织、机制或团队，充分运用"绿色防控"理念和技术进行有效防控，才能适应新形势下的新要求。

（一）预防组织或机构

就是陕南柑橘果品及种苗质量检验机构要与省、市、县（区）植保植检机构联合行动，健全信息共享机制，加强对陕南柑橘危险性病、虫、草等各类有害生物的及时监控，防止各类危险性有害生物传入，对陕南柑橘造成危害和损失。对查获的带有检疫性病、虫、草害的柑橘果品和苗木，该处理的务必妥善处理，该销毁的务必坚决销毁，并按有关规定对相关责任人进行相应处罚和问责，把各类危险性有害生物的发生和危害控制在最小范围之内。

（二）防治体制或机制

在尚未建立"柑橘现代园区"的柑橘产区，在对柑橘有害生物药剂防治机制上，要尽快将单家独户的个人自防自治转变为区域联防，按照"五统一"（即统一病虫监测和预防、统一防治技术和方案、统一采购和复配防治药剂、统一喷药时机和时间、统一检查防控效果）进行统防统治，尽量减少随意性，以利最大限度地提高对各类柑橘有害生物的药剂防控效果，减少因重复用药、滥用农药而导致农药残留超标等不良现象发生。

（三）防控团队或组织

在柑橘有害生物防控上，各地应建立健全"柑橘医院""柑橘植保服务队"等各类有害生物防控组织或团队，在柑橘病、虫、草等有害生物防治中，充分发挥作用，确保各类有害生物的有效防控、柑橘树体安全、果品质量安全和生态环境安全。

第三节　柑橘标准化生产关键技术

柑橘作为鲜食水果，已经成为人们不可或缺的营养食品，而消费者越来越需求的是高品质果品。推广柑橘标准化生产，追求柑橘果实的高品质就成了最重要的环节。从"无公害食品、绿色食品、有机食品"三种食品类型的主要区别看，标准严格程度不同，有机食品要求最高，绿色食品次之，无公害食品要求最低。绿色食品标准又分为A级和AA级。A级是绿色食品的原始级，AA级是后来为了与国际接轨而制定的"准国际级"。绿色食品的AA级大体相当于有机食品的级别。绿色食品非常注重生产环境和产品的检测结果，有机食品强调全过程的管理。在认证管理上，有机食品要求每年都接受检测认证，绿色食品一次认证可用三年。

为了突出重点，结合陕南柑橘生产实际，本节主要介绍绿色果品（柑橘）生产的具体要求与关键技术。

一、生产绿色食品（柑橘）的具体要求

1. 生态环境标准

要求柑橘生产区域内没有工业企业的直接污染，水域上游、上风口没有污染源对该地区构成污染威胁，区域内的大气、土壤、灌溉水质量符合国家要求，并有一套措施确保该地区在今后生产过程中环境质量不下降。

2. 生产操作规程

生产过程中所使用的肥料：AA级要求除可使用铜（Cu）、铁（Fe）、锰（Mn）锌（Zn）、硼（B）等微量元素及硫酸钾、煅烧磷酸盐外，不准使用其他化学肥料；A级则允许限量使用部分化学合成肥料（但仍禁止使用硝态氨肥、硝酸磷肥等），且以对环境和作物不产生不良后果的方法使用。所使用的农药：AA级只允许使用生物源农药和矿物源农药中的硫制剂、铜制剂、矿油乳剂；A级允许限量使用限定的化学农药。

3. 包装标准

绿色果品标志用于果品的内外包装上，标志的图形、字体及规范组合、颜色、广告用语、编号均需按国家标准执行。

二、绿色柑橘栽培中的关键技术

1. 园地选择

建立绿色果品柑橘基地时，应先由农业（果业）部门或国家授权的农业环境质量监督检验机构检测基地（园区）的大气、水源、土壤等各项指标，选择生态条件良好并远离化工厂、造纸厂、水泥厂、石灰窑等工业生产环境。

2. 选择良种

选择抗低温、抗病虫、耐瘠薄等能力强，适宜陕南地区气候环境的优良柑橘品种及砧木，减少对农药、化肥依赖。

3. 控制化肥污染

在生产过程中使用的主要肥料种类为绿色肥、没有污染的腐熟农家肥、饼肥、非化学合成的腐殖酸、微生物肥和氨基酸类肥料。A级绿色果品允许限量使用尿素、磷酸二氢钾、过磷酸钙等，但应与有机肥混合施入，有机氮与无机氮之比为1∶1，最后一次施用化肥必须在采收之前30天，同时，根据柑橘生长周期规律，科学合理施肥，减少化肥的施用量。

4. 控制农药污染

以农业防治、生物防治和物理防治为主，科学合理的化学防治为辅，减少农药的施用量。

（1）非化学防治法。冬季耕翻果园，浅锄树盘，刮除树干枯老翘皮，清理枯枝、落叶、僵果、病虫枝，树干涂白等。生长期通过地膜覆盖、剪摘拾病虫果（梢、叶）、人工捕杀、性诱剂、灯光诱杀、糖醋液诱杀害虫等。

（2）进行生物防控。通过人工饲养天敌昆虫，有意识保护天敌昆虫。

（3）按照绿色食品的质量要求和卫生标准选用农药。生产绿色果品，提倡使用微生物源农药、植物源农药、矿物源农药和昆虫性激素等；生产A级绿色果品还可以使用低毒低残留农药、有限制使用（主要指施药次数、浓度、安全间隔期等）某些农药。

5. 加强栽培管理，提高果品质量

在绿色果品（柑橘）的整个生产过程中，加强肥水管理，合理整形修剪，疏花疏果，合理负载，地面铺设反光膜，做到适时采收，提高果品的内在外在质量。

（1）新建柑橘基地（或园区）。按照"园地条件适宜化、主栽品种优良化、栽植建园工程化、抚育管理科学化、树体保护综合化、采后处理商品化"的技术路线及其配套技术，进行高标准建园、高规格栽培、高档次处理、高质量包装。

关键技术是"择良境、大改土、选良种、矮适早、巧施肥、细修剪、适定果、调墒情、无公害、精采果"等十句话、三十个字。

（2）现有柑橘基地（或园区）。就陕南地区栽培面积最大的、进入盛果期的早熟温州蜜柑（宫川、兴津）而言，应将防寒抗病、优质丰产、节本增效等三大目标作为最基本目标，将"密改稀、巧施肥、调墒情、适定果、无公害"五句话、二十个字作为陕南柑橘高品质栽培的关键技术进行推广和应用。

第四节　柑橘标准化生产质量管理体系

建立和完善覆盖陕南柑橘的"质量检测体系""质量认证体系""质量追溯体系""检验检疫体系""执法监督体系"五大体系，既是陕南柑橘标准化生产的重要保证，又是确保陕南柑橘果品质量安全的必要措施。

一、质量监测体系

建立和完善陕南柑橘果品质量检验检测体系，进一步提升陕南柑橘外观质量、内在品质及质量安全水平，是陕南柑橘推行标准化生产的重要保障。

为此，除省、市两级已经设立的"陕西省优质农产品研究开发中心""汉中市农产品质量安全检验检测中心"等质量安全工作机构之外，还应按照柑橘主产县区设立"柑橘果品质量监测中心"（目前由各县区"农产品质量安全监督检验检测站"代行该项职能）、乡镇（办事处）设立"柑橘果品质量监测站"、村（或专业合作社、龙头企业、现代农业园区等）建立"柑橘果品质量检测点"的要求，进一步改进和加强对陕南柑橘果品质量的全方位监控和检测，让广大橘农对柑橘果品质量达标情况做到心中有数，以便及时采取相应技术措施加以改进，达到国内柑橘市场准入的质量标准，甚至达到出口柑橘的质量安全标准。

二、质量认证体系

（一）我国国内食用农产品质量认证类别

我国涉及食用农产品质量安全认证的种类和机构较多，主要有以下几方面：

（1）"三品一标"认证主要指无公害食品、绿色食品、有机食品、地理标志认证。

（2）GAP认证主要指良好农业操作规范认证。

（3）CGAP认证主要是指中国良好农业操作规范认证。

（4）GMP认证主要指生产质量管理规范认证。

（5）HACCP认证主要指危害分析与关键控制点认证。

（6）ISO 9000认证主要指质量管理体系认证。

（7）ISO 14000认证主要指环境管理体系认证。

（8）SQ认证主要是指食品质量安全认证。

这些质量认证当中，有些是在国内通行，通过认证的产品质量，适用于国内市场销售，例如"无公害农产品"质量认证、"绿色食品（A级）"认证、农产品地理标志认证、

SQ 认证等；有些则是国际通行，通过认证的产品质量，可以进入国际市场销售，例如"绿色食品（AA 级）"认证、"有机食品"认证、ISO 9000 认证、GAP 认证、GMP 认证等。

（二）陕南柑橘果品质量认证类别

我国国内柑橘果品质量认证类别主要是"无公害食品（柑橘）""绿色食品（柑橘）""有机食品（柑橘）""农产品地理标志"（柑橘）等几大类别。推行和实施这些质量认证既是陕南柑橘推行标准化生产的技术标准和技术目标，又是陕南柑橘果品质量的专项证明标志，也是陕南柑橘实施"注册商标"乃至"品牌战略"、扩大陕南柑橘"品牌"果品比重，发挥陕南柑橘"品牌"效应，提高陕南柑橘国内外市场占有率的有效手段和重要举措。

为此，涉及陕南柑橘产业的省、市、县（区）、乡（镇）各级有关部门和单位，务必进一步推行政务公开，进一步加大科普宣传力度，鼓励和引导各乡（镇）村、各农（林）场、各龙头企业、各专业合作社、各农业园区积极申报"柑橘果品质量认证"，并为其申请认证提供必要的服务和帮助，促使各级各类柑橘果品生产者按技术标准进行生产，按规定程序申请质量检测和认证，按有关规定使用经过国家权威机构认证的柑橘果品质量标识。

三、质量追溯体系

借鉴"工业化理念"，对各类食用农产品质量建立和完善"质量可追溯体系"，是确保食用农产品质量安全、促使广大消费者放心食用的主要措施，是促使消费者放心购买、开拓国内外市场的重要保障。

为促进陕南柑橘成为国内外消费者放心食用的优质果、安全果，陕南柑橘生产、经营者务必按照"中华人民共和国食品安全法""中华人民共和国农产品质量安全法""陕西省果业管理条例""陕西省现代农业园区条例"等政策法规之规定和要求，建立和完善"柑橘果品质量可追溯体系"，为陕南柑橘标准化生产打牢基础。"柑橘果品质量可追溯体系"主要包括：

1. 生产经营主体具备的条件

（1）具有独立法人资格，诚信守法，近两年内无重大柑橘果品质量安全事故。

（2）组织化程度较高，具备较健全的质量管理机构和技术服务机构，对柑橘果品生产、加工、流通等各个环节具有较强的控制能力。

（3）柑橘生产技术标准体系健全，实行标准化生产，标准化应用率达到 90% 以上。

（4）柑橘果品获得无公害农产品或绿色食品、有机食品、农产品地理标志认证以及其他国际认可的各项认证。

（5）具有信息化工作基础，信息化设备及操作人员能力符合信息技术应用要求。

2. 柑橘果品质量安全追溯企业申报备案提交的材料

（1）法人证书复印件。

（2）柑橘果品质量控制管理制度。

（3）近 3 个月内"柑橘生产记录档案"复印件。

（4）近二年未发生柑橘果品质量安全事件证明。

3.质量追溯企业平时工作要点

（1）建立柑橘果品质量安全管理机构。该机构应由生产管理、质量监测、技术指导、仓贮管理等部门和生产基地负责人共同组成，并明确各部门、各岗位的岗位职责。

（2）建立生产经营责任制度。逐级建立柑橘果品质量安全承诺制、柑橘从业人员培训及柑橘果品质量责任追究制度等。

（3）建立从业人员培训制度。对柑橘从业人员进行专题培训，使其了解柑橘果品质量管理程序和要求，掌握柑橘果品质量安全生产标准和规定，具备相应的能力或技能。

（4）建立柑橘生产投入品管理制度。科学合理地使用农药、肥料等各类生产投入品。

（5）建立"柑橘生产档案"管理制度。生产档案至少包括以下内容：① 农药、肥料等投入品进出库台账和使用管理记录；② 年度生产周期中农事操作记录；③ 柑橘果品采收及销售记录；④ 重大事件处理实况记录。

（6）建立柑橘果品包装标识制度。柑橘生产者应规范柑橘果品标识，并加贴统一追溯标签，然后再上市销售。

四、检验检疫体系

建立柑橘果品质量安全检验体系和柑橘有害生物检疫体系，是确保我国柑橘质量安全和柑橘产业安全的重要保证。陕西柑橘检验检疫体系的主要构成、分工及职责一般包括：

1.企业自检

就是柑橘果品生产企业设立质量安全"内检员"，并在柑橘园区设立"内检室"，对各年度、各批次柑橘果品质量安全水平进行自行检验。凡符合"包装标识"上质量安全要求的柑橘果品，允许使用"包装标识"并出园销售；凡不符合"包装标识"上质量安全要求的柑橘果品，则不允许使用"包装标识"并在市场进行销售。

2.定期抽检

就是柑橘主产县（区）"农产品质量安全检验检测站"，深入各柑橘主产乡（镇）、村（组）、企业、合作社所属柑橘基地，对柑橘进行抽样调查和检测。凡发现柑橘果品质量安全指标不符合柑橘果品质量标准要求者，不允许上市销售并责令生产者进行整改。

3.出口检验

就是由国家"商检机构"，对柑橘生产者拟出口到国际市场进行销售的柑橘果品质量进行检测和检验。凡达到"出口柑橘"果品质量安全标准者，才批准出口并进入国际市场进行销售。凡未达到"出口柑橘"果品质量安全标准者，则不允许出口，不允许进入国际市场进行销售。

4.海关检疫

就是由我国各地设立的海关，对进入我国境内的柑橘果品、加工品以及柑橘种苗、接穗、插条等进行严格检疫，严防对我国柑橘产业有可能造成危害的病、虫、草等各类有害生物传入国内。

5.国内检疫

就是各柑橘主产市、县（区）有关部门和单位，从国内其他柑橘主产省、自治区、直辖市调运柑橘果品、种苗、接穗时，务必要求柑橘果品及种苗产地检疫机构进行严格检疫，凭当地植物检疫部门出具的检疫报告，有关企事业单位才可按照预期目标接收柑橘果品及种苗，从而严防带有柑橘溃疡病、黄龙病等危险性病虫危害的果品及种苗进入陕南柑橘产区，对陕南柑橘产业造成危害和损失。

五、执法监督体系

就是按照国家有关法律法规的规定和要求，规范和强化陕南柑橘产业执法监督体系，确保陕南柑橘"标准化生产"各项举措落到实处，确保陕南柑橘质量监控工作层层有人管，环环有人抓。

陕南柑橘产业执法监督体系的主要任务是从源头治理入手，加大对农资市场、产地环境、生产过程、果品市场的综合执法监察力度，净化农资市场，规范生产行为，防止污染环境。

目前，我国农产品质量安全的执法监督体系涉及农业、林业、果业、环保、农检、质监、食药监督、卫生、工商等多个部门。这些部门都在按照各自职能分工，履行岗位职责。随着"全面深化改革"的推进，国家已将质监、食药监管、工商等部门统一整合为"市场监督局"，这对改进和完善农资市场、果品市场的监管力度必将起到积极作用，有利于陕南柑橘标准化生产。

附录1　常用农药配制熬制方法及换算表示方法

一、药效表示方法

1. 害虫死亡率（%）计算方法

$$害虫死亡率（\%）= \frac{施药前活虫数 - 施药后活虫数}{施药前活虫数} \times 100$$

2. 病害发病率（%）、病情指数（%）、防治效果（%）计算方法

① $$病害发病率（\%）= \frac{病株（或病叶、病果）数}{调查总株（叶或果）数} \times 100$$

② $$病情指数（\%）= \frac{各级病叶（果）数 \times 该病级值之总和}{调查总叶（果）数 \times 最高级值} \times 100$$

③ $$病害发病率（\%）= \frac{不施药区病情指数 - 施药区病情指数}{不施药区病情指数} \times 100$$

二、几种农药浓度的换算公式

1. 百分浓度（%）与百万分浓度（ppm）之间的换算公式

百万分浓度（ppm）= 百分浓度（不带%）× 10000。如1克含量为85% GA_3 的百万分浓度为 85 × 10000=850000ppm。

2. 倍数与百分浓度之间的换算公式

$$百分浓度（\%）= \frac{原药浓度（\%）}{稀释倍数} \times 100$$

例如90% 晶体敌百虫 800 倍换算成百分浓度（%）为：

$$\frac{90\%}{800} \times 100 = \frac{9}{80} \approx 0.11 \text{ 即 } 0.11\%$$

三、常用农药配（熬）制

1. 波尔多液

波尔多液是硫酸铜溶液与石灰乳混合而成的天蓝色胶状悬浮液，是一种保护剂，可以防止病菌侵入植物体内。它的浓度有 0.3%、0.5%、1% 等。根据硫酸铜与石灰的比例，分为石灰半量式、石灰等量式、石灰倍量式、石灰过量式几种。比如：

① 0.5% 石灰半量式：即硫酸铜 0.5 份、生石灰 0.25 份、水 100 份（简写为 0.5 : 0.25 : 100）配制，其余类推。

② 1% 石灰等量式：硫酸铜、生石灰、水的比例为 1 : 1 : 100。

③ 0.3% 石灰倍量式：硫酸铜、生石灰、水的比例为 0.3 : 0.6 : 100。

2. 石硫合剂

石硫合剂是一种红棕色液体，有杀虫和杀菌的作用。

配制时用生石灰 1 份、硫黄粉 2 份、水 10 份。熬制方法：先把水放入锅内煮将开，将石灰放进锅里搅拌，溶化后取出一些石灰水将硫黄粉调成糊状。当石灰水即将煮开时把硫黄糊倒入，边倒边搅，全部倒完后，标定水面高度，再加热煮沸，不断搅拌，并随时用热水补足蒸发水量，煮 40~60 分钟，药液呈红棕色时即成。停火后经过滤得到石硫合剂原液。用波美比重计测定原液度数。原液可装在瓶或缸内待用，同时做好度数标志。

喷药时使用浓度可按下列公式计算出加水量。

$$每千克原液加水千克数 = \frac{原液波美度数}{使用液波美度数} - 1$$

例如使用液需用波美 0.5 度，原液为波美 20 度，按上述公式计算：

$$\frac{20}{0.5} - 1 = 39，即每千克原液应加水 39 千克。$$

附录 2 常用有机、无机肥料有效成分表

有机肥料				无机肥料			
肥料种类	氮 (N, %)	磷 (P_2O_5, %)	钾 (K_2O,%)	肥料种类	氮 (N, %)	磷 (P_2O_5, %)	钾 (K_2O, %)
人粪尿	0.5~1.0	0.1~0.4	0.3	碳酸氢铵	17.1	/	/
猪粪	0.6	0.45	0.5	尿素	46.0	/	/
牛粪	0.3	0.25	0.1	过磷酸钙	/	18~20	/
鸡粪	1.63	1.45	0.85	硫酸钾	/	/	48~50
绿肥 藿香蓟	2.54	0.27	1.45	草木灰	/	2~4	5~10
绿肥 蚕豆	0.55	0.12	0.45	磷酸二铵	12~18	46~52	/
绿肥 豌豆	0.51	0.51	0.52	磷酸二氢钾	/	24	27
菜籽饼	4.6	2.48	1.4	柑橘专用肥	15	15	15
厩肥 (沤肥)	0.48	0.24	0.63	三元复合肥	10	10	10

附录3　陕南柑橘病虫害防治历

月份	防治对象	农艺防治措施	化学防治措施
1—2月	越冬病虫	人工清园，剪除各类病虫枝叶，集中烧毁，消灭越冬病虫源	结合人工清园，树冠喷波美2~3度的石硫合剂杀灭病虫
3月	疮痂病 树脂病 炭疽病	结合早春修剪，剪除枯枝干叶及病枝；弱树补施催芽肥；干旱时灌水防旱	春梢开始萌动时喷药防治。主要药剂：可杀得、多菌灵、氢氧化铜等
4月	花蕾蛆	浅耕土层杀死幼虫；始花期及时摘除被害花蕾集中烧毁或深埋	在花蕾露白时，用辛硫磷喷洒地面，用敌百虫喷洒树冠
4月	红（黄）蜘蛛	保护、利用和释放捕食螨、草蛉、食螨瓢虫等天敌控制害螨发生	每叶有2~3头螨虫时即喷药防治。主要药剂有：哒螨灵、四螨嗪、噻螨酮、浏阳霉素等
4月	柑橘粉虱 黑刺粉虱	间伐密植园，改善果园通风透光环境，悬挂黄色粘虫板进行诱杀	当20%叶片上出现粉虱时喷药防治。常用药剂有：毒死蜱、噻嗪酮、啶虫脒等
4月	疮痂病 树脂病 炭疽病	清除枯枝落叶，集中烧毁	同3月
5月	蚜虫	保护瓢虫等食蚜天敌	主要药剂：烟碱乳油、吡虫啉、抗蚜威、0.3%苦参碱水剂、鱼藤酮等
5月	红（黄）蜘蛛	园内释放捕食螨等天敌	主要药剂有：哒螨灵可湿性粉剂、哒嗪酮，0.5%烟·参碱水剂、阿维菌素等
5月	矢尖蚧 吹绵蚧	剪除密生枝和有虫枝梢；保护寄生蜂、红点唇瓢虫、澳州瓢虫等蚧类天敌	本月下旬，当叶片上一龄幼蚧初见后20天进行药剂防治。主要药剂有：吡蚜·螺虫酯、机油乳剂、喹硫磷乳油等
5月	吉丁虫	冬春清除枝干上的苔藓和裂开的树皮，阻止成虫产卵	吉丁虫成虫出洞前，刷去枝干上的裂皮后，用80%敌敌畏乳剂1份加泥浆20份混合涂刷
5月	柑橘粉虱 黑刺粉虱	剪除过密枝、病虫枝、减少粉虱滋生场所；橘园悬挂黄色或蓝色粘虫板诱杀成虫	可用药剂有：粉虱克尽，虱落特，烯·啶虫胺，敌百虫等
5月	疮痂病 树脂病 脂点黄斑病	剪除病枝、病叶，集中烧毁，减少病源；加强管理，培养健壮树势，提高抗病能力	花落2/3时喷药防治。主要药剂：多菌灵、甲托、苯醚甲环唑、腈菌唑、噻菌灵等。树干发病，可用刀刮去病部后用75%酒精消毒，再用多菌灵、瑞毒霉或杀毒矾100~200倍液涂抹

（续表）

月份	防治对象	农艺防治措施	化学防治措施
6月	锈壁虱（油橘）	尽量减少使用波尔多液等强碱性杀菌剂；保护食螨瓢虫，捕食螨和草蛉等天敌	当春梢叶背出现铁锈色或放大镜视野中平均有虫五头以上时喷药防治，主要药剂有：苯螨特、唑螨酯、苯丁锡等
	粉虱类	悬挂黄色或蓝色粘虫板进行诱杀；采集已被粉虱座壳孢寄生的枝叶散放到柑橘粉虱发生的橘树上	该期为柑橘粉虱第二个发生高峰。药剂防治同4月，注意药剂的交替使用
	蚧类红（黄）蜘蛛	保护天敌	同五月，注意药剂交替使用
7月	蚜虫	抹除萌发的虫枝，利用杀虫灯诱杀成虫	可选药剂有：吡虫啉、啶虫脒、鱼藤酮乳油、丁硫·啶虫脒等
	炭疽病	注意开沟排渍；避免树体机械损伤	本月可用药剂有：农抗120、退菌特等
	煤烟病	防治蚜虫、粉虱、蚧类	可用药剂：代森锰锌、甲托、铜帅
	脚腐病（湿腐病）	雨后及时排水	刮除腐烂皮层涂药：波尔多液、乙磷铝、瑞毒霉等
	锈壁虱	同6月	同6月
8月	蚧类	同前	同5月，注意药剂交替使用
	潜叶蛾	抹除零星早秋梢，人工剪除零星发生的中心虫梢	秋梢受害率达5%时喷药防治。药剂有：除虫脲、定虫隆
	脂点黄斑病黑点病	雨季注意开沟排渍，防止积水烂根；剪除零星发生的受病虫危害严重的枝叶，集中深埋或烧毁	可选药剂有：甲托、多菌灵、炭特灵、中生菌素、宁南霉素、毒克菌克等
	粉虱、锈壁虱红（黄）蜘蛛煤烟病	同6月、7月	同6月、7月
9月	炭疽病	同前	可选药剂有：中生菌素、农抗120、苯醚甲环唑、宁南霉素、毒克菌克
	红（黄）蜘蛛	同前	可选用药剂有：浏阳霉素乳油、阿维菌素、华光霉素等
	蚧类粉虱蚜虫	同前	9月可选用药剂种类有：扑虱灵、螺虫乙酯·噻虫嗪等
10月	软腐病	采果后，结合深翻改土，增施有机肥，补充养分，恢复树势；防寒防冻，提高抗病力	采果后树冠喷药防治，可选药剂有：多菌灵·硫、中生菌素、农抗120等
	蚜虫、粉虱红（黄）蜘蛛	同前	同9月
11—12月	越冬病虫	用稻草或秸秆等物覆盖树盘，抗寒防冻；涂白剂树干涂抹	用波尔多液或2~3度石硫合剂树冠喷洒，进行药剂清园

附录 4 陕南柑橘生产周年管理历

月份节气	物候期	作务目的	农艺措施	技术操作要点
1月 小寒 大寒	越冬休眠	安全越冬	防寒抗冻 基础设施建设	1. 防寒抗冻 采取覆盖、包扎、薰烟、煨火等措施防冻，下雪后及时打树冠摇雪。 2. 基础设施建设 利用冬闲时节建设规划园区道路和排灌系统，方便田间作业。
2月 立春 雨水	树液流动	增强抗性 安全越冬	清洁果园 土壤改良	1. 清洁果园 摘拾害虫茧蛹，清除病虫干枯枝叶，刮除树干翘皮、苔藓，减少病虫源。根据温度回升情况喷布波美度2~3度石硫合剂。 2. 土壤改良 (1) 栽前改土 丘陵坡地和质地黏重的土壤建园前应全园深翻或开深沟深渠，宽各不低于80厘米的槽，采取起垄栽培。层填入熟土和杂草，秸秆等有机肥；低洼地或应开挖排水沟渠，采取起垄栽培。 (2) 栽后改土 沿树冠滴水线处开挖30厘米宽，30~40厘米深的沟槽，施入有机肥和磷肥，施肥量按树龄由小到大适量增加。
3月 惊蛰 春分	春芽萌发	培养树形 促进萌芽	栽植建园 春季施肥 整形修剪 种草挂灯	1. 栽植建园 (1) 栽植时间 一般在2月下旬至3月下旬为宜。 (2) 栽植密度 因地制宜，提倡稀植。 (3) 栽植方法 采取穴栽或垄栽。 (4) 栽后管理 天旱时应勤浇水保湿。 2. 春季施肥 以氮肥为主，适当配施磷肥，勤施薄施。 3. 整形修剪 (1) 幼树修剪 以轻剪为主，扩大树冠。 (2) 结果树修剪 以平衡树势、优质稳产为目标，剪除细弱枝、下垂枝、密生枝、干枯枝、交叉枝、病虫枝。衰弱树应适当短截重剪，促发新梢；郁闭树应"去大枝、开天窗"。 4. 种草挂灯 在果园中种植霍香蓟，释放捕食螨，悬挂杀虫灯，安放诱虫带和粘虫板等。

（续表）

月份节气	物候期	作务目的	农艺措施	技 术 操 作 要 点
4月 清明 谷雨	花蕾显现 春梢抽发	保花保果 调控春梢	花期复剪 叶面喷肥 病虫防治	1. 花期复剪　4月中旬至5月上旬进行。短截长果枝，剪除无叶花枝，疏除密生枝和春梢丛生枝。 2. 保花保果　实施叶面追肥，合理施用植物生长调节剂。花量大的年份多疏除花枝，花量小的年份多抹除春梢。 3. 病虫防治　做好树脂病、炭疽病、红蜘蛛、蚜虫、花蕾蛆、蚧类等病虫害的防治。
5月 立夏 小满	开花坐果 夏梢萌发	花果管理 促进春梢生长	抹芽保果 病虫防治 幼树施肥 叶面补肥	1. 抹芽保果　抹除2/3春梢，平衡树势。 2. 病虫防治　加强对蚧类、螨类、蚜类、苔丁虫、炭疽病、树脂病的防治工作，注意药剂交替使用。 3. 幼树施肥　一般在5月中下旬施入一年中第二次促梢肥，以氮肥为主，配合磷、钾肥。 4. 叶面补肥　在嫩芽抹心到新梢转绿前叶面喷肥。可选用营养素等叶面肥。
6月 芒种 夏至	生理落果 夏梢生长	减少生理落果 促抑制新梢生长	保果定果 夏季修剪 施肥壮果 防治病虫	1. 保果　及时抹除夏梢，以减少养分消耗，喷植物生长调节剂进行保果，喷施磷酸植酸类叶面肥。 2. 夏季修剪 （1）幼树修剪　新梢抽生至6~8片叶时摘心，促其增粗，充实，尽快分枝，提早成树冠，提早结果。 （2）结果树修剪　控制夏梢，夏梢，提高坐果率。除个别花果超载的树留少量夏梢外，其余夏芽、夏梢全部抹除。 （3）衰老树修剪　进行更新修剪，尽快恢复树势。 3. 施肥 （1）幼树施肥　在嫩芽摘心到新梢转绿前喷施叶面肥。 （2）结果树施肥　以壮果促梢为主，施肥量占全年50%以上。 4. 防治病虫　防治蚧类、螨类等病虫害。
7月 小暑 大暑	夏梢生长 果实生长	施肥壮果 抑制夏梢 促发秋梢	施壮果肥 果园覆盖 防治病虫 抹芽放梢	1. 施肥　6月未施肥的，在7月上旬及时施入。 2. 果园覆盖　采取覆盖稻草、地膜等措施保墒抗旱。 3. 防治病虫　防治炭疽病、潜叶蛾、粉虱、锈壁虱等。 4. 抹芽放梢　一般放秋梢应在7月中下旬进行，坡地和土壤贫瘠的果园及特早熟品种应当适当提前，放梢前的新梢一律抹除。

（续表）

月份节气	物候期	作务目的	农艺措施	技术操作要点
8月 立秋 处暑	秋梢生长 果实膨大	培育秋梢 防治病虫 防止湿害 增强树势	开沟排湿 防治病虫	1. 开沟排湿　地势低洼的橘园应提前建好排水系统，在园内隔行开挖深50厘米左右的排水沟。 2. 防治病虫　加强对炭疽病、潜叶蛾、锈壁虱、粉虱、红蜘蛛的防治工作。注意药剂的交替使用。
9月 白露 秋分	秋梢生长 果实膨大 果实转色	采前准备 科学建园 提升品质	秋梢管理 果实采收 规划建园 病虫防治 种植绿肥	1. 秋梢管理　放梢后加强肥水管理，促使其木质化，抹除所萌发的晚秋梢，增强树体抗寒性及抗病性。 2. 特早熟果实采收　做好日南1号、大浦等特早熟品种的采收前及分期分批采栽为主。采果前30天停止用药。 3. 规划建园　建园可参照3月进行，春旱严重地区应以秋栽为主。 4. 病虫防治　此期间应抓好对蚧虫、红蜘蛛、潜叶蛾的防治。 5. 种植绿肥　本月下旬种植蚕豆、豌豆和毛苕等绿肥。
10月 寒露 霜降	果实着色 成熟采收	精心采收 合理施肥	果实采售 秋施基肥 剪除晚秋梢	1. 果实采售　根据市场需求，分级、分批精细采摘，及时销售。 2. 秋施基肥　采果前一周内施入，以有机肥为主。配合施入磷肥、氮肥或复合肥等，施肥量占全年的50%以上。 3. 剪除晚秋梢　继续抹除萌发的晚秋梢，以防冬季受冻和病菌危害。
11月 立冬 小雪	果实成熟 果实采收 花芽分化	精采增收 恢复树势 消灭虫源	果实采售 深施基肥 药剂清园	1. 果实采售　及时做好果实采收和销售工作，以利于树势恢复及安全越冬。 2. 深施基肥　施肥方法和施肥量参照10月进行。 3. 药剂清园　采收结束后可选用药剂及时进行清园。
12月 大雪 冬至	花芽分化 越冬休眠	防止冻害	抗寒防冻 果实贮藏	1. 抗寒防冻　在寒潮来临之前采取应对措施，以减少因冻害而造成的损失。 2. 果实贮藏　需要贮藏的中、晚熟品种，一般以果皮有2/3转色，果肉尚坚实而未变软时采收。

主要参考文献

蔡明段.2006.柑橘病虫害防治彩色图说.广州：广东科学技术出版社.

蔡明段，彭成绩.2008.柑橘病虫害原色图谱[M].广州：广东科学技术出版社.

蔡明段，易干军，彭成绩.2011.柑橘病虫害原色图谱[M].北京：中国农业出版社.

陈国庆.2011.柑橘病虫害诊断与防治原色图谱[M].北京：金盾出版社.

丁德宽.2014.柑橘[M].西安：三秦出版社.

邓烈.2001.柑橘优质高产栽培及采后处理技术[M].北京：中国农业科学技术出版社.

邓秀新，李莉.2010.柑橘标准园生产技术[M].北京：中国农业出版社.

邓秀新，彭抒昂.2013.柑橘学[M].北京：中国农业出版社.

何天富.1999.柑橘学[M].北京：中国农业出版社.

何天富，孟建柱，黄复瑞，等.1988.温州蜜柑[M].上海：上海科学技术出版社.

胡正月.2008.柑橘优质丰产栽培300问[M].北京：金盾出版社.

李莉.2010.果树轻简栽培技术[M].北京：中国农业出版社.

刘永忠.2015.柑橘提质增效核心技术研究与应用[M].北京：中国农业科学技术出版社.

宁红，秦蓁.2009.柑橘病虫害绿色防控技术百问百答[M].北京：中国农业出版社.

石学根，陈子敏，张林，等.2015.柑橘设施栽培技术.北京：金盾出版社.

彭良志.2009.柑橘防灾减灾技术手册[M].北京：中国农业出版社.

祁春节.2016.柑橘产业经济与发展研究[M].北京：中国农业出版社.

任伊森，蔡明段.2008.柑橘病虫草害防治彩色图谱[M].北京：中国农业出版社.

沈兆敏.2017.柑橘优新品种和繁殖技术问答[M].北京：中国农业出版社.

沈兆敏，柴寿昌.2008.中国现代柑橘技术[M].北京：金盾出版社.

沈兆敏，等.2001.柑橘整形修剪和保果技术[M].北京：金盾出版社.

沈兆敏，等.2002.温州蜜柑优质丰产栽培技术[M].北京：金盾出版社.

谭志友.2007.柑橘育苗新技术[M].重庆：重庆出版社.

王日葵.2007.柑橘贮藏保鲜与商品化处理[M].重庆：重庆出版社.

吴厚玖.2007.柑橘加工及综合利用技术[M].重庆：重庆出版社.

伊华林.2012.现代柑橘生产实用技术[M].北京：中国农业科学技术出版社.

张宏宇，李红叶.2012.图说柑橘病虫害防治关键技术[M].北京：中国农业出版社.

周常勇，周彦.2013.柑橘主要病虫害简明识别手册[M].北京：中国农业出版社.

周开隆，叶荫民.2009.中国果树志（柑橘卷）[M].北京：中国林业出版社.